行銷管理

李正文博士　著

三民書局

國家圖書館出版品預行編目資料

行銷管理 / 李正文著.－－初版一刷.－－臺北市：三
民，2005
　　面；　公分
　　ISBN 957－14－4204－6　（平裝）

1.市場學

496　　　　　　　　　　　　　　　　　　94003536

網路書店位址　http：//www.sanmin.com.tw

©　行　銷　管　理

著作人	李正文
發行人	劉振強
著作財產權人	三民書局股份有限公司 臺北市復興北路386號
發行所	三民書局股份有限公司 地址／臺北市復興北路386號 電話／(02)25006600 郵撥／0009998-5
印刷所	三民書局股份有限公司
門市部	復北店／臺北市復興北路386號 重南店／臺北市重慶南路一段61號

初版一刷　2005年5月
編　　號　S 493480
基本定價　柒元捌角
行政院新聞局登記證局版臺業字第○二○○號

ISBN　957－14－4204－6　（平裝）

自 序

　　筆者在中原大學教授「行銷學」已達七年以上，授課的學生包括國際貿易學系、二技在職進修部、商業設計系和碩士在職專班，每學期修習課程人數約 240 人。行銷學對於培育未來行銷人才有著極為重要的任務，且目前國際化的競爭，學生更應了解國際行銷之環境，因此除了理論基礎必須紮實之外，對於掌握最新的市場資訊及全球環境動向，對於學生而言更是重要。

　　由於筆者在授課過程中發現，「理論與實務落差」的問題一直存在，學生即使將 4P's (Product, Price, Place and Promotion)、SWOT 分析、競爭策略等行銷相關理論背得滾瓜爛熟，但往往不知如何將其理論應用於實際公司產品或服務的行銷策略上，然而行銷學乃是一門實用科學，而非僅是純學術理論。因此，本書除了傳授行銷學的重要理論之外，並藉由介紹實務界的環境和實際作法，這樣對於學生的學習而言，不但增加生動趣味，更有實質上的幫助。

　　本書是結合行銷理論和業界實務管理的教科書，適合大專院校商學、管理、進修部、碩士在職專班、及一般企業界有志從事行銷工作者使用。本書首先探討行銷管理的相關文獻、國內外雜誌，以掌握當前國際環境及行銷趨勢，然後進行廠商及行銷顧問公司之訪問，以瞭解公司經營模式、行銷策略和成功關鍵因素等。最後，彙整並撰寫行銷重要理論和實際行銷趨勢現況，包括臺灣本土、日本、歐美等國。

　　本書能順利完成，首先感謝任教單位中原大學給予筆者的支持，提供許多教學和寫作的資源以及部分補助，並感謝所有師長的辛勤教誨，使筆者的知識與智慧得以增長。更感謝三民書局編輯部的協助，使本書在編排上生動活潑。但由於筆者仍有許多需學習之處，若有疏漏錯誤之虞，盼諸位先進不吝指教。

李正文
謹誌於中原大學國際貿易學系

行銷管理

目　次

自　序

第一章

行銷管理的現代觀念

學習目標：

1. 行銷的定義
2. 行銷的核心觀念
3. 行銷管理的哲學
4. 行銷觀念應用於非營利組織
5. 行銷的未來趨勢

管理大師彼得杜拉克曾說：「我們或許可以假設，任何時刻都需要一些銷售活動，但行銷會讓銷售變成多餘。行銷的目的在於知悉與瞭解顧客，使產品或服務能夠適合顧客與達成自我推銷，理想上，行銷應該能夠造就顧客處於準備購買的階段。」例如，當新力 (SONY) 設計出隨身聽、任天堂 (Nintendo) 設計出電視遊樂器，及豐田 (Toyota) 設計出凌志 (Lexus) 汽車，馬自達 (Mazda) 推出 RX-7 跑車，這些公司基於事先謹慎作好行銷的前置作業，並依據顧客需求設計出「正確的」產品，使得公司行銷非常成功，訂單大量湧入。

第一節

行銷的定義

行銷 (marketing) 有許多定義，可以區分為社會性與管理性的定義。從社會性的定義來看，即行銷在社會所扮演的角色，或許有些行銷人員認為行銷的角色在於「提供更高的生活標準」。但更廣義來說，行銷是一種社會性與管理性的互動過程，個人與群體經由這個過程，透過彼此創造、提供及自由交換有價值的產品和服務，以滿足他們的需要與欲望。就管理性的定義而言，行銷通常可視為「銷售產品的藝術」，但銷售並不是行銷最重要的部分，傳統的觀點常將行銷視為「做生意」，也就是如何將產品賣給顧客，讓顧客接受而已。但演進至今，行銷的觀念早已超過商人或店舖做生意的範圍。

行銷包含的範圍極為廣泛，各專家學者所下的定義也不盡相同。Pride and Ferrell (1991) 定義行銷為「個人與組織透過創造、分配、推廣與訂價促進各種財貨、服務與理念的活動，以在一個動態的環境中促進令人滿意的交換關係。」Stanton and Futrell (1987) 的定義則為「行銷包括所有能促進與產生滿足人類需求與慾望的活動。」Kotler (1997) 認為「行銷是個人和團體透過創造、提供、與他人交換有價值的產品的一個社會和管理的過程。」而美國行銷協會 (American Marketing

Association; AMA) 指出：「行銷是理念、商品、服務概念、訂價、促銷及配銷等一系列活動的規劃與執行過程，經由這些過程可創造交換活動，以滿足個人與組織的目標。」(Bennett, 1988) 在處理交換過程的活動中，需要有相當多的工作技能和策略管理，即所謂的「行銷管理」。行銷管理 (marketing management) 是為一種藝術與科學，主要任務在選定目標市場，透過創造、傳送與溝通卓越的顧客價值，以獲得與維繫顧客，並培養與顧客的關係。

第二節

行銷的核心觀念

根據許多學者和權威機構的定義，行銷的核心觀念至少包括：⑴需要、欲望與需求、⑵產品、⑶顧客價值、⑷交換與交易，以及⑸市場。

一、需要、欲望與需求

行銷的思維起源於人類最基本的需要、欲望與需求。人們需要食物、空氣、水、衣服及避護所，以求生存。除此之外，人們也有娛樂、教育及其他服務的強烈欲望，也偏愛特定產品與服務的品牌與造型。

需要 (needs) 是人們覺得某些基本滿足處於被剝削的狀態。人們需要食物、衣著、住所、安全感、歸屬感、自尊及其他來維持生存，而這些需要是無法由其他社會或行銷人員來創造。欲望 (wants) 是對滿足較高層需要的特定物品的渴望。例如日本人需要食物，但渴望壽司及清酒；需要衣物保暖，但渴望和服及西裝。人們的欲望持續地受到社會力量與機構如宗教群體、學校、家庭與企業組織等之影響而變化。需求 (demands) 是對特定產品有欲望，且有能力與意願去購買。有購買力來支撐時，欲望就成為需求。許多人都渴望擁有一部賓士汽車，但只有少數人可以買得起且願意買，因此企業提供產品時不僅要估算消費族群的多寡，更要衡量其購買能力。

因此，行銷人員無法創造需要，因為需要是與生俱來的，但行銷人員和社會其他影響因素卻可影響欲望與需求。例如，愛情是人們的基本需要，而行銷人員

利用行銷手法將「鑽石」變為永恆愛情的象徵，創造消費者的欲望，並給予目標顧客群適當且吸引人的價格來影響其需求。

張永誠 (2000) 提出行銷新反思的觀點，認為行銷未來必須適應「量身剪裁，多種少量」的分眾市場，也要尊重「特殊需求」的小眾市場。但整體趨勢仍要以滿足最大多數人的需求為目標。邱永漢先生說：「想賺錢，對象不能找有錢人。因為有錢人的數目最少，而且他們都是因為節儉、吝嗇才會有錢。相對的，窮人的數目不但多，而且肯花錢，也因此他們會變窮。所以要賺錢，想發財，就要生產窮人需要的商品，而不可針對有錢人。」換句話說，行銷要以滿足最大多數人的需求，而不是少數富可敵國、億萬富豪的需求。就以汽車來說，勞斯萊斯 (Rolls Royce)、賓士 (Mercedes-Benz) 固然可賣給有錢人，但數量畢竟太少。而窮人則只要借錢、分期付款就買得起一般的車子，像日本的豐田、本田 (Honda)、日產 (Nissan) 生產的汽車，就專賣給數目多達 2 億的美國窮人，一年就可以賺到 1,300 億美元。

先以跨海到大陸投資的頂新集團來說，在大陸生產的「康師傅方便麵」，每天生產量高達 1,430 萬包，市場占有率為 23.1%，未來的生產量更將高達 1,730 萬包。方便麵在臺灣稱作速食麵，而不管是方便麵或速食麵，它都是大多數窮人買得起的必需品，尤其以大陸 13 億人口，多數都是窮人的情況，方便麵正是最能滿足他們需要的產品。數量如此龐大，每包只要賺五毛錢新臺幣，一天就可賺 700 萬元，一個月至少能賺 2 億元。

再以棒球運動來說，不論是美國、日本或臺灣，職業棒球的水準都很高。主要的原因是喜愛棒球的人多，而棒球正是屬於窮人的運動，不像高爾夫球、馬球一樣，是有錢人才玩得起的運動。所以職棒每年都能賺到好幾十億元，只因棒球是最能「滿足最大多數人需求」的運動。

在此一觀點與趨勢下，宏碁公司推出的「國民電腦」，應該是一項符合滿足最大多數人需求的產品。宏碁公司成立至今已二十年，在國際化的過程中曾因投資錯誤、經營不善等問題而遭重挫。但在經營者特殊的經營哲學和穩健的掌舵下，終於渡過難關。如今非但已脫胎換骨成為一家全球化的公司，在國際資訊產業中的地位更是舉足輕重。而「國民電腦」最主要的行銷概念，就是要讓更多的消費者能買得起電腦，其特色是架構簡單，價格便宜；產品的市場目標是針對電腦普

及率較低的臺灣、大陸和其他開發中國家。由於電腦動輒就要好幾萬元，而且汰換的速度又那麼快，因此許多人對買電腦很猶豫，如此就耽誤了學習和應用。因此，國民電腦的目的在於為大眾帶來福祉。要讓大家知道電腦不是服務有錢人的高科技產品，而應該以更廉價的方式，讓不是那麼有錢的人也能享有科技的好處。由此可見，滿足對大多數人的需求，就滿足顧客和創造市場，才能獲得市場的成功。

二、產　品

人們用產品 (product) 來滿足他們的需求和欲望。產品有時亦稱「提供物」(offering)，指可以提供給市場用以滿足某種需要或欲望的任何東西。產品的觀念並不以實體物品為限，可以滿足需要的任何東西都可稱為「產品」。產品包括貨物 (goods)、服務 (services)、資訊 (information)、地方 (places)、事件 (events)、組織 (organizations)、體驗 (experiences)、人物 (persons) 及理念 (ideas) 等。許多行銷人員僅注重所提供的實體產品的功能，而忽視了該產品能為消費者帶來什麼樣的利益，他們只顧推銷產品，而忘了顧客購買產品的目的是為了滿足需要。例如，婦女購買唇膏的真正目的在於購買「變為更加美麗的『希望』」。而實體物品只是提供服務和利益的工具，因此行銷人員的工作是要強調實體物品或服務所能提供的「利益」，而非強調它們的實體功能。

三、顧客價值

顧客價值 (customer's value) 是付出代價和利益取得之間的比率，是顧客對產品滿足和需求的總能量。簡而言之，是消費者如何在眾多可滿足需要的產品中作出取捨的核心觀念。舉例來說，李大雄每天要從臺北到中壢工作，為滿足此「交通」需要的產品有摩托車、汽車、計程車、公車及火車，這些可行方案就是所謂的「產品選擇組合」。而李大雄還有其他的需要組合，如速度、安全、經濟及輕鬆等，然而每一產品滿足其需要的程度不同，取得成本也不同，例如摩托車較汽車慢、不安全且費力，但較為經濟實惠，由於汽車比較貴，所以他可能會買摩托車，但也可能為了買汽車而放棄其他的機會成本。

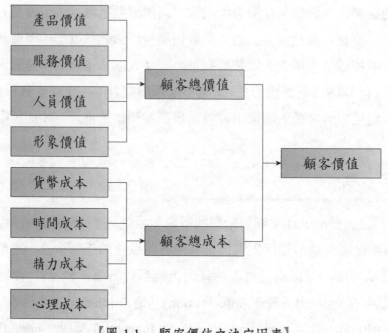

【圖 1.1　顧客價值之決定因素】

顧客價值為顧客總價值扣除顧客總成本的餘額價值。顧客總價值是顧客期望從一產品或服務所能得到的所有利益，包括產品價值、服務價值、人員價值和形象價值；而顧客總成本是顧客在評估、取得及使用產品或服務所產生的所有成本，包括貨幣成本、時間成本、精力成本和心理成本（參照圖 1.1）。顧客購後是否滿意，取決於對產品績效的期望。顧客滿意是知覺績效與期望間的差異；績效若不如期望的，顧客會不滿意，而績效和期望剛好符合，顧客則會滿意，若績效超過期望，顧客會高度滿意、愉悅和高興。

四、交換與交易

一般而言，人們取得產品的方法有四種，

(1)自給自足：人們可靠打獵、釣魚或撿拾果實來自飽。

(2)強迫威壓：飢餓者可靠強迫手段或偷竊取食。

(3)乞求：飢餓者亦可向他人乞討食物，透過別人的憐憫與施捨取得。

(4)交換：人們也可以某種資源，如金錢、其他物品或服務和他人交換，透過交換來滿足需要與欲望，行銷於焉產生。

交換 (exchange) 是透過提供某些東西為報償，來取得所渴望的產品。基本上，雙方是有得有失，交換的發生，取決於雙方是否同意交換的條件，使雙方交換後比交換前更好；換句話說，交換可說是價值創造的過程。其條件包括下列五項：

(1)至少要有兩造（可以是個人、團體或組織）。

(2)雙方都擁有對方認為有價值的東西（如金錢和服務）。

(3)雙方都有能力溝通與運送。

(4)雙方都有拒絕或接受的自由。

(5)雙方都覺得和對方交易是合適的。

交換應視為一個過程，而非單一事件。當兩造進行協商，而後產生協議，即可謂有交易。交易是交換的基本單位；是兩造價值的相抵。李小姐給林先生一萬元，取得一部電視機，這是屬於金錢交易。但並非所有的交易都是金錢交易，例如李小姐也可以拿電冰箱和林先生換電視機，即為「以物易物」。甚至也可以用服務來交換物品或服務，如陳律師可替李醫生寫遺囑，來換取醫療檢查。

交易涉及許多構面，至少必須有兩件有價值的東西、同意的條件、協議的時間和地點。通常法律制度可用來支持交易，並使兩造順從。而交易不同於「移轉」，A 把 X 給 B，但未取得任何東西為報酬，此是移轉，例如 921 大地震後，許多民眾捐贈、捐款給災民。雖然交易並非移轉，但是可透過交換的觀念瞭解移轉行為。例如，通常捐獻者在捐贈時，會期待對方的感激或表現好行為，而被捐贈的籌募基金者也都知曉「互惠」的概念，而對捐獻者回贈感謝函、獎狀、雜誌及特殊活動的邀請函。候選人要的回饋是選票；教會要的回應是信奉上帝。而行銷人員所尋求的行為反應則是「購買」，圖 1.2 為行銷交換的範例，箭頭可以表現雙方需求及提供物的流向。

五、市　場

交換的觀念產生了市場 (market) 的觀念。因此，市場的規模取決於願意以自身資源和他人交換之總消費群人數。市場原本只是買賣雙方聚集來交換財貨的地方，如村莊的廣場或廟口。經濟學家以「市場」一詞，代表交易某特定商品的買賣雙方，因此有房屋市場、穀物市場、外匯市場等名詞的出現。然而，行銷人員將賣方的集合稱為「產業」，將買方的集合稱為「市場」，圖 1.3 即說明產業和市

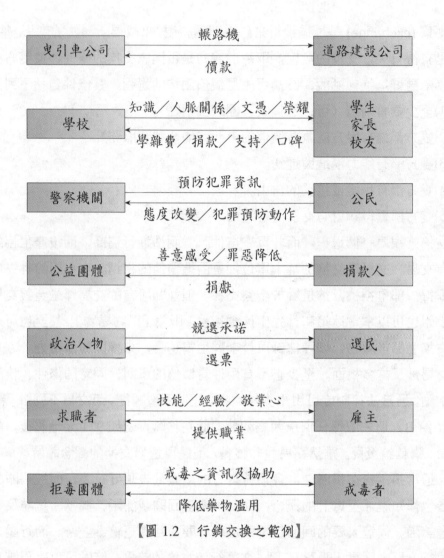

【圖 1.2　行銷交換之範例】

場間之關係。買賣雙方靠四個流程而連接在一起，賣方送出商品／服務，並向市場進行溝通，然後收到金錢與資訊。內圈是以金錢交換商品／服務；而外圈是資訊的交換。市場涵蓋各種顧客的集群，例如需要市場（減肥市場）、產品市場（皮鞋市場）、人口統計市場（青少年市場）及地理市場（澳洲市場）。或者可延伸此觀念至非顧客集群，如選民市場、就業市場及捐獻市場。

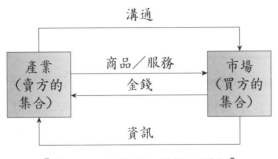

【圖 1.3　產業和市場間之關係】

第三節

行銷管理的哲學

　　行銷管理的目的為期望透過企業在市場間的交換滿足消費者的需求。行銷管理者可透過行銷研究、規劃、執行與控制來因應這些任務。行銷規劃時，行銷人員要決定目標市場、市場定位、產品開發、訂價、配銷通路、實體運送、溝通及促銷相關決策，並全盤考量企業機構本身的利益、消費者利益和社會利益，以免產生衝突的現象。企業行銷活動的進行會以如下五種基本的哲學觀念作為基礎和依據。

一、生產觀念

　　生產觀念 (production concept) 是企業機構銷售業務最古老的觀念，認為只要有產品的供應而且價格在消費者的能力範圍內，消費者一定樂於使用此產品。因此，生產者只要專心提高生產和配銷效率即可，因為消費者主要興趣在於產品的可得性與低價。也就是說，當產品的需求大於供給時，企業應盡力提高生產產量。如臺灣電力的需求遽增，臺電當局則致力於發電設施的開發，來提高發電量以滿足消費者。當產品成本太高時，企業必須提高生產力，來降低成本，例如福特 (Ford)公司對於 T 型車採取大量生產方式，使成本下降到消費者可以接受的程度。目前也有些非營利組織遵從此生產觀念，如醫院、牙科診所、政府機構等，以生產線

方式來編組，雖然可快速處理業務，但有時被批評為無人性或服務品質不佳。

二、產品觀念

　　產品觀念 (product concept) 是認為只要產品有最佳的品質、性能和特點，便可為消費者所接受，生產者只要專心於產品品質的改善即可。事實上，消費者購買產品，是為了解決問題，而並非產品本身。而理想的產品除品質改善之外，仍必須要有動人設計、包裝、價格和適合的管道，才能吸引消費者的注意，進而購買。

　　產品概念經常導致「行銷近視」(marketing myopia)，企業時常認為消費者只是需要產品，而未考慮到如何解決問題，很少將顧客的想法放進產品設計中，且經常忽略了其他競爭者的挑戰。例如，鐵路公司認為消費者需要的是火車，而非運輸，而忽略了航空公司、公共汽車、卡車和汽車的挑戰。基於此種哲學，企業往往會假設購買者要的是精心製作的產品，而僅評估產品的品質與績效，因此忽視了市場顧客的真正需要，雖然提供了自認為正確的產品給大眾，卻仍面臨營業額不佳的命運。

三、銷售觀念

　　銷售觀念 (selling concept) 是認為消費者常有採購惰性或抗拒，必須勸誘使之購買，因此要有全套的推銷與促銷工具，來刺激更多的購買。一般認為「未搜尋品」(unsought goods) 乃是企業推動最賣力的產品，如保險、百科全書、基地、生前契約等，這些都是消費者不會想到去買的產品。所以企業必須來發掘「高潛力」的消費者來進行「強力推銷」，強調產品的優點和利益。銷售概念有時亦利用到非營利事業，如基金籌募者、大學招生委員會及政黨，只求取銷路，至於銷售出去後是否令人滿意，則不在考慮範圍內。例如政黨候選人在選戰期間，從早到晚，馬不停蹄地握手、親吻小孩、會晤捐獻者及做簡短演說，在收音機、電視廣告、海報及郵件大量宣傳，而選戰後，對選民仍持銷售導向的觀點，少去研究大眾的需求，而仍大力推銷政黨，或政客要大眾接受的政治狀況。

　　許多公司在產能過剩時，也會實行銷售觀念，目標是銷售存貨，而非顧客需要。但由於現代產業經濟，產能的設定是基於買方市場（即由買方主導），賣方為

爭奪顧客，往往讓潛在顧客飽受電視廣告、報紙廣告、郵件及銷售拜訪的疲勞轟炸，結果形成強力推銷的情況。然而，強力推銷對於企業具有潛在且巨大的危險性，若被誘騙而購買產品的顧客不喜歡產品，會產生不滿意的口碑，且不願再次購買，則將失去顧客的終生價值。

四、行銷觀念

行銷觀念 (marketing concept) 是認為企業機構能否實現他的組織目標，必須看此企業是否能認清他的目標市場的需求與欲望，和可否與其競爭對手的效率與效能來比較，來達成目標市場所要期望的滿足而定。銷售觀念和行銷觀念經常被混淆，Levitt (1983) 指出兩者之間的差別如下：

銷售觀念注重賣方的需要，而行銷觀念比較注重買方的需要；銷售觀念著眼於將產品轉換成現金，來滿足賣方所需，而行銷觀念則透過產品的創造、運送到最後消費，來滿足消費者之需要。此兩種觀念之比較如圖 1.4 所示。銷售觀念是由內而外的觀點，起於工廠，專注公司現有產品，需要強力推銷以產生有利可圖之銷售額。行銷觀念則是由外而內，起於界定清楚的市場，專注於顧客的需要，協調所有影響顧客的各項活動，並透過顧客滿足來產生利潤。

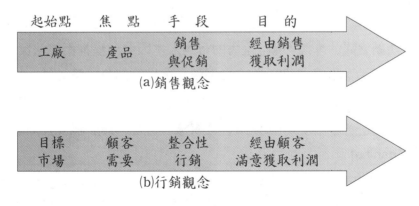

【圖 1.4　銷售觀念與行銷觀念間之對照】

行銷觀念即所謂的「行銷優先主義」(張永誠，2000)，也就是我們常說的「行銷導向」、「行銷掛帥」、「顧客至上」、「消費者為主」。許多成就非凡的企業，像美國的通用汽車 (GM)、可口可樂 (Coca Cola)、寶鹼 (Procter & Gamble; P & G)、IBM、

花旗銀行 **(Citibank)**、麥當勞 **(McDonalds)**、日本的豐田、松下 **(Panasonic)**、新力、富士通 **(Fujitsu)** 等都是將行銷優先主義當作信仰，而且奉行不渝。

「行銷優先主義」並不是否定技術、生產、財務或其他條件的重要性，而是因為「行銷」比較能夠設身處地，站在消費者或使用者的立場來看商品。生產優先或技術掛帥，則易侷限於本位或完美，以至於只想提供給消費者「最好」的，而不是「最需要」、「最實用」或「最適當」的產品。因此，行銷在企業活動中扮演的最佳角色，應不只是將產品順利推銷出去而已，更重要的是將產品在規劃和生產的過程中，適時的將消費者實際的需求和滿意反映在產品上。

而生產優先或技術導向，即所謂「最好」的產品，可能研發期間太長，也可能成本很高，價格很貴，不是消費者有能力購買的。譬如：勞斯萊斯汽車、勞力士 **(Rolex)** 手錶都是極品、藝術品，可是價格卻貴得只有少數人才有能力購買，對多數人來說只有望之興嘆。但這種以價制量的策略遊戲，骨子裡仍然是另類的「行銷優先主義」，以刺激少數最尖端的富人俱樂部成員的購買慾。

日本的日立製作所 **(Hitachi)**，基本上應為偏向「產品觀念」哲學，即技術掛帥或「技術優先主義」的企業，因此有「技術的日立」之美譽，如核能發電、電腦技術、半導體科技及家電的設計開發等都處於技術尖端的領域。以技術為主的經營理念，固然有品質尖端的優點，在重電方面也許較沒有問題；但在家電部門，則有市場需求量預測和顧客滿意度的問題，生產部門和行銷部門的預測和看法往往不一致，產銷之間的摩擦不斷，優秀的行銷人才因受到壓抑而無法發揮。因此，以技術為重的日立製作所，在重電（發電機）或機電部分（壓縮機、抽水機、電梯、電車），皆能在業界揚名立萬，獨占鰲頭。但是在消費性電子產品的領域，如電冰箱、冷氣機、洗衣機、照明器具、電視機、音響、錄影機等，始終都不是松下、東芝 **(Toshiba)** 和新力的對手。

再譬如德國的許多企業，像賓士、BMW、福斯汽車 **(Volkswagen)**、拜耳 **(Bayer)**、蔡斯 **(Carl Zeiss)** 等等，幾乎都以技術為導向，其技術製程和品質水準居於世界頂尖。但是，德國生產的工作母機，不管是車床或研磨機，就不會像日本產品一樣考慮到使用者的身高。對德國企業來說，認為在國際市場的競爭中，靠廣告吹牛是不切實際，也不可能成功的，主張追求完美技術和生產耐久性產品來服務社會，遠比獲得利潤更有價值。由於德國企業偏重技術，以致忽略行銷能力，連

帶的影響需要重視品牌形象、大量溝通和公共關係的消費性產業的發展。

(一)目標市場

　　沒有一家公司可在每一個市場營運並滿足每一種需要。即使市場規模夠大，也不一定成功；即使超強的 IBM 也無法滿足不同資訊處理的需要。唯有清楚界定自己的市場，並備好行銷策略的公司才可成事。皮爾卡登 **(Pierre Cardin)** 在 1979 年進軍大陸時，就請行銷專家界定出其目標市場，區分為要結婚的新人、出國者、三資企業的主管、政府高幹及個體戶老闆等，而成功上市高檔的西服（賈同榮，1994）。

(二)顧客需要

　　目標市場界定後，接著就必須瞭解其需要。電子寵物前幾年相當盛行，其主要原因有二，其一是此產品創意高，需要「照顧」時，就會發聲，其二是滿足房地產昂貴地區，如日本、香港、新加坡及臺北等無法養寵物的需要。臺灣的行動電話業者為滿足有需要溝通，但又不願付高額月租費的顧客，如長話短說的哼哈族、多聽少打的實際族以及收到帳單會驚嚇的「孝子孝女」族，推出輕鬆打的儲值卡。

　　對顧客所表明的需要能反應，是要具備敏感力。某家除臭劑公司進入東南亞市場，認為熱帶炎熱地區是該公司產品的好市場，結果業績令人大失所望，後來由當地的經銷商得知，顧客偏愛「身體芳香劑」之名，而不喜歡「除臭劑」。顧客導向的思維，公司需從顧客的觀點來定義其需要。每一購買決策都要權衡取捨，如果不去研究顧客，公司就無法瞭解。

　　專業行銷之鑰是：「要比競爭者更能快速滿足顧客真正的需要。」吸引新顧客比留住現有顧客花錢費力，因此留住顧客比吸引新顧客更為重要。顧客滿意是留住顧客的關鍵，滿意的顧客會購買更多且具長期忠誠性、購買公司新推出或升級的其他產品、有利於公司及產品的口碑、對競爭品牌較少注意且價格不敏感、提供產品或服務構想給公司，以及成為例行交易客戶，使公司降低成本。例如豐田汽車的主管在 Lexus 車成功時，曾提及公司的目標不只要滿足顧客，而且要取悅顧客。

　　企業需定期衡量顧客滿意度，打電話或 e-mail 給最近購買的顧客，詢問滿意與否，找出滿意與不滿意的主要因素，利用這些資訊改善下一期的績效。有些公

司有設計問卷及顧客申訴熱線，來鼓勵顧客提出建議、詢問甚至抱怨申訴。3M 公司宣稱三分之二的產品改良構想，是來自聆聽顧客之聲。然而，由於大多數的顧客不滿意時也不會申訴，只是不再購買。某些研究顯示，抱怨獲解決的顧客，54% 至 70% 會再次和公司作交易，若顧客覺得申訴反應快速，則此數字上升至 95%。抱怨獲滿意解決者，會將其境遇告訴至少五人。因此，當公司發現忠誠度高的顧客是主要獲利來源，就不會忽略任何一個抱怨或與顧客惡言相向。IBM 要求每一個銷售員要完整記錄流失顧客的報告，並提出維持滿意水準的步驟。新加坡航空公司 **(Singapore Airlines)** 發展出一套服務績效指標來記錄顧客對其服務之滿意度。顧客滿意度是公司長期利潤最佳指標，要使顧客滿意，員工訓練也是重要的一環。

(三)整合性行銷

整合性行銷意謂著兩件事：一是各種行銷功能須從顧客的觀點來整合──銷售人員、廣告、產品管理、行銷研究等需要整合在一起。其二，行銷須和公司其他部門整合。行銷是無法單獨作戰，須公司所有員工都能參與，才能發揮功效。基於團隊精神，公司需進行內部行銷及外部行銷。內部行銷是成功地雇用、訓練及激勵願為顧客服務的員工。但事實上，由於各部門的目標不一致而造成衝突，想要創造高水準的顧客滿意度並非易事。例如，工程部門的人員認為顧客要求太多，而銷售人員則是以保護顧客為優先，有時忽略了公司的利益。某航空公司的行銷經理，想要增加市場占有率，其策略是提供更好的食物、更乾淨的機艙，及訓練有素的空服員，來增加顧客滿意度，但膳食部門以降低食物成本來選擇食物；維護部門以降低清潔成本，來提供清潔服務；人事部門以親切或願意為人服務，來選用空服員。

(四)經由顧客滿意獲取利潤

行銷觀念的目的是協助公司達成其目標。民營企業主要的目標是利潤，非營利公眾機構的目標是存續並吸引足夠的基金來推展工作。如今，利潤並非目標，這只是經營良好的副產品。一個公司要能賺錢，是需比競爭者更能滿足顧客的需要。美國惠而浦 **(Whirlpool)** 進入日本市場，就避免販售美式大而不當的冰箱與家電，改以符合日本消費者需要與品味的設計，冰箱、洗衣機與乾衣機小且馬力強，洗碗機更是精巧。美國的寶鹼、蘋果電腦 **(Apple)** 及迪士尼 **(Disney)**；日本的新力、

豐田及佳能 (Canon)；新加坡的新航；韓國的三星電子 (Samsung) 及 LG；臺灣的宏碁電腦 (Acer)；菲律賓的 Jollibee 食品等都是採行行銷觀念的公司，他們不僅有訓練有素的行銷部門，其他的生產、人事、研發、財務及採購部門，都接受顧客至上的觀念。

日本味之素 (Ajinomoto) 在亞洲市場推出調味料新產品 "Masako"，是在甘味調味料中加入雞的風味，主要是針對印尼等回教國家量身定做的產品，是屬於 "Hon-Dashi"（和風調味料）的雞肉版商品。但由於泰國人則喜歡含豬肉和大蒜的料理，因此味之素推出了符合他們口味的 "Ros Dee" 調味料產品。換句話說，味之素在亞洲地區，採取因應各個國家的飲食習慣，推出不同的差異化商品，以爭取更大的市占率，並且為了充實其調味料款式，在 2002 年 9 月與日本 Housefoods 公司合資，在中國開始生產 "Retort Galley"，即咖哩真空包裝袋食品。味之素風味調味料在泰國的銷售額幾乎占了東協 (The Association of Southeast Asian Nations; ASEAN) 地區銷售額的一半，而未來期許在整體東協地區的風味調味料銷售額年成長率能達 15% 以上。

五、社會行銷觀念

社會行銷觀念 (societal marketing concept) 是最新的一項行銷概念。社會行銷觀念是認為一個企業組織必須認清組織的目標市場之需要、欲望和利益，一定要比競爭對手的效率和效能高，提高消費者所期望之滿足，更必須要同時維護和改善消費者之福利和整個社會的福利。近年來，因環境惡化、資源短缺、人口暴增、世界性的饑餓與貧窮及被忽略的社會公益，很多人在質疑行銷觀念是否是一適當的哲學，公司滿足個人的需要，是否也應為消費者及社會的長期利益做考量？因此，社會行銷觀念油然而生，即企業仍採取行銷概念之哲學，應重視社會行銷觀念，必須在長程觀點上，服務及滿足個別消費者需要之外，並考慮社會助益，但是，由於消費者需要往往是一種短程的，若為顧及到社會大眾長期福利時，這兩者可能會形成衝突。

例如，可口可樂公司是一家極具有責任感的企業，生產品質優良的產品，滿足消費者之口味。但是有太多消費團體和環保團體提出質疑，指出其產品營養價值低，可能損害牙齒，還有咖啡因和丟棄瓶子之處理問題。因此而產生了社會行

銷觀念，要求企業從事行銷活動時，必須要兼顧消費者利益和社會利益。有人批評：「速食店提供快速可口，但不營養的食物，如漢堡、薯條、可樂屬高熱量的食物。產品的包裝則產生太多垃圾。此有害消費者健康，又引發環保問題。」由此可知，未來的行銷觀念應擴大新思維，如「人類觀」、「智慧消費觀」及「生態至上觀」等不同觀點。

社會行銷觀念需要行銷人員在制定行銷政策時，即同時考量公司利潤、消費者滿意及公共利益，原本公司基於短期利潤最大，而制定行銷決策，而後他們開始承認滿足顧客需要的長期重要性，並引進社會行銷觀念。換言之，行銷者在制定行銷政策時，必須要求公司利潤 (company profits)、消費者欲望滿足 (consumer's wants satisfaction) 和社會人類福祉 (social human welfare) 三者之間的平衡（圖1.5）。許多公司開始將社會的利益放入決策中後，業績也因此有顯著的成長及利潤增加。例如，美體小舖 (The Body Shop) 製造並銷售自然配方的化妝品，並採簡單可回收的包裝，其配方大部分是植物，且來自開發中國家，以協助他們經濟成長，所有的產品不以動物做測試，每年利潤的一定比例捐贈給動物保育團體、避護所、拯救雨林及其他等，在印度設孤兒基金會，在新加坡推出改善老年人的住所及保護女性防範暴力。如此一來，許多消費者因可分享社會公益而惠顧。

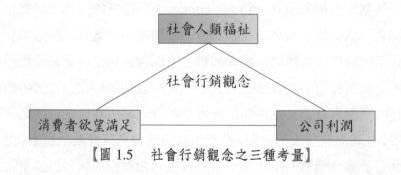

【圖 1.5　社會行銷觀念之三種考量】

第四節

行銷觀念應用於非營利組織

行銷觀念對非營利組織和營利公司而言一樣重要。然而，在 1970 年之前，很

少人將行銷觀念應用於非營利組織中。而現在，行銷被廣泛認同且應用於各種公營或私人的非營利組織中，從政府機構、醫療保健組織、教育機構、宗教團體，到慈善機構、政黨及藝術組織等。有些非營利組織就像營利企業般地運作，例如博物館中的禮品商店，其實與街道上的營利禮品店並沒什麼兩樣。當然，也有許多非營利組織都與營利公司相差很多了。但不論如何，非營利組織和營利的公司一樣，都需要資源和支持，以便生存及達成組織目標。但是，其支持通常並不會直接來自那些接受組織所創造利益的人。例如，世界野生動物基金會保護動物，而如果其支持者不滿意時，則將會停止捐款。同時，非營利組織也必須面對資源和支持的競爭，如一個婦女會若其成員參加了其他類似的組織，那麼便會岌岌可危；無住屋聯盟若支持者轉而支持其他活動，如 AIDS 教育，則將面臨解散。

　　非營利組織和營利事業一樣必須要入能敷出，否則將無法生存。但與營利事業最大的不同在於，非營利組織並不衡量「利潤」。而其衡量長期成功的標準也和營利事業不同。例如，YMCA、大學、管絃樂團和郵局等的目標各不同，因而衡量成功的標準自然也不相同。由於不以利潤作為目標，所以非營利事業有時非常難以衡量活動的效益及目標的達成度。然而，若組織中每個人都同意某種長期成功的衡量標準，則組織較容易有一個指導目標而能從事努力，發揮效益。

　　有些非營利組織面臨不易促使員工採納行銷觀念的挑戰。各部門原本各司其職的員工，通常很難瞭解與接受行銷觀念的重要性，即使有自願參與行銷者，管理者也常發現很難使各方不同的意見達成行銷策略的共識。行銷觀念必須提供目標，不論在何種形式的組織中皆很重要，它是整合所有人員以有限資源達成共同目標的最好方法。以下來看一個非營利組織採納行銷觀念，以達成其目標的例子：

　　一個小鎮的警察局局長正努力打擊附近日增的竊盜犯罪，他要求鎮長增加預算用來增加巡防的警員及車輛，但鎮長並不認為增加預算可以解決問題，於是僅調一位警官來負責社區守望相助計畫。這位警官幫助組織居民彼此看顧財產，當有可疑情況時立即通知警方，同時將居民身分證號碼刻在所屬物品上，以及在社區內裝置警燈以警告小偷社區內有看護系統。如此一來，竊盜事件不再發生，卻沒有增加警局太多的預算。因為，居民真正需要的是更有效的犯罪預防，而不是更多的警察。由這個簡單的例子，可學習到必須要先瞭解顧客的真正需要，才能提出讓其滿意的解決方案，達到有效執行行銷規劃的目標。

第五節

行銷的未來趨勢

一、企業是為顧客而存在

　　沒有顧客就沒有企業，失去顧客支持的企業，將消失於大氣之中。亞特蘭大奧運會期間，報上有一則報導；大意是批判亞特蘭大奧運會當局太過商業化，幾乎唯利是圖。因為大會將花錢買票的觀眾當大爺，不但在各比賽場地有許多方便的入口，而且提供任何資訊。相反的，對各國前去採訪的媒體記者，非但未予禮遇，入口又受限制，並且要通過層層檢查，不僅感覺很窩囊，還幾乎寸步難行。

　　這種現象與我國的情況幾乎完全不同。在國內媒體記者不但有無冕皇帝之稱，而且一向有高人一等的感覺。官員、政客、企業家誰都敢得罪，就是不敢得罪媒體，因為得罪媒體就會被修理、被屠宰。因此，大家對記者雖不一定是避之則吉，至少表面上都不敢冒犯，甚至還相當禮遇。但是這種禮遇並非尊敬。可嘆的是，國內有很多記者卻將這種禮遇視為理所當然，而忘了職業上應有的分際，稍有不是即抱怨連連。

　　但是像美國這樣一個進步自由、平等開放的國家，記者也只是一種職業，並無特殊之處。採訪工作固然辛苦，但那是職責所在，何況有什麼工作是不辛苦或可以不勞而獲的呢？國內的記者到美國採訪之不適應，主要就是源於對「工作」的認識和看法與美國人不同所致。

　　至於美國人將花錢買票的觀眾當大爺，想盡辦法滿足他們的需求，這在行銷至上觀念下乃是正常的。奧運會主辦當局相當清楚，他們服務的優先對象是運動員和觀眾，而不是記者。提供運動員好的場地、設備、食宿、交通等等，他們才會有精采的表現，有優異的成績表現才能吸引更多的觀眾前來捧場。而買門票的觀眾多寡則關係著盈虧和利潤，因此好好伺候巴結觀眾，讓他們滿意，的確是非常重要的事，也是比讓記者滿意更重要的事。總歸一句話，奧運會是為運動員和觀眾而存在的，並不是為媒體或記者而舉辦。媒體記者誤認奧運會是為他們而辦，

因此才會有認知上的期望落差。記者先生小姐不能瞭解美國社會這種文化，當然就不免有斯文落地、不受尊重的抱怨。

「奧運會是為選手和觀眾而辦」，無此認識之媒體記者當然會感到委屈失望。同樣的道理運用在行銷上，就如同管理大師彼得杜拉克 (Peter Drucker) 所說的：「企業是為顧客而存在的」，失去顧客或為顧客所唾棄的企業，正如同失去選民支持的政黨或政客一樣，將消失於大氣之中。因為「企業是為顧客而存在的」，所以企業不但要認清顧客在哪裡？時時反思誰是我的顧客？而且還要好好的伺候、巴結、討好這些衣食父母，讓他們滿意、開心，他們才不會朝秦暮楚，琵琶別抱。有忠誠的顧客支持，企業才能屹立不搖，歷久彌新。從事行銷若無此基本認識就會以為企業是職業訓練所、失業收容所，因而迷失了方向與目標。

二、顧客心理是行銷致勝最大的突破口

在今日商品充分且多元的時代中，在產品功能上，週邊服務上，甚至是價格上，已不太容易有很大的差異化了。未來，唯有「顧客心理」將是行銷致勝最大的突破口。過去，心理分析的障礙，是資料取得難、取得成本代價高，以及缺乏資訊科技條件的支撐，如今這些都已不再是難題了。

因此，未來行銷人員在對於會員顧客及目標顧客之人口統計變數的深入研究後，如能將顧客依他們不同的生活型態、偏愛、價值觀、消費行動取向、以及消費心理等，加以有效的分類、區隔、分級，並且認真的經營管理好這些顧客，將是未來行銷販促活動與商品開發管理上的得力助手。

最近，日本 7-ELEVEN 公司董事長鈴木敏文的卓越經營手法，已引起行銷界的學習之風。而鈴木派所強調的就是如本文所描述的重點，鈴木敏文董事長的中心論點是：「在不景氣的世代中，我們所面臨的不是經濟學問題，而是心理學問題。」他強調應以「數據至上」的「統計心理學」來預測明天消費者的變化及需求是什麼，因為顧客的心理及需求，是每天都在變化之中的。而行銷最大的任務，就是要發現這些變化，然後以創新的作為，來給顧客或會員一些嶄新的驚奇與開啟他們的消費心弦，這將是新時代中，行銷最大挑戰所在。

三、建立長期友誼的顧客關係

根據戴國良 (2003) 的研究，以日本雀巢 (Nestle) 公司為例，在 2000 年時成立雀巢會員俱樂部，目前已有 130 萬日本人加入成為會員。而日本雀巢將所謂的客服中心 (Call-Center) 區分為兩種。一種是一般消費者的客服中心；一種是會員專用的客服中心。會員專屬的客服中心，其客服小姐素質水準較高，平均每天接到 100 多通電話。日本雀巢所接的來電，詢問時間平均為 6 分鐘，最長的也有 1 小時之多。對談的內容，包括了：有詢問商品的、有詢問親子關係處理的、有詢問餐飲料理技術的、有使用抱怨的、也有讚美與肯定的。客服人員都像是與親朋好友聊天一般地與打來的雀巢會員做互動良好溝通，以建立會員與雀巢公司雙方間長期的友誼關係。日本雀巢公司稱此中心為：Together Nestle Communication Center （雀巢歡樂一起溝通中心）。

另一方面，日本雀巢公司如此作法，也是希望透過輕鬆自然的居家生活對話，掌握會員顧客的生活型態、價值觀，以及關心哪些事，然後才能提供給商品開發及販促活動的執行宣傳人員參考。日本雀巢會每個月寄給這 130 萬會員「會報誌DM」，裡面有宣傳商品及販促活動，也有詳細的健康、美容、瘦身營養與親子專文文章介紹，提供會員閱讀。

四、擬定行銷計畫

一份行銷計畫包括了六個步驟：情勢分析、目標、策略、戰術、預算及監控。

(1)情勢分析：首先分析整體情勢（經濟、政治法律、社會文化、科技），再分析大環境中各個角色（公司本身、競爭者、經銷商及供應商）。接著公司要做一份 SWOT 分析，即優勢 (strength)、劣勢 (weakness)、機會 (opportunities) 及威脅 (threats) 的分析。然而這個分析其實應該被稱為 TOWS 比較恰當，即依「威脅、機會、劣勢及優勢」的順序，先從外在環境分析起，再回顧內部。若以 SWOT 的邏輯分析，可能會過於重視內部因素，而只注意到和公司優勢相關的機會或威脅。

(2)目標：公司將根據情勢分析找出最佳的機會點排序，然後設定目標及時間表。公司亦需根據不同的利益相關人、公司聲譽、技術及其他相關層面訂

定目標。

(3)策略：任何目標都可以透過多種方式達成，策略就是要找出達成目標最有效的方法。

(4)戰術：策略必須要以行銷組合（即 **4P's: product, price, place, promotion**）的角度詳盡說明執行方式、時間及執行者為何。

(5)預算：將公司計畫好的行動及活動費用加總起來，就成為達成目標所需之預算。

(6)監控：公司必須定期檢討並評估目標達成的進度。若進度落後，公司必須重新修改目標、策略或行動來改善狀況。

五、體驗行銷將取代傳統 4P's

傳統的行銷一定會先根據 4P's 幫產品做市場區隔與策略定位，然後再發展執行計畫，但是體驗行銷強調的是決定不能在行銷策略的制定上，將執行計畫另外分離出來發展，必須要在確認所預設的顧客經驗是美好的、成功的才去執行。

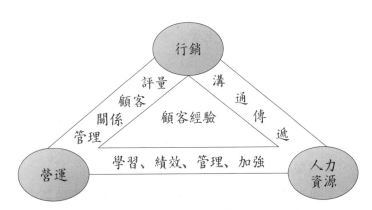

資料來源：史祥恩 (2003)，《突破雜誌》，第 220 期，頁 46。

【圖 1.6　顧客體驗與行銷管理之關係】

傳統行銷將創意和分析各自評估研究，而體驗行銷是強調將兩者合一，不能分開。繁瑣的研究分析，消耗的不只是人力物力，更可能讓一個好創意喪失在市場運作執行的最佳時機，無法結合市場運作需求的策略是無關痛癢，畫地自限的。因此行銷人員應善加利用企業內外部的資源，建立一個最佳的體驗行銷環境，由

　　內而外，實際將內部所得到的體驗，即時地傳達到市場與客戶群（圖 1.6）。

　　臺灣 LG 在 2004 年初行銷市場新潮流的滾筒洗衣機時，推出了「體驗團行銷」手法及「30 天隨您鑑賞」活動，使消費者使用不滿意包退方式，安心體驗滾筒洗衣機。同時也多次陸續邀請體驗行銷團成員，參加媒體記者會，甚至拍成證言式電視廣告，以現身說法，證明滾筒洗衣機的功用。這種體驗行銷手法，讓滾筒洗衣機的銷售量突飛猛進，較前一年成長 25 倍，從 200 臺暴增至 5,000 多臺。

　　顧客的感受最直接，提供一個良好的購物空間或經驗，讓顧客願意下一次再光顧，進而成為忠誠顧客。許多企業致力於設計提供顧客美好的消費經驗，無論是為顧客提供獨特的商品或服務，但若能從內部員工的忠誠度訓練開始，而這種忠誠度將可以轉化為對顧客的真誠熱情。例如，英國特易購 (Tesco) 被視為零售業的成功傳奇，一直以「對待顧客方式對待員工」的想法為基礎，授權員工、獎勵員工，正式確保良好品牌經驗的基石。

自我評量

1. 以人壽保險為例，說明銷售觀念和行銷觀念的行銷手法有何不同。

2. 需要、欲望和需求對於美國高階主管、中國大陸漁民、臺灣哈韓族與日本大學教授而言，各有何不同的意義？

3. 臺灣目前最需要社會行銷觀念的產業為何？而哪些廠商的作法比較接近社會行銷？並說明理由觀點。

4. 民間營利企業與非營利性組織之間的行銷手法有何不同？請舉例說明。

5. 交換是行銷的核心觀念之一，請試舉幾例來說明。

6. 在交易完成後與顧客保持聯繫，瞭解他們對產品或服務的滿意度是非常重要的，如果你是一家化妝品公司的行銷主管，將會採取哪些對策？

7. 電視購物頻道銷售產品或服務，可否與體驗行銷的手法相結合？

8. 顧客關係管理被視為新的行銷萬靈丹，如何利用科技來與顧客做一對一的互動？

9. 「真正品質好的產品或服務是不需要行銷的」，你同意這個觀點嗎？

10. 以便利商店為例，你覺得行銷活動創造了哪些顧客價值或需要？

參考文獻

1. 方世榮譯、Philip Kotler 著 (2003)，《行銷管理學》，東華書局，頁 10–11。

2. 史祥恩 (2003)，〈強化品牌價值：創造企業最高市值〉，《突破雜誌》，第 220 期，頁 42–46。

3. 洪順慶 (2001)，《行銷管理》，第二版，新陸書局，頁 3。

4. 張永誠 (2000)，《行銷新反思》，遠流，頁 31–36。

5. 黃春進編著 (2000)，《行銷管理學》，新文京開發出版，頁 12–13。

6. 賈同榮 (1994)，〈皮爾卡登在中國的投資：用世界最美最流行的服飾去喚醒中國人對美的追求〉，《經濟與商情》。

7. 謝文雀編譯 (2000)，《行銷管理：亞洲實例》，第二版，華泰書局，頁 6–11。

8. 戴國良 (2003)，〈顧客情報再生術的挑戰秘笈〉，《突破雜誌》，第 220 期，頁 69。

9. Bennett, Peter D. (ed.)(1988), *Dictionary of Marketing Terms*, 2nd ed., Chicago: American Marketing Association.

10. Drucker, Peter (1973), *Management: Tasks, Responsibilities, and Practices*, New York: Harper and Row.

11. Kotler, Philip (1997), *Marketing Management: Analysis, Planning, Implementation, and Control*, 9th ed., Prentice Hall.

12. Kotler, Philip, Swee H. Ang, Siew M. Leong, and Chin T. Tan (1999), *Marketing Management: An Asian Perspective*, Prentice Hall.

13. Levitt, Theodore (1983), *The Marketing Imagination*, New York: The Free Press.

14. Pride, William M. and O. C. Ferrell (1991), *Marketing: Concepts and Strategies*, 7th ed., Boston: Houghton Mifflin.

15. Stanton, William J. and Charles Futrell (1987), *Fundamentals of Marketing*, 8th ed., McGraw-Hill.

第二章

行銷環境

學習目標:

1. 行銷環境的意義和重要性
2. 總體環境的趨勢與需要
3. 行銷總體環境因素
4. 行銷個體環境因素

臺灣人熟悉的「鐵路排骨菜飯」飯盒，是在 1960 年代的柴油快車、1970 年代的觀光號、自強號上均可購得的熱騰騰的便當。如今打著復古風的「懷舊便當」進入日本東京的京王百貨公司，呈現在日本市場。該便當的售價並不便宜，要價 1,450 日圓，而且是限量販售，一天只有 400 盒，成為傳媒關注報導的對象。

同樣地，臺灣餐廳在日本開店成功的「鼎泰豐」在東京的新宿車站上有一家分店，在名古屋車站中也有一店，如今在東京新開發地 Caretta Mall 又成立了一家，如此一來，其連鎖店形式已趨成型，服務甚受當地好評。除了「鼎泰豐」餐廳，還有一家臺灣餐廳也在日本東京銀座登陸成功，那就是「欣葉台菜」餐廳，在那裡可以吃到筒仔米糕，喝到台灣啤酒，可慰鄉思。臺灣的商品、臺灣的商店可在國際市場獲得成功，那是它們能掌握國際環境趨勢與需要的成果，今後期會有如可口可樂、麥當勞的臺灣商品或連鎖店能馳名於世。

第一節

行銷環境的意義和重要性

企業通常設有許多功能部門來處理不同的業務，如行銷、生產、財務會計及人力資源等，而行銷部門的活動與外界環境的互動非常密切，例如產品設計、廣告文案、經銷商選擇等，通常針對消費者而設計，而消費者的購買行為常受到政治、法律、文化等外在因素的影響。另外，行銷活動也常需要科技和外在的資源（廣告公司、零售商、銀行、運輸公司等）來支援。一般把在行銷部門或功能之外的，且會影響市場或行銷活動的因素稱之為「行銷環境」(marketing environment)。

行銷環境可分為總體環境和個體環境。總體環境 (macroenvironment) 是指影響層面較深遠的、較難控制的力量，如政治、經濟、科技等，這些力量會影響到廠商和產業。個體環境 (microenvironment) 是指和行銷部門的活動比較有直接關係的因素，如企業內部、中間商、競爭者等。不同的公司則會有不同的個體行銷

環境，以資生堂 **(Shiseido)** 與雅芳 **(AVON)** 來比較，前者走專櫃路線，而後者則以人員銷售為主。

　　行銷環境的變化帶來威脅，同時也帶來機會，所謂「水能載舟，也能覆舟」，企業如果能密切注意行銷環境的變化，快速制定適當的行銷策略，掌握消費者需求，發展合適產品，獲得更新的原料和技術，降低成本或提高品質，行銷人員和組織如能發揮其能力和智慧，則可因應競爭形勢和壓力。台積電董事長張忠謀先生曾說：「科技界變化得太快了，公司必須看對了機會，若大公司沒有看對的話，小公司就有機會超過大公司。」

第二節

總體環境的趨勢與需要

　　成功的公司都是能確認並反映總體環境中未滿足的需要與趨勢。未滿足的需要總是存在，若能解決任何問題，發展機會一定可觀，例如癌症的治療法、精神病症的化學療法、海水淡化處理、低脂可口營養的食品、電動車、聲控電腦及低廉的住屋。甚至在成長緩慢的經濟社會中，新興的個人與企業也可創造為滿足需求的新方法。1980 及 1990 年代，無數新事業風起雲湧，隨身聽與隨身 CD 使活躍者暢享個人音樂，健身中心為舒活筋骨的男女而設，傳真機與網際網路滿足立即郵寄需要。

　　趨勢是某種重大動力或持久性的走向或事件的順序，例如職業婦女的持續增加，使得幼兒照顧、微波食品、正式上班服飾及其他商機源源不絕。確認一趨勢，探索可能結果，並決定公司的機會是最重要的工作。

　　事實上，流行、趨勢和大趨勢是有別的。流行是不可預測、短期且無社會、經濟及政治影響力者。抓住一個流行是可大撈一筆，例如，葡式蛋塔與 Kitty 貓，但運氣與時機很重要。反之，趨勢較可預測且持久，並顯示了未來的模樣，在許多市場與消費者活動均可觀察得出來，同時也與其他顯著指標相互輝映。而 John Naisbitt 所謂的「大趨勢」，認為此是大型的社會、經濟、政治及科技變動，緩慢成型，一旦出現，影響甚久，常為七至十年，甚至更久。

趨勢及大趨勢都吸引行銷人員的注意。新產品或行銷方案在順勢環境中會更成功。偵測出的新市場機會，即使技術上可行，也不保證能成功。例如，在顧客電腦中提供訂製式、顧客有興趣的每日新聞是可行的，但有興趣的或願意照價支付的顧客數可能不足，此時有必要以行銷研究來決定此機會的潛在利潤。例如，亞洲市場有以下的變化和特質：

(1)飲食習慣改變。典型的豐富自然食物，如多蔬果、少肉，已因西式口味而有所改變。亞洲許多國家的中產階級在傳統與西式食物中尋求多樣化與組合。亞洲的都市人口相對年輕，市場調查顯示年輕的消費者易於改變其飲食習慣。

(2)因移入都市，與更大的工作流動性，家計單位愈來愈小，女性工作人口在增加，在亞洲大城市中，許多女性是全職工作者。

(3)因支配所得提高，年輕的雅痞族更常到國外旅遊，對不同食物接觸更多。

(4)「關係」深植於學校、社團、宗族組織以及秘密結社中。「關係」是海外各地華人社群的命脈，香港的李嘉誠、馬來西亞的郭鶴年與印尼的林紹良等都是帷幄運籌這些關係而成功的。

另外，市場全球化和生產全球化的趨勢造成全球化競爭的衝擊增加，企業與消費者都受全球化競爭力量的影響。包括：

(1)除了國際間運輸進步、通訊及財務交易蓬勃發展，最近，更由於網際網路與全球資訊網的快速成長，使世界貿易及投資成長快速。

(2)近十年的國際經濟趨勢，日本的國際競爭力衰退和景氣低迷，美國的國際競爭力與主導權逐漸復甦，新興亞洲國家經濟力量與日俱增。

(3)主要新市場，如中國大陸、印度、東歐及阿拉伯國家、俄羅斯等市場逐漸開放。中國大陸加入世界貿易組織 (World Trade Organization; WTO) 後，放寬外匯管制、實施「外商投資商業領域管理辦法」，在世界市場的經濟力量更是提升，但為避免投資過熱，也採取宏觀調控政策。

(4)國家與經濟區域築起貿易障礙，以抗外來的競爭。如 2004 年 5 月 1 日，塞浦路斯、捷克、愛沙尼亞、匈牙利、拉托維亞、立陶宛、馬耳他、波蘭、斯洛伐克和斯洛凡尼亞等十個東歐國家正式加入歐盟，使歐盟擴大成一個由二十五個國家組成的貿易體系，生產總值逾 9 兆美元，總人口達 4.55 億。

⑸拉丁美洲與東歐國家的外債問題嚴重,致國際金融系統脆弱。

⑹以物易物與相對貿易在國際交易間仍扮演著重要的角色。

⑺社會主義國家將國營企業私有化,走向市場經濟。

⑻全球溝通的成長,導致人們生活方式的快速普及和全球化。

⑼汽車、食品、服飾、電子等全球性品牌的成長,使得多國籍企業漸超越其本土性與區域性特質而成為跨國公司。而跨國公司利用策略聯盟(如通用與豐田、GE 與富士通)與購併等方式來進入全球市場更加頻繁。

全球化並不意味著選擇和市場區隔從此消失。Levitt (1983) 認為,全球化的現象,表示面對更大(全球)市場的優質產品,開始價格的競爭。假設英國開始接受印度菜,特別是印度咖哩,這表示咖哩的市場區隔,不再只是狹隘的族群,而是更大的市場。

第三節

行銷總體環境因素

大部分的公司與其供應商、行銷中介機構、顧客、競爭者及各種大眾都在一個更大的環境中運作,這個總體環境的力量與趨勢形成了機會和帶來威脅。這些力量是不可控制的,意謂著企業必須去監視並做出反應。

全球快速變遷的圖像中,企業應監視六個主要的影響因素(圖 2.1):人口、經濟、自然、科技、政治/法令及社會/文化因素。雖然這六個因素常分開討論,但行銷人員應整體來分析,因為情況與階段不同,常是機會與威脅並存。例如,人口爆炸性成長(人口),將使資源過度開發並加重污染(經濟 vs. 自然),如此將導致消費者需要更多的法令(政治/法令)。法令的限制促使新科技與產品的出現(科技),若又為人力所能購買,將會大大改變人們的態度與行為(社會/文化)。

【圖 2.1　行銷總體環境因素】

一、人口環境

　　人口是市場形成的主要原因。行銷人員的主要興趣在於不同城市、地區人口的規模及其成長率、年齡分佈與種族組合、教育水準、家計類型、地區特性及移動。

(一)人口成長

　　亞洲人口仍有持續增加的趨勢。人口數量若無法控制，地球將無足夠的資源可供應如此多的生命，特別是要達到大多數人所期望的生活水準，因此家庭計畫的社會行銷觀念就相當重要。由於人口成長最高的國家與社會往往是最不能自給自足者。雖由於現代醫學的進步，死亡率下降，出生率相對穩定，但對低度開發國家而言，要養活並教育小孩，且提高生活水準是相當困難的。

　　然而，人口成長對企業具有重大的涵義，代表著需要的增加，但不一定意味著市場的成長，除非有足夠的購買力。若人口成長壓力過大，食物與資源不足，企業的成本會上升，利潤將縮水。在中國大陸，由於人口過多，中共政府實行一胎化政策，造成小孩被溺愛與縱容，猶如小皇帝一般。每個小孩有六個口袋，即來自曾、祖父母與父母及叔伯姨姑的厚禮，這使得許多世界性的玩具公司準備瞄準大陸市場。

(二)人口年齡組合

　　各國的人口依其年齡組合而有異，人口年齡可分為：學齡前、學齡兒童、青少年、青年人（25–40 歲）、中年人（40–65 歲）、老年人（65 歲以上）。約莫半世紀之前，美國小羅斯福總統夫人伊蓮娜 (Eleanor Roosevelt) 曾說過：「年輕人如果美麗，那是大自然的意外，老人如果美麗，卻是藝術的傑作。」這個觀點說明了，

老人的數目相對較少，而貌美俊挺的老人更是少之又少。但如今已大不同，令人震驚的預測是，到了 2025 年，全中國會有 20% 的人口在 60 歲以上，其中 7%（約 9,900 萬人）已經超過 80 歲。目前日本已有五分之一 60 歲以上人口，到了 2030 年會成長至 30%，人口炸彈瞄準日本，老人過多將拖垮經濟，人口老化的問題，將「未來式」變成「進行式」，未來老化最嚴重的日本，現在便已飽嚐苦果。據《華爾街日報》報導，在 2007 年，日本 65 歲以上的老年人口將超過總人口的二成，而德國和美國也都有成長的趨勢（圖 2.2）。另外，看看整個亞洲 60 歲以上的人口，香港是 29%，新加坡是 18%，馬來西亞是 12%。由此可見，亞洲的銀髮勢力不可忽視。年輕國家中較重要的產品是學用品、嬰兒產品和玩具；相反地，人口老化國家，醫療及醫院服務、易於嚼食的產品、大字印刷的報紙需求量大。

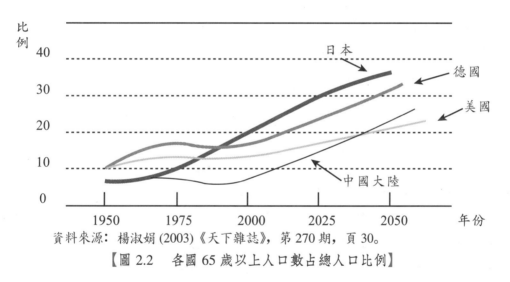

資料來源：楊淑娟（2003）《天下雜誌》，第 270 期，頁 30。

【圖 2.2　各國 65 歲以上人口數占總人口比例】

行銷人員也常將不同年齡組的人口區別以確認目標市場。如適學齡小孩、有錢及購買力的闊少族 (school kids with income and purchasing power; SKIPPIES)；媽老兒小的老蚌族 (old mother of babies; MOBYS)；雙薪無小孩家庭的頂客族 (double incomes with no kids; DINKS)；貧乏的城市專業人員拼命族 (poor urban protessional peoples; PUPPIES) 等。以日本來說，在都市中有不同的年齡層，如單身族、粉領族、頂客族及銀髮族。單身族購買流行服飾，喜歡音樂與電影，使用高品質的影音系統、資訊網路與軟體，常旅行吃大餐。粉領族使得個性化服飾、

高級餐廳、酒與威士忌等市場大幅成長。頂客族則購買家電設備或省時省力的裝置；外送服務；清潔服務等。銀髮族則花在至溫泉區度假、健身俱樂部、文化中心與娛樂設施及海外旅遊。每一族群都有已知的產品與服務需要，偏好的媒體及零售店，此可助行銷人員調整其行銷作法。

除了 65 歲以上的正宗銀髮族，一般稱 55-64 歲為「新銀髮族」，這群人在十年內會陸續加入銀髮族行列，擁有獨立的消費觀，對於金錢的看法比較開放，並非一定要把家產留給子女，懂得規劃自己的未來，對新的事物接受度高。例如莊孟翰 (2003) 的研究發現，有 32% 的人願意住進兼具醫療、保險、照護、休閒娛樂、長期看護之老人安養院等設施。目前老年人已不再是行銷人員傳統印象中的樣子，產品的設計、銷售模式自然不能依循以往的手法，如何抓住銀髮族的需求，將是企業能否進入銀髮產業的關鍵。

品牌忠誠度常被認為是老年人的心智狀態，這些銀髮族基本上會繼續愛用自己早年已經習慣的品牌，他們與這些品牌的關係相當根深蒂固，可能從中年時期就開始，由此訊息明確瞭解到，瞄準現有的 25-50 歲族群行銷是有其必要性，年復一年持續與這些人對談，目標不在短期銷售，而是要與他們在未來極其龐大的銀髮族市場中建立長期關係。

(三)種族市場

國家間依其種族與民族的組合而異。日本是個較整齊的國家，因為幾乎每個人都是日本人，香港也相當同質，都講廣東話。新加坡是另一個極端，各種種族均有。新加坡常住人口超過 400 萬，其中 25% 以上是外國公民。四分之三的人口是華人，也是世界上除中國以外，華人人口占大多數的唯一國家。馬來人占 14% 左右，印度族為 8%，還有少部分歐亞混血人口。新加坡通用華語、英語、馬來語和泰米爾語四種官方語言，其中馬來語是國語，但政府機構等多通用英語（維京百科，2004）。印度人口本質上亦為複雜的種族組成，使用的方言極為多樣化，購買動機、決策行為和消費習慣等也都可能有相當大的差異。

(四)教育群組

任何社會的人口可分為五個教育群組：不識字、高中肄業、高中畢、大學畢及研究所以上。在日本 99% 的人口都識字，在中國大陸就相對減少。因此，惠普公司在中國擬定不同的行銷策略，把廣告的重點置於企業形象，而非產品本身。

惠普的廣告代理商認為：在成熟市場，比較是針對於較具知識者談話，而中國市場是行銷週期的初期，因此在香港採強調電腦晶片的品質策略，在上海則是大力推銷相同機種的外觀。惠普在中國的另一個行銷策略，則是捐贈獎學金及電腦設備給大學，提高其教育水準，藉以塑造優良的企業品牌形象。

(五)家計類型

傳統的家庭是由夫妻小孩組成（有時還包括祖父母）。在亞洲某些國家，如印度，家庭可能尚包括年幼的弟妹。有些國家，家計類型可有獨居、同居或異性同居、單親家庭、無子家庭及空巢者。非傳統家計單位的成長，主要是因人們選擇不婚、晚婚、已婚不想有小孩、離婚及分居等。每一群組有獨特的需要組合及購買習慣。例如，鰥寡孤獨者需較小的住處、廉價及小型的家電、傢俱與家飾、小包裝食物。因為此類非傳統家計類型快速成長，行銷人員應注意其特定需求，例如，曾有洗髮精的廣告以同居的男女為廣告訴求。

(六)人口的地理移動

二十一世紀是人口在國際間大移動的時代。在 1997 年香港歸還大陸，致使人口流向澳洲、英國、加拿大、新加坡及美國，也使得這些地區房屋與教育需求增加，同時也產生對這群移民喜歡或不喜歡的行銷敏感度。

平常時候，人口也會有移動的情形，如從鄉村移至城市，再移到郊區。中國東南經濟特區，如深圳，吸引了很多內地的農夫。區位的不同會使得財貨服務的偏好有別，例如移至較溫暖的國家，會減少對厚衣、暖氣系統的需求，增加冷氣的需求。住在孟買、東京、漢城及香港等大都會的消費者，則是香水、化妝品、行李箱、藝術品的重要消費族群，這些城市也支撐了戲劇、芭蕾舞及其他高文化的產品。在新加坡，蘇富比 (Sotheby's) 及佳士德 (Christie's) 的拍賣會、麥可傑克森 (Michael Jackson) 及帕華洛帝 (Pavarotti) 的音樂會也吸引東南亞其他地區的人們來消費。住在郊區者有更多休閒生活，做較多戶外活動及更多的街鄉互動。此外，地區的差異亦會影響對口味的偏好，例如中國北方人因天冷，偏好較油膩的食物，南方則偏好較辛辣的。

(七)大市場移向分眾市場

因年齡、性別、種族背景、教育、地理區域、生活型態等因素使市場分裂成許多無數的小市場，每一群組有其特有的偏好及消費者特徵，也可由目標溝通及

配銷系統來觸及。如今許多公司已放棄「打散彈槍」針對一般顧客的方式，而瞄準特定個體市場來設計產品與行銷方案。

對企業而言，人口統計的趨勢在中短期是具有相當高的可信度，但有時仍缺少警覺性。例如，勝家 (Singer) 公司雖知其縫紉機事業會因小家庭及職業婦女的增加而受損，然而卻仍然反應過慢，之後在斯里蘭卡，勝家為配合多角化趨勢而發展傢俱事業。由此可知，企業需掌握主要人口的趨勢以及可能的影響，應盡快擬定因應的行銷策略。

二、經濟環境

市場需要消費人口，也需要購買意願和購買力。一個經濟社會可用的購買力取決於現有所得、物價、儲蓄、債務及可用的信用。行銷人員應注意所得及消費支出型態的主要趨勢。圖 2.3 為 2002 年中國大陸各城市每月兒童消費市場，由此圖中可略為瞭解大陸各城市的購買能力。

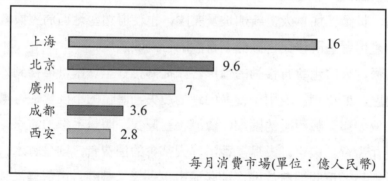

　　　　　　　　　　　　　　　每月消費市場(單位：億人民幣)

資料來源：《數位週刊》(2002.3)。

【圖 2.3　中國大陸各城市每月兒童消費市場】

(一)產業結構

每個國家的所得水準與所得分配有很大的不同，主要決定於其產業結構。產業結構可分為四類：

(1)自給自足經濟：大部分人口從事簡單農業，消費自己生產的產品，並與他人交換簡單的財貨服務，如柬埔寨及巴基斯坦是屬此類；行銷人員在此機會不多。

(2)原料出口經濟：這類經濟有至少一項以上的豐富資源，但其他方面則乏善可陳。主要收益即來自出口此資源，帛琉即為一例。是開採設備、工具、配件原料處理設備及卡車的好市場。根據外國居民、富有的當地人及地主的多寡，可能亦為西式物品及奢侈品的高級市場。

(3)工業化經濟：此類經濟，製造業占其生產毛額的 10% 至 20%。如菲律賓、印度。隨著製造業的增加，仰賴更多自然原料、鋼鐵、及重機械的進口。最終紡織品、紙產品及加工食口進口少。工業化創造了新富階級，及小量的中產階級增加，均需新型的物品，有些甚至還得來自進口。

(4)已工業化經濟：如日本、南韓及臺灣是此類已工業化經濟，是製造品及投資基金的主要出口者。他們彼此互買製造品，再出口至其他經濟地區以交換原料和半製成品。這類已工業化國家龐大且多樣的製造活動及為數可觀的中產階級是各種商品的主力市場。

行銷人員可以五種所得分配類型來區分國家：(甲) 極低所得，(乙) 低所得，(丙) 極低與極高所得並存，(丁) 低、中、高所得並存，(戊) 大多數的中所得。例如勞斯萊斯車子，一部要一千萬元新臺幣，在 (甲) 及 (乙) 所得類型中，市場可能不大。但在印尼，雖然貧窮的人相對比較多，但也有買得起的富有人家。

(二)國民所得

從長期趨勢觀察，臺灣近十年來的國民所得增幅不大，而且有稍降傾向（表2.1）；但高、低所得的差距逐漸拉大，尤其在 2001 年還創下 61 倍的空前歷史新高，所得分配兩極化，代表著「富者愈富，貧者愈貧」。兩極化時代的來臨，金字塔頂端的族群要的是「被尊重」、「獨特的」價值感，一般的消費大眾則對價格斤斤計較，因此行銷人員必須摸索到如何捉住這兩個截然不同的消費族群，擬定「兩極化行銷策略」。

(三)儲蓄、債務和信用

消費支出受消費者的儲蓄、債務和可貸信用影響，尤其是在微利時代，消費者對價格敏感性的時期。在日本，所得的 18% 被儲蓄起來。雖有此高儲蓄率，不景氣減低了日人的信心。大人為減少食物成本，少去速食店，麥當勞不得不推出超值餐，並強調服務品質及物超所值的食物品質。價格成為顧客滿意的重要因素，一份薯條、漢堡及可樂約折價 20%。因此，行銷人員應注意所得、生活費用、利

【表 2.1　各國平均每人 GNP 概況】　　（單位：美元）

年	臺　灣	新加坡	香　港	中國大陸	南　韓	日　本	美　國
1992	10,274	15,427	17,626	415	7,194	30,492	24,818
1993	10,757	17,601	20,000	510	7,823	34,884	25,796
1994	11,613	20,640	22,060	455	9,017	38,298	27,138
1995	12,488	23,806	23,005	581	10,851	42,106	28,124
1996	13,073	25,122	24,311	671	11,423	37,279	29,447
1997	13,449	25,156	26,759	730	10,367	34,153	30,985
1998	12,268	20,886	25,266	729	6,850	31,097	32,360
1999	13,114	20,850	24,302	791	8,710	35,159	33,989
2000	13,985	23,052	24,791	856	9,820	37,407	35,664
2001	12,621	20,816	24,215	924	9,025	32,741	35,466
2002	12,588	21,162	23,800	989	10,006	31,161	36,012

資料來源：行政院主計處網站 (2003)，www.dgbas.gov.tw。

率、儲蓄及借貸類型的改變。

　　相較於日本發展現金卡已有四十年的歷史，約有 7,000 多家銀行發行現金卡，臺灣不過是這幾年的事情。1999 年 7 月萬泰銀行率先推出 George & Mary 卡（借錢、便利的臺語諧音），在 2001 年 12 月底，貸款餘額已達 330 多億元，至 2002 年 10 月底，已突破 500 億元大關，目前已有許多銀行相繼推出現金卡，甚至是無擔保低利率的小額貸款，如 30 萬名片貸、貸 150 萬「貸 me more」等方案。如此可以增加整個市場的購買力，許多學生或社會新鮮人士多用於流行性商品如手機、MP3、筆記型電腦等，不少年輕少女花在名牌的消費，家庭主婦為了買菜或小孩的補習費，計程車司機用於汽車保養、維修或事故；現今許多新世代的年輕族群，重視當下享樂，缺乏長遠的理財觀念，這樣的消費特性給了現金卡市場成長的空間。

三、自然環境

　　自然環境的惡化已成為企業與大眾的主要課題。許多城市的水質與空氣污染已達警戒標準。大眾更關心工業化學品的濫用造成臭氧層的破洞，且會引發溫室效應及地球溫度上升。行銷人員應知自然環境的四個趨勢所帶來的機會與威脅。

(一)原料短缺

地球的物質可分為不確定、確定可更新及確定不可更新三大類。不確定資源，如空氣，雖非立即的問題，但有些群體認為是一長期的危險。環保群體進行遊說禁用某些推進劑於噴霧器內，因為此會破壞臭氧層。水在許多地方亦為一重要問題。例如新加坡就須向馬來西亞及印尼買水以滿足需要，歐美及臺灣現在許多地區的人均飲用包裝水或礦泉水。

確定可更新的資源，如森林和食物，須明智的使用。木材公司須持續種植樹木以保護土壤，並確保未來木材的需求。在印尼，砍伐木材執照的批准與更新都要追蹤其種植記錄。在泰國，許多可耕地已固定地在減少，或城市愈來愈接近農田的地區，食物供應已逐漸是個問題。

確定不可更新的資源如石油、煤、白金、錫、銀等都面臨耗盡的問題。生產用這類原料的產品的公司面臨來源短缺及成本上升的窘境。要將成本轉嫁給顧客又極其不易。而研發公司有無限的機會去開發新的替代品物質。

(二)能源成本增加

替代能源的發展及高效率的使用方法，使 1986 年以後的石油價格下跌。低價對石油開採業有負面的影響，但卻有利於石油使用產業及消費者。公司亦須密切注意石油及其他能源的價格。

(三)污染日趨嚴重

某些工業活動無可避免地破壞了自然環境的品質。例如，化學品及核廢料，海洋中危險水銀的含量，食物與土壤中化學品及 DDT 的數量，以及環境中充斥著不可分解的瓶子、塑膠、及其他包裝材料等的處理。

大眾所關心的事常為警覺性高的公司帶來行銷機會，這些創造了污染處理解決——如清洗、資源回收及再造系統的大市場，亦引導尋找生產與包裝產品而不破壞環境的可行方法。據一項研究顯示，92% 的日韓經理認為企業應負基本責任或主動保護環境。聰明的公司應不會忽視環保的重要性，應發起友愛環境的行動，對世界環境的未來盡一分心力。

(四)政府在環保的角色改變

推廣一個乾淨的環境，各國政府所關心的事物及努力各有不同。一般而言，許多貧窮國家限於資金與政治期許，做得較少。雖然財源短缺，為了自己的利益，富裕國家應補貼貧窮國家來控制污染。當然主要仍需靠全球各企業承擔更多的社

會責任，並找出較便宜的控制及減少污染的方法。亞洲目前也顯示政府干預環境污染。在印度，其環保部批准一污染控制計畫，尋找並關閉危險產業等。

四、科技環境

改變人類生活最大的是科技。科技令人讚嘆，如出現盤尼西林、心臟有關手術、避孕丸等。但也令人恐懼，如氫彈、神經瓦斯、及小型輕機槍。當然也產生令人又愛又恨的產品，如汽車、電視遊樂器及白麵包。

每一種新科技都是創造性的破壞。電晶體毀了真空管業；影印技術毀了複寫紙業；電視的出現使得報紙的消費減少。新科技不斷推陳出新，想與之抗衡或忽略它的話，最後只有自尋滅亡。經濟成長率也多少受新科技發展的影響。不幸的是科技並非均勻的出現。鐵路業花了大筆投資，不久後而有汽車的出現，人們投資無數於收音機上，而後才有電視機。重要創新未出現的期間，經濟可能停滯。

在此同時，小的創新補足間隙。冷凍乾燥咖啡可能會使人較快樂，防汗除臭劑也會使人更有魅力，都創造了許多新市場及投資機會。每一種科技所造成的長期影響，常是無法預知的。避孕丸使得家庭規模變小，更多的職業婦女及較多的可支配所得，因而產生旅遊、耐久財等的消費增加。另外，科技也使大家的品味和需求逐漸相同，使各地的市場開始產生同質化。科技的進步，使全球市場及全球標準化商品應運而生；全球市場的產生，使組織可以趁機在生產、配銷及行銷上享有經濟規模效益。

(一)科技改變速度加快

今天許多日常用品，如個人電腦、數位手錶、錄影機及傳真機，三十年前都未有。更多的構想出現；新構想與其成功的實現之時差愈來愈短；產品上市到生產尖峰的時間也縮短，90% 以上的科學家都能從自創科技中受益。

個人電腦和傳真機使人透過傳訊，可以在家工作，而不必到要花 30 分鐘以外的辦公室去，此革命也減少汽車污染，家庭和工作更靠近，也創造更多以家庭為中心的娛樂與活動，此實質的影響消費型態和行銷系統。

(二)創新機會無限

科學家正致力於革命性產品與製程的新科技。最刺激的可能是生物科技、固態電子、機器人和材料科學。也專研 AIDS 的治療、快樂丸、治痛劑、家用機器

人、萬無一失的避孕法及無脂可口營養的食物。此外，他們也在勾勒迷人的產品，如小型飛行車、立體電視、太空殖民等。這些挑戰不只要科技可發展，同時也需有商業價值。例如，虛擬實境的科技使得人們可以掌握聲光觸感，在三度空間上從事設計、模擬、變更等用途，增加許多產品與服務的附加價值。

(三)研發預算增加

儘管美國有領先的每年研發支出，日本在研發支出成長最快，此多用於非國防，解決物理、生物科技及電腦科學的基本問題的領域上，在製藥業，日本有顯著的成長，製藥研發支出次於美國、瑞士，居世界第三。

(四)科技改變致管制增加

產品愈來愈複雜，大眾對其安全性就要求越來越高。因此，政府機構的權力就需擴張，以能調查並禁止潛在不安全的產品。食品、汽車、衣著、電子產品及建設等範圍的安全與健康的管制增加。行銷人員在提出新計畫、發展或上市這類產品時，須熟悉這些條例。

五、政治／法令環境

行銷決策常受政治環境發展的影響，此環境是由影響並限制組織及個人的法律、政府機構及壓力群體所組成。有時這些法令為企業帶來機會。例如，強制規定戴安全帽，就為安全帽廠商帶來大好機會，強制險也為保險業者都帶來一筆生意。政治趨勢及其涵義將討論如下：

(一)對企業之立法管制增加

最近幾年對企業的立法逐年增加。在新加坡及泰國，香菸廣告是禁止的，因為此會鼓勵吸菸，也禁止香菸公司所贊助的活動或事件。嚴苛的新加坡法令亦禁止競爭性廣告，以確保廣告實質訴求。家電應法律要求需進行安全檢查。消費者可從新加坡產業研究及標準局所發行的檢驗標籤上知道產品是否通過檢查。泰國要求銷售全國性品牌的食物處理商亦賣低價品牌，以使低所得的消費者可在貨架上找到經濟划算的牌子。在印度，食品公司要上市市場已有商品的品牌，如另一牌子的可樂或另一牌子的速食麵，需要特殊的核准，也規定酒類產品要晚上才能作廣告。表 2.2 為與行銷組合之臺灣相關法令。

對企業立法是有其目的的。其一是保護公司免於不公平競爭。以公司保護法

【表 2.2　與行銷組合之臺灣相關法令】

產　　品	價　　格	通　　路	促　　銷
專利法	公平交易法	土地法	標準法
著作權法		區域計畫法	廣播電視法
植物種苗法		都市計畫法	消費者保護法
積體電路佈局保護法		促進產業升級條例	電腦處理個人資料
公平交易法		促進中小企業條例	保護法
營業秘密法		農業發展條例	
公路法		建築法	
要害救濟法		消防法	
消費者保護法		水土保護法	

資料來源：鄭紹成 (2004)，《行銷學：本土觀點與國際視野》，頁 59。

來看，就限制企業仿冒與剽竊。例如，亞洲的出口商須面臨嚴格的歐盟海關管制，因為布魯塞爾準備對數以萬計的仿冒品進行取締。熱門的仿冒品牌，如香奈兒 **(Chanel)**、迪奧 **(Christian Dior)**、勞力士等。法國高價商品的生產者對亞洲之保護智慧財產權對正反情結十分關切。據估計，有 3,000 萬中國消費者買得起這些高價品，但若仿冒的網路不突破，中國市場可能被冒牌貨侵蝕掉。

　　有時，法令是要保護本國的產業。在亞洲，許多國家必須保護其較無競爭力的本國企業，以對抗國際企業的強勢競爭。譬如，臺灣開放保險市場，就需顧慮本國的保險業，因而限制每年外商申請設立的家數。為了對抗保護政策，有些外商只得使用當地品牌、購買當地的原材料，並非基於成本效益考量，而是在說服當地消費者該公司力求本土化的努力。

　　政府管制的第二個目的是保護消費者免於不當的企業運作之害。有些公司誇大其產品、不實廣告、從包裝上減少容量、以價格為餌等。不公平的消費者保護法已明訂清楚，並受許多機構強化施行。表 2.3 為我國行政院公平交易委員會所指出 2000 年度虛偽不實或引人錯誤之處分案例彙總表。

　　政府管制的第三個目的是保護社會的利益。一國的生產毛額可能增加，而生活品質卻下降。新法規的主要目的是強迫企業對其生產活動所帶來的社會成本負責任。行銷人員有義務對保護競爭、消費者及社會的主要法令有充分瞭解。企業常建立法令檢核程序，並結合其道德標準，來指導其行銷管理者。

【表 2.3　2000 年度虛偽不實或引人錯誤之處分案例彙總表】

	被處分人	處分書摘要	處分結果
1	東帝士股份有限公司	於房屋銷售廣告上，就建物「MEGAMALL 大型休閒購物中心」及「陽光游泳池」等公共設施為虛偽不實及引人錯誤之表示。	命令停止或改正行為
2	台灣糖業股份有限公司	於「都會金龍楠梓三期」房屋銷售廣告中，就建案地基位置為虛偽不實及引人錯誤之表示。	命令停止或改正行為
3	福特六和汽車股份有限公司	就所銷售之汽車，於廣告上宣稱「全國唯一全車系三年或 6 萬公里保證」等，為虛偽不實及引人錯誤之表示。	命令停止或改正行為
4	華視傳播事業有限公司	於報紙上所刊登招訓或經紀演藝人員之廣告內容，使人誤認與中華電視股份有限公司營業活動有關，為虛偽不實及引人錯誤之表示。	處以罰鍰 50 萬元，並命令停止或改正行為
5	味全食品工業股份有限公司	於銷售商品之廣告上，未就購買商品之贈獎活動附有條件、負擔或其他限制予以明示，為引人錯誤之表示。	處以罰鍰 40 萬元，並命令停止或改正行為
6	中國信託商業銀行股份有限公司	於「天生贏家超值存款」廣告文宣上未註明優惠條件限定適用於申請「活存透支型」貸款者，為引人錯誤之表示。	處以罰鍰 20 萬元，並命令停止或改正行為
7	東雲股份有限公司、建台水泥股份有限公司	於「八五國際廣場」地方二樓美食街攤位商品買賣契約書上，未就公共設施之項目及公共設施分攤之計算方式予以載明，為足以影響交易秩序之顯失公平行為。	命令停止或改正行為
8	中國信託商業銀行股份有限公司	於提供個人信用貸款之廣告上，就所附送之贈品，為虛偽不實及引人錯誤之表示。	處以罰鍰 20 萬元
9	家麗寶國際開發股份有限公司	於有線電視播送「第二代超強直接瘦」商品廣告，宣稱瘦身效果，及商品使用說明上所列衛署醫器製品字第 000683 號所核准之品名及功效，為虛偽不實及引人錯誤之表示。	處以罰鍰 25 萬元，並命令停止或改正行為

資料來源：行政院公平交易委員會工作成果報告。

(二)大眾利益群體的成長

　　三十年來，大眾利益群體的數目與權力在增加。政治活動委員會遊說政府官員及對企業主管施壓，要他們更注意消費者權益、婦女權益、年長者權益、弱勢團體權益、同性戀者權益等等。許多公司建立公共事務部門來面對這些群體或處理相關問題。

　　新法令與漸增的壓力群體數，給行銷人員更多限制。行銷人員需和公司內的

法務、公共關係及公共事務部門共商行銷計畫。在臺灣，由學者與律師所創設的消費者文教基金會促進消費者權利的立法，如今已三讀通過。

(三)市場改革

政府也常將市場改革列入經濟建設的議題。這些改革需要時間才看得到成果，企業需要耐心。例如，越南經濟改革計畫就飽受沒有效率的批評。中國大陸多數人靠國營企業的終身雇用為生，使得大多數國營企業虧損。中國大陸藉民營化，鼓勵合併、收購與整合成新興企業。臺灣近幾年推動的健保制度，將醫療資源配置作大幅的修正，使醫院、診所、藥房，甚至保險業有全新的面貌。金融風暴後，亞洲各國積極尋求外資與技術，並加速推動東南亞自由貿易區與亞太經合會的設立，以促進經貿活動。

(四)政商關係

根據觀察，亞太地區政商關係相當複雜。政商關係之間的官商勾結或黑金政治會阻礙經濟發展。臺灣曾有公司宣稱一個開發案要蓋八百個章。在印尼，光要打通政府關節的錢就占了營運成本的 30%。外商公司要在亞洲做生意，就需花錢以換得特別的關照。

《財星雜誌》(FORTUNE) 曾評比亞洲各國賄賂情形，最嚴重的依序為中國大陸、印尼、印度、菲律賓、泰國、馬來西亞。接著，則是臺灣、南韓、香港與日本，而新加坡最為輕微。然而此結果引發亞洲國家領袖的不滿，認為有些歐洲國家也是貪污嚴重。另有研究發現中國大陸、越南與印尼貪污嚴重，理由是雖有法令打擊此舉，然政府並未嚴格執行。為了長期經濟發展，許多國家政府努力於清除這些不法行為，例如，印尼政府宣布免徵十七項規費，以打擊貪污。泰國中央銀行、證券與外匯部門簽署道德法案，並要求基金管理人加入。

六、社會／文化環境

人們所成長的社會，形成了人的信念、價值觀及規範。人常在無形中吸引了界定自己與自己、與他人、與自然及宇宙關係的觀點。以下是一些主要的文化特徵及行銷人員所關心的趨勢。

(一)核心文化持續力高

每一特定社會的人們都有相對持久的核心信念與價值。大部分的亞洲人都認

為要工作，結婚及盡孝道。核心信念與價值從父母親傳給下一代，並由學校、宗教團體、企業及政府等主要的社會機構來強化。如臺灣日前強調下一代要會說母語，臺語與客家語在學校成為必學課程。新加坡政府所推行的「說國語」計畫，始於 1978 年，說服新加坡的華裔要講國語以保有他們的文化價值，國語的使用率從 1980 年的 26%，增至 1992 年的 65%，可謂相當成功。

人們的次級信念與價值較開放且易改變。相信婚姻制度是核心文化；認為人們應早點結婚是次級信念。家庭計畫的行銷人員可以要人們晚點結婚來推展工作，而非要人們不結婚。行銷人員有機會改變次級價值，但不太可能改變核心價值。

(二)主文化中有次文化

每一個社會都有許多次文化，即不同的群體都有其共有來自特定生活經驗與狀況的價值。佛教徒、青少年、南韓橘色青少年、日本原宿青少年等都是屬成員有共同信念、偏好及行為的次文化。次文化群體有其不同的欲求與消費行為，行銷人員可以次文化群體為其目標市場。例如，有些行銷人員喜歡青少年，因為他們往往是社會流行、音樂、娛樂等的主要設定者，只要能吸引他們，將來可繼續以他們為顧客。

(三)次文化價值隨時間而改

儘管核心文化相對持久，但文化還是會移轉。例如，在日本，觀察發現對傳統、婚姻及關係的態度在改變。如富有的人將金錢支出在「東西」上，移至「經驗」的獲得。曾到過 SOGO、高島屋及伊勢丹大百貨公司買高級品的消費者，一度極端的品牌忠誠，如今他們轉換品牌，偏好小型商店。其他的改變包括尋求更平衡的生活，而非工作過度；更重視個人偏好而非傳統的期許；及尋求多樣化，而非單調齊一。

行銷人員如有敏銳的興趣去偵測文化移轉，可以發現無數的行銷機會或威脅。例如，認為身材健美與富裕很重要的人愈來愈多，尤其是 30 歲以下、年輕女性、上流階層人士，健康食品與運動器材與減肥中心的行銷者應以適當產品及溝通迎合此趨勢。亞洲地區的家庭主婦對減肥及熱量攝取更敏感。例如，在臺灣及香港，少量化學調味料的食物愈來愈盛行。健康意識也可見於馬來西亞，吉隆坡的一位披薩與炸雞加盟公司資深主管發覺：「人們多選擇白肉、雞和魚，少選擇牛肉、羊肉及豬肉」。最近在臺灣的新趨勢為，網路族群、健康族群、哈日（或哈韓）族群及銀髮族群等消費者族群的增加，網路、直銷和加盟也逐漸成為消費者購買商品的偏好通路。

臺灣生產許多在美國消費或使用的產品，如電腦、其他電子產品、運動器材、衣服等，但名氣並不大。透過細心規劃的建立國家品牌活動，可以改變這個事實。另外一件很重要的事是，臺灣得以最強勢的品牌為臺灣做宣傳。大部分人是因為購買及喜歡三星及南韓其他品牌產品，而對南韓的印象改觀。雖然建立國家品牌並非一件很簡單或不花錢的活動。但值得國家思考推動這種永續活動的成本及可能的好處。大型企業具有資源，除了可進入較多國家的市場外，也能在大宗產品市場建立全球品牌。規模較小的公司較能專注在小利基，建立利基品牌。兩種企業都得在本身的策略架構下，讓他們提供的商品、勞務及行銷手法在地化。

第四節

行銷個體環境因素

企業在社會大眾的關切和競爭者的危伺下，必須結合企業內部及行銷支援機構的力量，提供目標市場合適的產品、價格、通路和溝通方式，如此才能達到滿足顧客需要、追求最大利潤和永續經營等目標。

一、企業內部

企業的組織文化會影響到行銷的績效；如果各部門的作業偏向獨立或缺乏跨部門溝通，則將影響到部門間合作關係，勢必影響到行銷活動的績效。例如，行銷部門不瞭解研發部門的新技術優勢，而又沒有提供市場資訊給研發部門來設計新產品，由於兩部門的認知差距，將無法創造出能反映消費者新需求的產品，如此的產品在市場上的表現將無法看好。

另外，主管的領導風格以及對於行銷活動的重視與否，都會影響到行銷的績效。近年來百貨零售業競爭激烈，不少高階主管以及老闆親自到賣場參與促銷或宣傳的活動，如此作法可帶動員工士氣，並營造出具親和力、服務有保障的公司形象。

二、行銷支援機構

由於企業的人力、財務資源或專業有限，行銷管理中許多需要外部專業機構

來支援，如市場調查、產品運送、宣傳廣告等。從製造商的角度來看，行銷支援機構有中間商、物流機構和行銷資訊服務機構等，而這些機構所提供服務的品質和價格，都會影響到行銷的成本效益。中間商和物流機構的支援活動涉及運輸、倉儲、產品分裝、銷售等，行銷資訊服務機構則包括行銷顧問公司、廣告公司、公關公司、雜誌社、電視等，可作為企業的諮詢對象，反映消費者對產品的看法，並協助企業行銷規劃和塑造企業形象。

三、目標市場

目標市場是企業的銷售對象，也是利潤的來源。目標市場有兩大類：消費者市場和組織市場。消費者市場由個人及家庭所組成，購買產品或服務是為了自己或家庭的需要。組織市場則是由企業、機構及政府單位等組成，購買產品或服務是為了維持組織的營運和目標。

四、競爭者

競爭者對於企業而言，有正反兩面的影響力。在正面的意義上，競爭可促進技術的突破，提升產品的品質，使消費者受益，此外，競爭者可以是一個學習、模仿和超越的對象，使組織保持警惕和活力。在反面的意義上，競爭者可能威脅到產品（或企業）的生存與發展。因此，企業必須隨時評估競爭者的目標、策略、核心競爭力以及優劣勢等。

五、社會大眾

社會大眾不一定是公司的目標市場，但當社會大眾公開發表言論（對產品或企業的支持或不滿）或採取實際行動如街頭抗議、拒買活動、法律訴訟等時，對於企業的行銷活動影響仍然很大。當然，社會大眾也可能成為行銷的助力，許多企業舉辦社會公益活動，爭取社會大眾對產品和企業的認同，也間接地影響到產品的銷售。

自我評量

1. 臺灣的政治和法令環境對企業的行銷活動有哪些影響？請舉例說明。
2. 你認為臺灣的社會文化和流行傾向為何？

3. 臺灣地區人口出生率節節下滑，如果你是嬰兒食品公司的行銷主管，將如何因應此種趨勢？

4. 臺灣地區老年人口逐漸增加，如果你是養老院經營者，你會採取哪些行銷活動？

5. 以臺灣的消費能力，臺灣行動電話進入 3G 時代，你覺得發展的機會如何？

6. 行銷總體環境和個體環境對於企業具有哪些影響力？

7. 當行銷環境變化時，是危機也是轉機，請舉任何一例來探討此問題。

8. 有人說經濟繁榮時，會帶動迷你裙的流行；也有人說，經濟蕭條時，會刺激迷你裙的出現，到底裙子長短與經濟景氣存在著什麼樣的關係？

9. 義大利的披薩打破了國界，成為全球性的產品，臺灣的蔥油餅與披薩是很類似的產品，你覺得應如何利用行銷策略來突破文化的障礙？

參考文獻

1. 行政院主計處網站 (2003) www.dgbas.gov.tw。

2. 李很德 (2002)，〈兩極化行銷致勝的要訣〉，《突破雜誌》，第 279 期，頁 50–53。

3. 范碧珍 (2003)，〈預覽銀髮族消費特性〉，《突破雜誌》，第 292 期，頁 49。

4. 莊孟翰 (1997)，〈臺灣房地產市場現況與未來發展趨勢〉，《國立空中大學學報》。

5. 楊淑娟 (2003)，〈經濟趨勢〉，《天下雜誌》，第 270 期，頁 30。

6. 維京百科 (2004)，〈新加坡〉，http://zh.wikipedia.org/wiki。

7. 謝文雀編譯 (2000)，《行銷管理：亞洲實例》，第二版，華泰書局，頁 134–145。

8. 鄭紹成 (2004)，《行銷學：本土觀點與國際視野》，前程企業，頁 59。

9. Hill, Charles W. L. (2000), *International Business*, 3rd ed., McGraw-Hill, pp. 2–8.

10. Irvine, Martha (2003), "Companies Turn to 'Skippies' to Re-Market Products," *Kansas City Star*, July 7, http://www.wrigley.com/wrigley/index.asp.

11. Kotler, Philip, Swee H. Ang, Siew M. Leong and Chin T. Tan (1999), *Marketing Management: An Asian Perspective*, Prentice Hall.

12. Levitt, Theodore (1983), *The Marketing Imagination*, New York: The Free Press.

第三章

行銷研究

學習目標：

1. 行銷研究的涵義
2. 行銷研究的程序
3. 行銷資訊系統

　　日本高絲 **(KOSE)** 化妝品公司在最近推出一種創新的「清肌晶」藥用美白面膜，相反於過去以白色或是膚色為主，而採黑色系列，連續八週，均列名日本暢銷商品排行榜之內。高絲化妝品公司敢用黑色系列面膜，是經過很精確的市調結果而採取的行動，因為在市調中發現黑系列流行的 cycle（循環）似乎時機到了；經過多次深入調查，已顯示黑系列面膜是可行的。該黑色面膜商品，係以 20 歲年輕女性為目標市場，這些女性對事情都充滿好奇心、新鮮感，追求人生驚奇。該商品的出發點是從「否定現狀」為起始點的。高絲化妝品公司每年一次，以 650 個女性為對象，定期對她們的化妝意識與化妝購買狀況，長時間調查，以發掘這些女性消費者是否有任何微妙的變化及傾向，以及流行的潮流趨勢，並瞭解女性心理的改變狀況，此即顯示掌握消費者心理變化時刻的重要性。因此，要能真正掌握資訊，企業的行銷活動，才能產生差異化競爭優勢與行銷力量。

第一節

行銷研究的涵義

　　由於市場不斷擴大，行銷活動已從地方性行銷擴展到全國性甚至國際性行銷，行銷主管遠離市場，與產品消費者或使用者之間的距離愈來愈遠，對顧客反應與市場動態的瞭解，不易從直接觀察或接觸中獲得，加上市場的情況日趨複雜，行銷主管的直覺反應和主觀判斷已無法適應決策上的需要，必須藉助科學的、有系統的途徑，才能獲得行銷決策所需的各種行銷資訊。行銷研究 **(marketing research)** 和行銷資訊系統 **(marketing information system)** 的功能即在於提供決策所需的行銷資訊，以增進行銷的效能和效率。

　　為了制定更佳的行銷決策，行銷經理人不但需要行銷資訊系統源源不斷地提供市場資訊，也需要為了特別的目的，以專案 **(project)** 的方式進行行銷研究。根據 1987 年美國行銷學會 **(American Marketing Association)** 的定義：「行銷研究是

一種透過資訊將消費者、顧客、大眾與行銷連結的功能，資訊是用來確認與定義市場機會與問題；產生、修正和評估行銷行動；監測 (monitor) 行銷績效；和改進對行銷過程的瞭解。首先，確定針對所需的資訊設計蒐集資訊的方法；管理與執行資料蒐集的過程；分析結果，將結果與涵義溝通。」

　　行銷研究固然是行銷決策人員的一個重要資訊來源，但並不是惟一的資訊來源。行銷主管尚可經由直覺、權威人士或過去經驗獲得可觀的資訊。不過由於行銷研究是利用有系統的、科學的設計來蒐集行銷資訊，所獲得的資訊可能是比較可以信賴的資訊。行銷人員需要藉著相關的資料，以制定最佳的產品、訂價、配銷與推廣策略。

　　表 3.1 是美國行銷學會對於行銷研究活動所作的調查，可看出行銷研究的範圍非常廣泛，研究問題也包羅萬象。一般常見的行銷研究活動包括以下七類；雖然不同的行銷研究問題，有其不同的重點與方法。

　1. 產品研究

　　研究公司的現有產品或新產品，包括新產品的設計、開發和試驗，現有產品的改良，消費者對產品的形狀、品質、包裝、顏色等的喜好情形，以及競爭產品的比較研究等。

　2. 銷售研究

　　研究公司的各項銷售活動，包括銷售趨勢及其構成的分析，市場地位的分析，銷售人員的監督、訓練、績效、作業方式及報酬制度的分析，銷售配額及地區的建立，分配通路及成本的分析等。

　3. 市場研究

　　研究國內市場或國外市場的潛在需求量、地區分佈及特性等。

　4. 購買者行為研究

　　研究購買者的購買動機、態度及行為，分析購買者喜好及購買某種品牌會惠顧某一商店的原因。

　5. 廣告及促銷研究

　　測驗及評估廣告及各種促銷活動的效果。促銷包括消費者促銷及經銷商促銷。此類研究以廣告研究最為常見，廣告研究主要在分析廣告的訴求、文案、圖樣、媒體選擇及測定廣告的效果。

6. 銷售預測

對銷售量及各種商情的短期及長期預測。

7. 產業及市場特性的研究

研究某一產業或市場的特性及其發展趨勢。

【表 3.1　587 家美國公司行銷研究活動類型彙整】

行銷研究活動類型	從事研究的公司 (%)
A.企業經濟與公司研究	
1.產業／市場特性與趨勢	83
2.購併／多角化研究	53
3.市場占有率分析	79
4.內部員工研究（士氣、溝通等）	54
B.訂　價	
1.成本分析	60
2.利潤分析	59
3.價格彈性	45
4.需求分析	
a.市場潛力	74
b.銷售潛力	69
c.銷售預測	67
5.競爭性定價分析	63
C.產　品	
1.觀念發展與測試	68
2.品牌名稱產生與測試	38
3.試　銷	45
4.現有產品的測試	47
5.包裝設計研究	31
6.競爭性產品研究	58
D.配　銷	
1.工廠倉庫地點研究	23
2.通路績效研究	29
3.通路涵蓋面研究	26
4.出口和國際研究	37
E.推　廣	

1.動機研究	37
2.媒體研究	57
3.文案研究	50
4.廣告效果	65
5.競爭性廣告研究	47
6.公共形象研究	60
7.銷售團隊報酬研究	30
8.銷售團隊配額研究	26
9.銷售團隊地區結構	31
10.贈獎、兌換券等研究	36
F.購買行為	
1.品牌偏好	54
2.品牌態度	53
3.產品滿意	68
4.購買行為	61
5.購買意圖	60
6.品牌知名度	59
7.區隔研究	60

資料來源：Kinnear (1989), *Survey of Marketing Research 1988.*

　　當新力公司隨身聽 **(Walkman)** 的市場研究結果發現，消費者可能不會購買一臺不會錄音的錄音機時，董事長盛田昭夫卻決定照樣上市此一新產品，結果一炮而紅，隨身聽現在是新力最成功的產品之一。因此，不少的日本公司，如豐田、松下，還有許多知名公司都對所謂的「美式」行銷研究，抱持著一種懷疑的態度。日本的行銷經理常常會問，為什麼美國公司要作這麼多的行銷研究，他們認為與其花大量的時間與經費研究消費者動機與行為，不如探討通路業者是否願意銷售公司的產品。與其不同之處在於，「日本式」行銷研究相當依賴兩種資訊：「軟性」資料，由拜訪經銷商和其他通路成員而來；「硬性」資料，是有關貨品運送、存貨水準和零售的營運情形，日本的經理人相信這些資料更能反映消費者的行為，而且更具有價值。

　　日本的中、高階經理都會涉入軟性資料的蒐集，因為他們認為這種情報對新產品的進入市場和維持良好的通路關係都很重要。雖然通路成員的拜訪得到的資

料有許多主觀的印象成分，但經理人們仍覺得這種資料有獨特的價值，而且認為
這是美式的市場調查或數量式的研究方法所無法相提並論的事實。這種軟性資料
蒐集的途徑，在廠商已經打進市場以後，仍然為經理人員所依賴，經常拜訪流通
體系內的成員，可以事前找出許多可能的問題，在尚未造成嚴重損害前先行解決。

　　當日本的經理人員利用硬式資料來從事競爭者比較時，他們會看存貨、營業
和其他可以顯示商品在通路體系內移動的相關資訊。製造商的經理人員會去拜訪
零售商和批發業者，分析銷售情形和流通涵蓋面的問題，每月或每週產品移動的
記錄，工廠到批發商的流動記錄，競爭者商品流動的記錄等。事實上，近年來日
本企業開始懷疑日本式的作法是否可以創造維持不墜的競爭優勢 **(sustainable
competitive advantage)**，並重視且採用美式行銷研究，學習傾聽消費者和流通業
者的聲音，更加接近顧客，以修正公司的產品線和行銷行為。

第二節

行銷研究的程序

　　行銷人員最大的挑戰是如何取得顧客情報，再將目標族群深入研究後，依不
同的情報做最貼切的行銷活動。不論是商品開發或是促銷活動，都必須仰賴顧客
情報資料的收集與有效的資料採礦 **(data-mining)**，才會有助於一切的行銷活動。
在研究方法理論，已有一連串的步驟（如圖 3.1）被發展出來，供研究者作為從事
行銷研究的參考。

一、確認問題和目的

　　行銷研究的首要工作就是要清楚地界定研究的問題，確認研究的目的（例如
尋找市場機會或增加行銷預算等），只有當問題確實而詳細的定義之後，才能知道
需要何種資料。如果對問題的說明含混不清，或對研究的目的做了錯誤的界定，
則獲得的研究結果將無法協助主管制定正確的決策。研究者應對行銷決策的情境
有個透徹的瞭解，才能將決策議題轉為研究問題和目的。表 3.2 提供若干個確認
研究問題和目的之範例，雖然研究問題和決策議題兩者的關係密切，但是卻非完

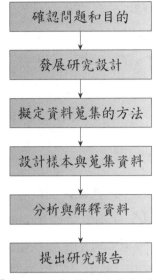

【圖 3.1 行銷研究的程序】

全相同。決策議題面臨了應該做什麼的問題，研究問題和目的則希望提供攸關的資訊，幫助降低決策風險，而面臨提供什麼資訊和資訊如何取得的問題，但這個並不是研究人員單方面的責任，行銷主管應積極和研究人員共同參與。

【表 3.2 確認研究問題和目的之範例】

決策議題	研究問題和目的
1.發展新產品包裝	1.評估不同包裝設計的效果
2.增加商店的人潮	2.衡量商店的形象和促銷手法
3.新產品上市	3.設計一套試銷研究來評估新產品被接受的程度

　　行銷經理和研究人員在確認研究問題這個階段，彼此應有良好及充分的互動，這是做好一個行銷研究成功的要件。在界定研究問題時，公司常先進行情勢分析 **(situational analysis)**，可提供足夠的資訊協助研究人員和企業主管共同確認研究問題；一方面蒐集和分析企業內部的記錄以及各種有關的次級資料 **(secondary data)**，同時訪問企業內部對有關問題有豐富知識和經驗的人士。

二、發展研究設計

　　研究設計是一項研究的蒐集與分析資料的架構或計畫。研究設計正如同建築

師的建築藍圖或是大廚師的食譜，目的在確保研究能針對問題且以經濟有效的方法來進行。一般而言，基本研究設計可分成三類：(1)探索性 **(exploratory)** 研究：是預先收集資料，來闡明問題真正的本質，及建議可能的假說或創見，尋找發掘想法與洞察力的研究（觀察法、深入訪談法）。(2)描述性 **(descriptive)** 研究：是確定某種強度。探討現象發生的頻率或是兩變數之間的關係的研究（調查法）。(3)因果性 **(causal)** 研究：目的在測試因果關係（實驗法）。

(一)探索性研究

探索性研究常被視為研究程序的起點，目的在發現問題的真相和增進對問題的瞭解，主要的特色是彈性很大，亦稱為定性 **(qualitative)** 研究。探索性研究通常為了達成下列的目的：為了日後更精確的探索或發展假設，而進一步確認問題的本質；為了後面的研究而建立優先順序；為了某些研究上的猜測；為了使研究者對問題更加的熟悉和澄清觀念。探索性研究的可能作法有如下四種：

1. 文獻探討

文獻探討可能是研究人員瞭解情況、發現假設最快速和最經濟的方法。文獻的來源很多，主要有政府機關、學術研究機構、商業研究機構、產業組織、公司內部的檔案紀錄等。由於電子資料處理系統的發展和應用，已使研究人員可快速有系統地搜索各種出版或未出版的次級資料等相關文獻。

觀念性的文獻通常是由學者所撰寫，而發表於專業學術期刊，雖然對企業界的人士來說，可能太過理論而艱澀，但往往會有很大的啟發效果。例如，某一研究指出，顧客滿意度 **(customer satisfaction)** 會影響到產品的市場占有率、營業額、投資報酬率等經營績效，如果產品的銷售情形不如從前，很可能是由於顧客滿意度下降所致；行銷經理人由此可得知「顧客滿意度」為經營的重要指標之一。

2. 專家意見調查

專家意見調查 **(expert-opinion survey)** 是找出對研究主題熟悉的專家學者，針對相關議題進行訪談。研究人員應慎選受訪的專家，才能以最少的時間和成本得到有用的資訊。選擇「專家」時，並不利用隨機抽取 **(random sampling)** 方法，而宜利用判斷抽樣 **(judgment sampling)** 方法。訪問方法要能讓受訪者無拘無束暢所欲言，不宜利用結構式的問卷，受訪的專家應對研究的主題有相當程度的瞭解，而且願意「知無不言，言無不盡」。就許多實務導向的行銷研究而言，訪談專家可

以算是一種最普遍的資料蒐集方法，也是必備的步驟。專家的意見雖然不一定正確或絕對客觀，但從決策的觀點來看，他們的意見往往是很有價值而值得參考的。

3. 個案分析

個案分析 (case method) 係對某些少數的情境或案例進行深入詳盡的研究，有時候甚至只對某一個案進行分析研究，其目的在對各案例中各種因素的相互關係有一完全的瞭解。例如業務經理想探究具有類似教育背景，專業訓練的業務員，為何會有不同銷售業績的表現。業務經理就可以將表現最好和表現最差的業務員進行比較研究，甚至和他們一道出去拜訪客戶，以瞭解績效表現差異的原因。

從事案例分析時，研究者的態度是成功的關鍵，應該對新觀念保持高度的警覺，因此研究者整合零碎意見與資料的能力很重要。在挑選分析的案例對象時，應針對表現出突然變化（如過去表現一直很好，但最近卻常出狀況），或有極端的行為（如表現最好的零售據點和表現最差的零售據點），或是強烈對比或有明顯特色的，如此一來可能會得到意想不到的發現。

4. 焦點團體訪問

有些人認為問卷只是膚淺地「數鼻子」，他們偏好更深入地去瞭解消費者的心理與動機。一位佛洛伊德學派的學者迪希特 (Ernest Dichter) 設計了一套「調查動機」模式，他會與受訪者進行深度的討論以辨識出無意識的或被壓抑的動機，即所謂的「焦點團體訪問」(focus group interview)。例如，他發現消費者不喜歡黑蜜棗是因為黑蜜棗皺皺的，給人老年的聯想，所以廣告商應該要強調「快樂年輕的黑棗」。還有，女性不喜歡預調蛋糕粉，除非要她們加個蛋進去，如此主婦們才可以感覺到她們在「孕育一個活的蛋糕」。迪希特的調查發現雖然缺乏科學證據與推論性，但提供行銷與廣告人員有趣的觀點。

焦點團體訪問是一種獲得創意與消費者內心深處想法的技巧，通常一次找到八到十二個產品的目標消費者，他們具備相同類似的特性，例如針對 25 歲到 45 歲的職業婦女，公司可以藉由舉辦不同場次的團體會議訪問，而得到不同的觀點和意見，每個人在發表意見時，雖然是依賴一般性的話題指引，但會議進行當中，往往鼓勵許多來賓之間的互動，因此主持人的角色就成為關鍵的因素。基本上，在一種輕鬆愉快的氣氛下，消費者會不經意說出許多內心話，可以用在許多行銷決策的情境，例如產品開始使用的動機、產品購買和使用的情形、顧客滿意程度、

產品利益水準、產品改良之處等。可幫助行銷人員啟發新產品創意、預測新產品上市的成功率、瞭解營業衰退原因、規劃產品線、分析競爭產品的優劣勢、評估包裝的吸引力等。焦點團體訪問有一個較新的技巧，稱為「隱喻誘發法」**(ZMET)**，是由哈佛教授札特曼 **(Gerald Zaltman)** 所提出，要求消費者搜集圖片，做圖片拼貼，然後在訪談時討論；它可以獲得言語調查法得不到的產品主題與訊息。

(二)描述性研究

描述性研究係探討某件事件發生的次數或調查兩個變數之間的關係，通常主要的目的有五種：

 (1)描述某些群體的特性：例如，以最喜歡到特易購或家樂福等量販店去購物的消費者的所得、年齡、教育程度等資訊來描述「一般使用者」**(average user)**。

 (2)估計特定母體中有相同行為之群體的比例：例如到量販店購物的消費者中，開車前來的消費者之百分比。

 (3)確定產品在消費者心目中的感受：例如不同的瘦身美容公司在女性消費者心目中的形象和知覺，這些主觀的感受和公司想塑造的形象是否相同。

 (4)確定變數之間的關係：例如兒童的看漫畫和打電動行為之間的關連性，或是從事戶外活動的上班族和運動飲料消費行為之間的關係。

 (5)進行預測：例如未來三年內，預估公司營業額的成長率，來決定投入廣告金額和通路開發的費用。

因此，描述性研究的特色是將問題界定得比較明確，有時候研究人員會設立一些假設並加以驗證，而且對於所需蒐集的資料，也往往比探索性研究具體，可以分為橫斷面研究 **(cross-sectional studies)** 及縱剖面研究 **(longitudinal studies)** 兩種。

1. 橫斷面研究

橫斷面研究是企業使用最多的研究方法。橫斷面研究是從研究的母體 **(population)** 中，抽取一個樣本，並對樣本內的個體特性加以衡量，因此有時也稱為樣本調查 **(sample survey)**。研究人員如果使用機率抽樣來從事橫斷面研究時，就可以估計從樣本推論母體時所可能犯的抽樣誤差。大量的樣本數也可以允許研究人員從事變數的交叉分類，以檢驗變數同時發生的次數。例如，市場研究人員可能

會認為消費者的職業和機能水（如保力達 B）的消費量有關，而且藍領的勞力族比白領的上班族更可能消費。因此，這個分析的重點就在於職業和產品消費行為這兩個事件聯合發生的相對頻次。但是，如果公司想進一步驗證勞力族的機能水「重度使用者」(heavy user) 比上班族重度使用者來得多的話，則行銷經理就必須先對重度使用者界定清楚，市場研究人員才能有所依循，例如每週至少消費兩瓶或以上者。

樣本調查法通常強調大樣本的衡量而重視研究的廣度，因此，相對深度往往就會不足。其次，公司需要花費相當多的時間與經費，且有時候行銷經理會覺得有點緩不濟急。而且，樣本調查法經常要用到一些統計分析的技巧，如抽樣設計、統計分析、多變量資料分析等，行銷經理必須要有這方面的訓練。

2. 縱剖面研究

縱剖面研究是對相同的研究對象，在不同時點的重複觀察或調查，這是和橫斷面研究主要的不同之處。由於縱剖面研究重複衡量的特性，因此，往往要借重固定樣本 (panels)。固定樣本就是一些固定的樣本個體的集合，樣本個體最常見的就是消費者或家庭，但也可以是零售商店、經銷商或其他的個體，他們通常都是和一家行銷研究公司簽約，定期的將消費行為以書面記載或是以電子存檔方式，傳送給行銷研究公司。因此，行銷研究公司可以在不同的時點，記錄樣本個體的購買行為，所以又稱為時間數列 (time series) 研究。

固定樣本資料最大的優點就在於可以提供動態分析的資訊。設若某日用品公司向行銷研究公司訂購大小為 1,000 戶的固定樣本購買資料，而且公司的品牌 A，最近的定位訴求做了修改。公司的主要競爭者有 B、C、D 三個品牌，研究人員想瞭解定位訴求變化以前 (t_1)，和定位訴求變化以後 (t_2)，A 品牌的銷售績效有何改變。固定樣本資料可以容許研究人員從事各種比較分析，研究人員可以看在 t_1 時購買 A 品牌的消費百分比，和在 t_2 時購買 A 品牌的消費百分比，並檢視這當中發生的變化，如表 3.3 所示。根據表 3.3 的資料，可以發現 A 的訴求改變相當成功，市場占有率從 20% 增加到 28%，而且，這個市場占有率的增加，是來自於 B 和 C 兩個競爭品牌的個別減少 40 戶所致。

【表 3.3　固定樣本內各品牌之購買家數】

購買的品牌	t_1 時間	t_2 時間
A	200	280
B	330	290
C	350	310
D	120	120
總　數	1,000	1,000

(三)因果性研究

　　因果性研究的主要目的在建立變數間的關係，說明產生某種現象的原因。在很多情況下，行銷經理人員都會有行銷決策變數和市場反應之間因果關係 **(causality)** 的假設，例如某品牌洗髮精年度廣告金額增加 20%，對營業額的影響；某電子零件業務人員對客戶拜訪的次數增加 10%，對訂單的影響；某嬰兒食品的包裝改變，對市場占有率的影響；車用汽油的價格上漲 10%，對市場需求量的影響。

　　因果關係的觀念雖然在日常生活中經常用到，但科學上嚴謹的因果關係則和常識的因果關係有很大的差異。例如，常識判斷會認為某事件 (Y) 發生的原因，是由一個唯一的原因 (X) 造成，但科學的觀念則認為 X 只是造成 Y 的原因之一；常識判斷會認為 X 和 Y 之間的因果關係是決定論的 **(deterministic)**，但科學的觀念則認為 X 和 Y 之間的因果關係是機率論的 **(probabilistic)**，也就是 X 的出現會使 Y 的發生或不發生更可能。因果性研究通常要利用各種實驗設計 **(experimental designs)** 去瞭解和說明各種現象與環境因素的因果關係，因此又稱為「實驗性研究」**(experimental research)**。例如，「服務品質程度」是提升公司「行銷績效」的原因之一，如果我們觀察許多公司的資料，衡量服務品質程度和行銷績效，而且發現服務品質程度愈低者，行銷績效愈差；服務品質程度愈高者，行銷績效愈高，則研究者會覺得這個假設成立。這兩個變數共同變化的方向所代表的連結 **(association)** 是提供因果關係的證據之一，但這種連結並無法證明其因果關係。

　　行銷學者常根據銷售反應函數 **(sales response function)**，而服務品質（如業務員訓練）是因，行銷績效（如營業額或市場占有率）是果。所以，如果增加業務員訓練金額，而其他條件不變，則產品的營業額會增加。但實務上常看到產品

賣得很好，便增加業務員訓練金額，或是產品賣得不好，則應減少業務員訓練金額。換言之，實務上的因果關係可能是剛好相反的。因此，為了確定變數之間的因果關係，就必須用實驗的研究方法。實驗法包括四個要件：(1)一個實驗單位，即被實驗者，如商店或消費者；(2)一個實驗處理 (treatment)，實驗處理通常是公司的行銷策略變數，如價格、廣告、商品陳列等；(3)一個準則變數，如銷售量、對品牌的記憶或偏好等；(4)測定實驗變數對準則變數之效果的方法。實驗法有實地實驗法 (field experiment) 和實驗室實驗法 (laboratory experiment) 之分。

　　研究類型的選擇是有些主觀的，不僅要看研究情境的性質，也要看決策者和研究人員對問題的看法如何而定。如果研究目的和資料需求都不明晰，適合採用探索性研究；如果決定進行結論性研究，研究人員還要進一步考量主要的研究目的是否在檢定變數間的因果關係；如果是的話，須進行因果性（實驗性）研究，如果不是的話，可進行描述性研究。

三、擬定資料蒐集的方法

　　從事行銷研究時，資料的來源可分為初級 (primary) 資料與次級 (secondary) 資料兩種。初級資料為原始資料，為從事某項研究，而特別蒐集的資料，這些資料原本是不存在的；次級資料則是組織內外的現有資料，可能是政府單位所公佈的資料、研究單位所發表的研究報告、或是公司內部原來就有的產品銷售記錄和廣告金額的大小等。

　　研究人員在蒐集資料時，應先由次級資料開始，當次級資料所提供的資訊不足以幫助行銷經理制定決策時，再蒐集初級資料。次級資料又分為公司內部與外部兩種，內部次級資料包括銷貨發票、業務員的客戶拜訪記錄、業務員的各項費用記錄、客戶的債信記錄、顧客填寫的保證卡資料等。外部次級資料包括各種已公佈的資料，如政府資料、期刊、雜誌和統計資料等；另外商業來源也是一個重要的外部資料來源。

　　初級資料蒐集的方法主要有兩種：調查法和觀察法（圖 3.2）。調查法經常是運用問卷來訪問受訪者，以得到所需要的資料，而問卷可以是口頭的，也可以是書面的。觀察法則不用訪問方式，而是對特定的人或事進行觀察加以記錄。在蒐集資料時還有兩個因素應該考慮，第一是結構性，第二是偽裝性。所謂結構性就

是指問卷的標準化程度，而偽裝性則指受訪者對研究目的的瞭解程度。

(一)調查法

調查法就是利用人員訪問、郵寄問卷或電話訪問的方式和受訪者溝通，以蒐集資料的方式。調查法的主要優點為多面性、且快速而便宜。例如有關消費者內心世界的知識、意見、動機等，通常很難用觀察法取得，這些問題也只能用調查法來研究。訪問員比觀察員更能控制他們的資料蒐集活動，因此可以減少時間的浪費。但是調查法也有缺點，有時候受訪者不合作，拒絕接受訪問；或是受訪者無法提供正確資訊，因為遺忘、不知道或是潛意識的行為或溝通過程不良都會影響結果的正確性。

調查法通常使用結構式的問卷，在結構式的問卷中，問題的內容、用詞次序是確定的，受訪者通常只要在適當的地方勾選即可。採用郵寄調查方法時，通常需準備結構式的問卷，即使是用人員訪問或電話訪問方式，通常也應使用結構式的問卷，因為結構式的問卷可避免或減少訪問員因為個別差異而影響調查結果的正確性。

特別是在大規模的訪問調查時，常需利用大量的訪員，這些訪員往往散佈各地，基於人力、財力或時間的限制，無法加以好好訓練，在這種情況下，必須使用高度結構式的問卷，以彌補訪員能力的不足。此外，使用結構式的問卷還可簡化資料的整理和編表工作，便於解釋結果。全球第一大網站 Yahoo 曾針對美國青少年舉行大規模調查，成為業界研究青少年消費者的重要參考，2003 年 11 月至 2004 年 5 月期間，臺灣 Yahoo 奇摩也採用當初的架構舉辦一次調查，瞭解國內青少年（13–18 歲）的消費能力與購買決策、品牌認知與個人價值觀、與家人和朋友的人際關係、資訊來源與網路行為等（調查方式：第一階段實際跟拍 12 名青少年，第二階段與 68 名青少年舉行座談會，第三階段完成 453 份有效問卷）。

行銷人員經常想瞭解，人們為何購買某種產品而不願購買其他產品？為何選購某種品牌而不選購其他品牌？為何惠顧某商店而不惠顧其他商店？像這樣有關人們動機往往不是使用結構式問卷可以問得出來的。在這種情況下，行銷研究人員常用的方法是利用深度訪問法 (in-depth interview)，設法讓受訪者無拘無束暢所欲言，訪員必須充分運用技巧和經驗，挖掘受訪者的動機。利用調查法向人們蒐集資訊時，為取得受訪者的信賴與合作，有時可以直截了當地向受訪者說明研

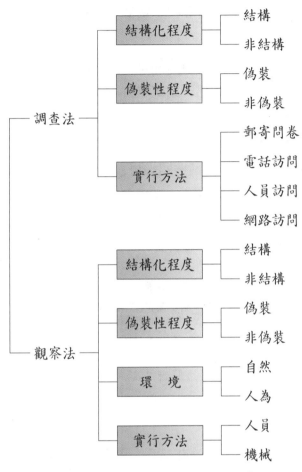

調查法
　結構化程度
　　結構
　　非結構
　偽裝性程度
　　偽裝
　　非偽裝
　實行方法
　　郵寄問卷
　　電話訪問
　　人員訪問
　　網路訪問

觀察法
　結構化程度
　　結構
　　非結構
　偽裝性程度
　　偽裝
　　非偽裝
　環　境
　　自然
　　人為
　實行方法
　　人員
　　機械

【圖 3.2　初級資料的蒐集方法】

究的目的，讓他們知道委託這項研究的公司或機構，有助於訪問工作之順利進行。

　　但在某些情況下，如果讓受訪者知道研究目的以及誰想蒐集這些資訊，可能影響受訪者合作的態度和答案的內容，因此，必須隱藏研究的真正目的，並將委託或主辦研究的公司或機構加以適當的偽裝。人們對於有關他們自己的態度和動機的問題，有時並不願意提供真實的回答，在這種情況下，必須隱藏研究的目的，利用各種巧妙的技術，旁敲側擊，才能取得那些隱藏在受訪者心中的秘密。

　　訪問的方式有四種：

(1)人員訪問：派出訪問員直接訪問受訪者，當面詢問問題蒐集資訊；例如利用工讀生或幹部至店外距離約 100–200 公尺處，然後請過往人群填寫問

卷，除可得知自店的知名度和目標消費者的資料，甚至還可邀請填寫問卷者入店消費。

(2)電話訪問：利用電話向受訪者詢問以取得資訊，針對已建構的顧客資料做一補強，往往可以蒐集到對行銷策略有用的資訊。

(3)郵寄問卷調查：郵寄問卷是將問卷郵寄或用其他方法（如面交、轉交或附在雜誌報紙及產品上）送給受訪者，請他們答卷後寄回。

(4)網路訪問：則是以電子郵件或將問卷掛在網站上，請受訪者填答（如表 3.4）。例如，惠而浦公司曾安排一位人類學家（訪問員）去拜訪一些家庭，以研究家庭成員如何使用大型家電。奧美廣告公司也曾派遣調查人員拿著攝影機到消費者家裡，去拍攝各家庭使用不同產品的情形。

【表 3.4　四種訪問方式之比較】

	郵寄問卷	電話訪問	人員訪問	網路訪問
1. 單位成本	低	如長途電話，耗費較高	最高	最低
2. 彈性	須有郵寄地址	只能訪問有電話的人	最具彈性	中
3. 資訊的數量	問卷不宜太長	訪問時間不宜太長	可蒐集到最多的資訊	問卷不宜太長
4. 資訊的正確性	通常較低	通常較低	通常較正確	通常較低（視訪問員素質而定）
5. 無反應偏差	無反應率最高	無反應率較低	無反應率較低	無反應率高
6. 速度	費時最久	最快	如地區遼闊或樣本大，也很費時	非常快

　　公司經由訪談樣本數較多的目標消費群，可以搜集到較有代表性的資訊。樣本是由統計抽樣技術選取的，每個受訪者都是經由面對面會談、電話、傳真、信件、或電子郵件被訪問。問卷的問題通常是可以被編碼而且是可以計算的，如此一來就可以產出量化的資料來呈現顧客的意見、態度及行為。同時經由調查個人資料，研究人員可以將調查結果與人口變項及心理變項進行相關的分析。在使用這些調查結果時，使用的公司應注意由於低應答率、不理想的問題措辭、訪談設計與過程的差錯所產生的誤差。

　　有時公司可利用幽靈購物者調查，即公司雇人裝成潛在顧客來調查，來報告他們在購買公司或競爭者的產品時，所親身經歷的優缺點，幽靈購物者可發掘某些問題，如提出抱怨，觀看服務人員如何處理顧客提出的困難問題，電話接線員如何接電話，在店內不容易找到商品，以測試公司的銷售人員是否處理得當。新加坡航空常利用此方法，來監看服務人員的績效。但此方法的目的主要在於評估公司或競爭者的行銷效果，而非瞭解顧客的需求或期望。

(二)觀察法

　　如果我們想知道三家電視臺在八點檔連續劇的市場占有率，可以找一條「典型的」街道，記錄所看到的一百個家庭所觀賞的電視節目，以此來推論八點黃金時段的電視頻道占有率。觀察法的優點有三：

(1)客觀性：可減少或避免訪員因對問題的措辭不同或表達方式有異而影響受訪者的答案，可減少發生訪問者與受訪者之間互動的機會；可消除在調查法下遭遇到的許多主觀偏見，是比較客觀的一種方法。

(2)正確性：觀察員只觀察及記錄事實，被觀察者本身往往不知道自己正在被人觀察，因此一切行為均如往常，所獲結果自然比較正確。

(3)可蒐集無法自行報告的資訊：有些事物或現象只能加以觀察，無法由受訪者自我報告。譬如，人的音調或嬰孩的行為。

　　觀察法雖有上述的三項優點，但其應用在行銷實務並不普遍，因為它有下列三項缺點，限制了它在行銷研究上的應用：

(1)只能觀察外在行為：只能觀測人們的外在行為，無法觀察人們的態度、動機和信念等內在因素及變化情形。

(2)有些行為難以觀察：有些外在行為也是很難以去觀察的，譬如有關過去的活動及個人私下的行為，往往非觀察法所能獲知。

(3)成本較高：觀察法的成本較高，所費時間較長。為了觀測目的，研究人員常須事先在適當的地點安置或埋伏觀察人員或儀器，等待事件的發生，所花費的時間及費用常較調查法高。

　　研究人員可以使用的觀察法有好幾種，觀察時可用結構式或非結構式，偽裝式或非偽裝式。觀察的環境可以是自然環境或人為環境，實行時可用人員記錄或機械記錄。

1. 結構式與非結構式

觀察時採用結構式與否，和調查法的考慮是一樣的。當問題界定明確而可以肯定觀察何種行為時，研究人員可採用結構式觀察；當問題不明確時，就需要比較大的彈性，此時採非結構式觀察較為妥當。例如我們想研究消費者在超級市場對冷凍調理食品的選購行為。在結構式觀察下，觀察員可能得到的指示是「記錄消費者所檢視的第一個品牌、總共看了幾個品牌、在貨架前面花了多少時間做比較」。美國某一有關「記錄消費者選購時所花費的時間與比較行為」研究，針對某一家全國性家庭用品連鎖店作觀察，結果發現：女人與女性朋友一起採購花 8 分 15 秒；女人帶小孩採購花 7 分 19 秒；女人自己一人採購花 5 分 2 秒；女人和男人一起採購花 4 分 41 秒。但在非結構式觀察下，觀察員可能作出下列的記錄：「一位中年婦女，看起來約 40 歲左右，她先站在桂冠魚餃前面，拿起一盒看看包裝說明、價格、保存期限等，看了約 30 秒以後，將桂冠魚餃放回去，然後拿起海霸王蝦餃，看看包裝與價格，考慮了約 20 秒，拿起了兩包海霸王蝦餃，放在購物車上。」

結構式的觀察法可以降低觀察時產生的偏誤，而提升可靠度，但偏誤的降低，也可能導致效度的降低。非結構式的觀察法雖可得到較完整的資料，但因觀察員的主觀意識，可靠度可能會降低。

2. 偽裝與非偽裝

觀察法中的偽裝性是指被觀察者是否知道他們被觀察。在**參與者觀察法 (participant observation)** 中，研究人員設法加入他所要研究的團體，作為該團體的一分子，或雖未加入，但與團體保持密切的接觸，而與被觀察者分享他們的看法。觀察者直接參與被觀察者的活動，常包含學習他們的語言、習慣、工作方式、休閒活動等等。參與者觀察法中研究人員可以扮演一個完全參與者 **(complete participant)** 角色，也可以扮演一個參與觀察者 **(participant-as-observer)** 的角色。完全參與者的角色是指觀察者完全隱瞞自己的身分，他的研究目的也不讓人知道，並設法成為被觀察者團體的一分子。

店內觀察即《花錢有理》(*Why We Buy*) 的作者安德席爾 **(Paco Underhill)** 採取田野調查法來研究店內顧客的舉止。他的調查員用寫字板、追蹤表單、錄影裝備來記錄購物者的行為。這些「零售人類學者」每年研究超過七萬個購物者，在他們「自然棲息地」的行為，並有以下的發現：

⑴購物者幾乎都必然地往右邊走。

⑵女性比男性更不喜歡狹窄的走道。

⑶男性比女性在貨架間移動得要快。

⑷購物者看到反射的表面會放慢速度，看到空白處則會加快速度。

⑸購物者不會注意到離入口處 30 英尺內製作精美的廣告牌。

　　事實上，觀察法在任何地方都可以進行。日本汽車製造商在超市停車場觀察到，美國女性費力地將她們買的東西放到後車箱裡，隨即推出了較好使用的後車箱設計。麥當勞的高層每年一次在櫃檯工作，以體驗服務顧客的第一手經驗。行銷人員可以經由「把自己釘在一個顧客上」學到許多。對於競爭者也可以採用觀察法（表 3.5），整合所蒐集到的資料，可以擷取其「優勢學習處」和引以為戒的「弱勢規避點」，如此就更能充分掌握顧客和市場的需要。

【表 3.5　對競爭者的觀察法】

5W1H	執行探討	內容概要
What?	賣什麼？	吃的、用的、喝的、穿的、住的、聽的、聞的、睡的、行的……
Why?	為何要賣？	專業、流行、豐利、薄利多銷、獨家產品……
Who?	賣給誰？	男性、女性、年齡層、生活消費習慣、職業別……
Which one?	選擇哪些傳媒？	報章雜誌、影院插播、車體廣告、戶外看板、廣播車……
Why choose it?	為何選擇這些傳媒？	成本考量、地點便利、同業介紹、專業力強、習慣難改……
How?	如何去賣？	路邊攤、餐車、花車、店面、郵（網）購、投幣式機器、宅配、網拍……

資料來源：傅安國 (2004)，《突破雜誌》，第 228 期，頁 105。

四、設計樣本與蒐集資料

　　抽樣與普查不同，普查是對整個母體中每一成員皆進行調查，是一種完全列舉的程序。抽樣只是對母體中的一部分成員進行調查，然後依所得之資訊對母體進行推論。研究人員有興趣的是有關母體的特性或母數 (parameter) 的數值，如能對整個母體進行普查，得出母體的數值，自然甚為理想，不過事實上普查有其

困難，普查不僅不經濟，有時亦根本行不通。不得已只有退而求其次，以樣本的統計值來估計母體的母數。

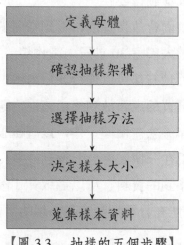

【圖 3.3　抽樣的五個步驟】

研究人員應根據研究的目的發展抽樣設計，先確定研究的母體 (population)，然後決定樣本的性質、大小及抽樣方法。如採訪問法，應決定要訪問多少人、如何分配；如採用觀察法，應決定觀察的次數、時間及地點；如採實驗法，應決定實驗的地點、時間長短及實驗單位的種類及數目等等。樣本愈大，研究的結果愈可靠，樣本過小，將影響結果的可靠程度，但樣本過大也是一種浪費，故樣本的大小應以適中為宜。決定樣本的大小應考慮到四個因素：可動用的研究經費、能被接受或被允許的統計誤差、決策者願意去冒的風險和研究問題的基本性質。抽樣包含許多的程序和決策，抽樣的程序通常可分成以下五個階段，如圖 3.3 所示。

(一)定義母體

市場研究人員要確定研究對象為何，根據研究設計定義母體，說明母體的特徵或屬性，以利後續工作進行。

(二)確認抽樣架構

抽樣架構 (sampling frame) 是研究人員實際從事樣本抽取時的個體清單，例如電話號碼簿經常被用來作為市場調查或民意調查時的抽樣架構。抽樣架構和實際的母體往往有相當出入，是和現實妥協的結果，因為電話號碼簿和真正的住戶，並不會完全相符。

(三)選擇抽樣方法

抽樣方法如表 3.6 所示，可以大別為非機率抽樣和機率抽樣兩種。機率抽樣即母體中每一基本單位都有一個已知的、非零的機率被選為樣本，各單位被選為樣本的機率不一定要相同，但要能指明每一單位被選為樣本的機率。機率抽樣具有健全的統計理論基礎，可以機率理論加以解釋，是一種客觀的抽樣方法。機率樣本可避免發生抽樣偏差，因為在機率抽樣中，並沒有特別要去抽取任何一個基本單位的傾向。機率抽樣有好幾種不同的類型，較常用的有：(1)簡單隨機抽樣；(2)分層隨機抽樣和(3)集群抽樣。非機率抽樣是指母體中每個單位被抽中的機率無法估計，因此無法確定這樣的樣本是否具有代表性。非機率抽樣的類型很多，常用的有以下三種：

(1)便利抽樣 **(convenience sampling)**：係純粹以便利為基礎的一種抽樣方法，樣本的選擇只考慮到接近或衡量的便利，例如訪問過路的行人，詢問他們對某新上市產品的意見和態度。

(2)判斷抽樣 **(judgmental sampling)**：也稱為立意抽樣 (purposive sampling)，通常是因為相信這些樣本符合研究目的，才將他們選出。例如在編製物價指數時，有關產品項目的選擇及抽樣地區的決定等，常用判斷抽樣。

(3)配額抽樣 **(quota sampling)**：指所抽中的樣本中具有某些特性的百分比能和母體中具有某些特性的百分比一致。只要符合配額規定，個別調查員的樣本不一定要符合控制特性在母體中的分配，但是整個樣本一定要和母體在控制特性上有相同的比例。

【表 3.6 機率抽樣及非機率抽樣的型態】

機率抽樣	簡單隨機抽樣	母體的數量已知，且每一個樣本從母體被抽中的機率相等。
	分層隨機抽樣	將母體分成互斥的群體（例如以年齡分群），然後再從每個分群中隨機抽出樣本來進行調查。
	集群抽樣	將母體分成互斥的群體（例如分成不同的地區），然後再從每個分群中，抽出樣本來進行調查。
非機率抽樣	便利抽樣	研究人員選擇最容易接近母體的方式來獲取資訊。
	判斷抽樣	研究人員以自己的判斷，來選擇最具代表性的人進行調查。
	配額抽樣	研究人員在不同的類群中，調查特定數量的人。

(四)決定樣本大小

一般而言，如果是機率抽樣的話，樣本大小的決定、樣本代表性及樣本統計顯著的判斷，可借助統計機率法則的運用。但若採用非機率抽樣的話，則靠研究人員的主觀判斷與經驗。樣本愈大的話，樣本估計值的可靠度愈高，所以研究人員可以經由樣本大小的選擇來控制估計值的可靠度。樣本不應太小，以免統計結果不可靠；但也不應太大，因為樣本愈大的話，取得資料的成本就愈高，而且非抽樣誤差 (nonsampling error) 也會愈大。非抽樣誤差是指不是因抽樣所導致的誤差，例如計算錯誤，資料輸入錯誤，或各種文書錯誤等。所以決定樣本大小時，應該考慮取得樣本的成本大小和估計錯誤可能導致的風險，也就是在可靠度和經濟性二者之間作一適當的平衡。

(五)蒐集樣本資料

行銷研究的過程中，可能發生兩種型態的誤差：抽樣誤差和非抽樣誤差。抽樣誤差是來自於抽樣所得到的結果和真實值之間的差距，可藉由抽樣方法和樣本大小來降低。非抽樣誤差則和現場作業管理有比較密切的關係，非抽樣誤差可分為非觀察的誤差和觀察的誤差兩種，如圖 3.4 所示。非觀察的誤差則是指無法從調查的母體得到資料；主要來自於非涵蓋和非反應兩種，非涵蓋是因為抽樣架構和調查的母體不一致，所以母體沒有恰當的被抽樣架構所涵蓋；而非反應則是因為受訪者不在家或拒絕接收訪問所導致。另外，觀察的誤差則是從樣本個體中得到的資料有誤，可能是在資料處理時或報告結果時所產生。在資料蒐集的現場當中，現場作業包括訪員或觀察員的訪問或觀察與紀錄，其中任何一項工作都可能因為規劃與控制不當而造成問題，從而影響研究結果。

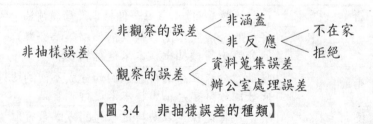

【圖 3.4　非抽樣誤差的種類】

在規劃階段應特別注意訪員的甄選、訓練和監督。訓練的目的在使各訪員在資料蒐集過程中具有高度的共同性。訓練內容包括研究目的、如何實施抽樣計畫、

如何接近受訪者、如何與受訪者建立友善關係、如何問問題等等。對於較複雜的研究，訓練工作應由監督人員當面實施。預試結果可以幫助研究人員決定訪員需要什麼樣的訓練以及何種程度的訓練。在實地進行訪問期間，對訪問進度應經常予以查核，如有進度落後時，應及時採取措施，如增加訪員、鼓勵現有訪員加速作業、或減少部分研究項目等，以趕上進度。對人員訪問的品質也須特別留意，如果訪問的品質不良，應重新訓練訪員或更換訪員。

五、分析與解釋資料

　　資料的分析與解釋，包括了資料整理、彙總與分析。資料整理又包括了問卷初步檢查、編輯、編碼與資料清潔，資料初步的統計分析則包括編表、計算彙總統計量與編交叉表等。

　　資料蒐集回來以後，研究人員就要進行資料的整理，才能從事資料分析。資料整理的工作起始於檢查回收的問卷是否可用有效，其次再從事資料的編輯、編碼與輸入電腦。資料還必須進一步清潔並處理遺漏值。研究人員此時尚須選擇一個適當的資料分析策略,而這個最後選定的資料分析策略可能和先前得到的資料、決定的分析方法有所不同，因為問卷回收之後所得到的資料，可能帶給研究人員新的方向，所以當第一批問卷回收之後，就應盡快從事分析，以便及早找出問題。

　　行銷主管可能懷疑行銷研究中樣本的代表性，研究人員必須證實樣本的有效性或可靠性，以增加主管對研究結果的信心。證實樣本有效性的方法有好幾種。如係利用隨機抽樣方法，可估計樣本本身的統計誤差；如係採用配額 (quota) 的抽樣方法，應先決定樣本是不是夠大，然後和其他來源相對照，以查看樣本的代表性。查核消費者樣本時，最常用的方法是將樣本和普查的資料相比較，看看二者之間在性別、年齡、經濟階層等種種特徵方面是否有重大的差異；如為工業研究，可比較樣本和普查結果在廠商大小、類型、地點分佈等方面的情形；如以中間商為樣本，則可比較樣本和普查資料中有關商店大小、經銷商品、商店類型的分配情形。

　　另外，所謂資料清潔是指對資料進行進一步的一致性檢查和遺漏值的處理。一致性檢查主要是找出在全距以外的資料、極端數值的資料或是邏輯上有衝突的資料。例如在問 1 到 7 的同意尺度時，有些答案居然為 8 或 9，這種在全距以外

的資料就必須再回頭看回收的問卷答案為何，加以更正。一致性檢查希望能找出答案顯然有不一致者，例如調查消費者飲料消費行為時，某消費者平均每天飲用統一麥香紅茶一瓶，但在回答是否聽過此一品牌時，卻答「從未聽過」。

經過上述的資料整理與清潔工作以後，研究人員可以開始從事資料整理與初步的統計分析工作。許多研究人員在從事資料分析時，往往先從複雜而困難的分析工具開始，而忽略了最簡單的基本分析方法。其實大多數的是調查都應從最簡單的分析開始，而且簡單的分析也比較容易和讀者溝通。初步的統計分析包括編表 (tabulation)，計算彙總統計量，以及編交叉表 (cross tabulation) 等。

編表是初步資料分析的第一步，比較高難度的分析都必須奠基於資料的編表。彙總統計量 (summary statistics) 則是計算變數資料的平均數、標準差、極大值、極小值等，讓研究者能和報告使用者對整體資料有一個初步的瞭解，而能進一步掌握資料的全貌。

六、提出研究報告

最後應報告研究結果，提出有關解決行銷問題的建議或結論。報告的寫作應針對閱聽者的需要與方便。研究報告可分為兩種：一為技術性報告 (technical report)，強調使用的研究方法和基本的假定，並詳細陳述研究的發現；一為管理性報告 (management report)，儘量減少技術的細節，力求簡明扼要。管理性報告主要是向企業主報告之用，應以生動的方式說明研究的重點及結論；技術性報告主要是向研究部門或幕僚人員報告之用，內容較豐富，除說明研究發現及結論外，尚詳細說明研究方法，並提供參考性文件資料。

第三節

行銷資訊系統

一、行銷資訊系統的角色

擁有大量顧客資料的公司，可以雇用統計人員，在大量的數據中找出公司可

開拓的新區隔市場或新趨勢。行銷資訊系統是指「收集、分類、分析、評估和分發決策所需要的、及時的和正確的資訊給行銷決策者的人員、設備和程序」。這個定義指出行銷資訊系統的目的在於滿足行銷主管的資訊需要，也指出行銷資訊系統的資料整合功能，它不是要提供給主管一堆雜亂無章的資料，而是要把各種相關的資料結合起來，提供給主管整合的資訊或報告。行銷資訊系統應配合行銷決策系統，針對行銷主管的需要而設計。如圖 3.5 所示，行銷資訊系統係一資訊提供者的角色，行銷主管人員向資訊系統提出要求，行銷資訊系統向主管人員提供資訊；同時，行銷資訊系統提供的資訊是否適時、是否相關、或是否過多或過少？行銷主管須隨時回饋給行銷資訊系統，以供資訊系統及時作必要的調整。

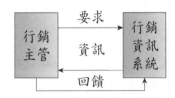

【圖 3.5　行銷資訊系統的角色】

　　行銷資訊系統的設計應針對行銷主管的需要，以協助行銷決策為目的，因此在設計行銷資訊系統之前，應先瞭解行銷主管的需要。行銷主管的資訊需要通常取決於他所面臨的行銷問題和解決問題的決策結構。行銷資訊系統提供給行銷主管的資訊可分為三類：

1. 重複性的資訊

　　重複性的資訊 (recurrent information) 是指定期提供的資訊。譬如，各地區的市場占有率、顧客對公司廣告的知曉程度、主要競爭者的價格、顧客對公司產品的滿意度、顧客的購買意圖等都是主管每週、每月、每季或每年定期要收到的資訊。這些資訊對認明問題、機會和瞭解行銷決策是有效果的，如定期的市場占有率報告可用來分析價格變動的影響。重複性的資訊可從內部來源取得，如會計紀錄和銷售訪問報告等；也可求之於外部來源，如消費者調查、消費者固定樣本 (con-sumer panels) 和商店稽查 (store audits) 等。

2. 偵聽的資訊

　　偵聽的資訊 (monitoring information) 是得自於定期掃描某些來源而得的資

訊。主要來自外部來源，如政府報告、專利、期刊文章、競爭者的年報、競爭者的公共活動等。偵聽的資訊對提醒廠商注意潛在的問題（如新競爭者或現有競爭者的新行銷活動）特別有用，它也可幫助確認機會（如新的產品用途、新的市場、和改進的產品特色）。

3.要求的資訊

要求的資訊 (requested information) 是應行銷主管的特定要求而提供的資訊。如無主管的要求，這類資訊將不會提供，也可能不會存在於系統中。譬如，行銷主管可能要求提供目前尚未進入的某一市場的潛力，並估計在該市場競爭者的強度和顧客對現有品牌的滿意度。

行銷資訊系統的設計應處處顧及行銷主管的資訊需要。一個資訊系統的功效，一方面要看其資料收集、儲存、分析及展示能力，一方面更要看系統本身與企業主管及環境之間的雙向溝通能力。資訊系統的建立和運用，各種資訊處理的機器設備（如電腦、微縮膠卷、複印機、錄音機、傳真機等）及其使用技術都是重要的先決條件，缺少這些現代化的資料處理設備和技術，將使資訊系統的管理功能大為削減。

二、行銷資訊系統的內容

一個完善的行銷資訊系統，如圖 3.6 所示，包括四個次系統，即內部紀錄系統 (internal records system)、行銷偵察系統 (marketing intelligence system)、行銷研究系統 (marketing research system) 和行銷決策支援系統（marketing decision support system，簡稱 MDSS）。

(一)內部紀錄系統

內部紀錄系統是行銷主管使用之最基本的資訊系統。本系統提供訂貨、銷貨、價格、存貨系統、應收項目與應付項目等報告，透過這些資訊的分析，行銷管理人員可以發現重要的機會與問題。設計內部紀錄系統時要注意不要提供太多的資訊，以免行銷主管花太多時間去讀這些資訊或整個忘了這些資訊；也要注意不要提供太新的資訊，以免主管會對銷售量的小幅減少做過度的反應。一個良好的內部紀錄系統並不是要隨時提供給行銷主管大量而瑣碎的資訊，而是要能適時提供有意義的資訊。

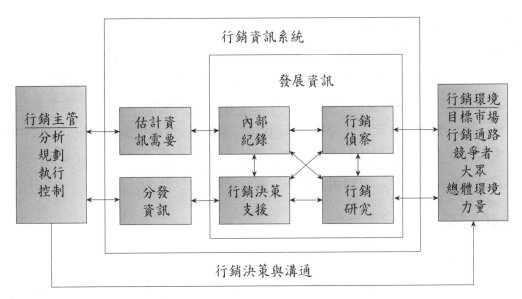

行銷資訊系統

發展資訊

行銷主管
分析
規劃
執行
控制

估計資
訊需要

內部
紀錄

行銷
偵察

行銷環境
目標市場
行銷通路
競爭者
大眾
總體環境
力量

分發
資訊

行銷決策
支援

行銷
研究

行銷決策與溝通

資料來源：Kotler, P. (1997), *Marketing Management: Analysis, Planning, Implementation, and Control*, p. 111.

【圖 3.6　行銷資訊系統】

(二)行銷偵察系統

　　行銷偵察系統的任務在收集行銷環境中各項發展的日常資訊。行銷偵察系統與內部紀錄系統的區別主要在於後者提供事件發生後的結果資料 **(result data)**。大部分有關行銷環境的資訊可以公開而合法的方式取得。譬如，派人經常到各商店巡視，據以判斷競爭者的貨品是否暢銷；訪問消費者和中間商也可以獲得許多有用的資訊；公司的銷售代表更是公司在市場中的耳目，公司應多加激勵，賦予收集資訊的任務，常可收集到重要的市場動態資訊。此外，也可向外界商業調查機構購買所需的資訊。譬如，在美國可購買尼爾遜 **(A. C. Nielsen Co.)** 及資訊資源公司 **(Information Resources)** 定期出版的銷售資料。在臺灣可向中華徵信所、時報資訊、卓越商情資料庫、蓋洛普徵信公司、聯廣公司、環球經濟社、中華經濟研究院、台灣經濟研究所等商業調查機構購買有關產業、市場或競爭者活動的資訊。

(三)行銷研究系統

　　除內部紀錄系統及行銷偵察系統所提供的資訊之外，行銷人員還需要對特定問題及機會加以研究，他們或許需要做市場調查、產品偏好測驗、各地區銷售預

測、或廣告效果研究，這些研究工作通常需要行銷研究的專門人才才能勝任。

(四)行銷決策支援系統

行銷決策支援系統包含許多分析行銷資料與問題的數量工具和軟體程式，其內容包括統計庫 (statistical bank) 和模式庫 (model bank)。統計庫中有許多統計方法，用以從資料中萃取有意義的資訊；這些方法包括各種多變量統計技術。模式庫中有許多可幫助行銷人員制定更佳行銷決策的模式，如產品設計模式、訂價模式、地點選擇模式、媒體組合模式、廣告預算模式等。

自我評量

1. 在選舉時，不同媒體所做的民調支持率不盡相同，你能解釋可能的原因嗎？

2. 網路無遠弗屆，若你要用網路來發放問卷，必須注意哪些問題？

3. 請說明非隨機抽樣的三種抽樣方式。

4. 假設你是一家汽車公司的行銷主管，你將利用何種行銷研究方法來進行消費者滿意度的調查？請具體說明內容。

5. 蒐集初級資料有調查法與觀察法兩種，請比較兩者之使用時機和目的有何不同。

6. 你要到印尼去投資房地產，你將利用哪些管道蒐集次級資料？

參考文獻

1. 林建煌 (2002)，《行銷管理》，智勝，頁 114–124。

2. 洪順慶、黃深勳、黃俊英、劉宗其 (1998)，《行銷管理學》，新陸書局，頁 124–128。

3. 洪順慶 (2001)，《行銷管理》，第二版，新陸書局，頁 129、頁 133–138。

4. 張振明譯、Philip Kotler 著 (2004)，《行銷是什麼？》，商周出版，頁 112。

5. 傅安國 (2004)，〈給善變的消費者套上緊『箍扣咒』吧!〉，《突破雜誌》，第 228 期，頁 105。

6. 謝文雀編譯 (2000)，《行銷管理: 亞洲實例》，第二版，華泰書局，頁 112–114。

7. 戴國良 (2003)，〈顧客情報再生術的挑戰秘笈〉，《突破雜誌》，第 220 期，頁 69。

8. AC Nielsen Taiwan (2000)，《尼爾森媒體研究 2000 年白皮書》，1 月。

9. Calder, Bobby J. (1977), "Focus Groups and the Nature of Qualitative Marketing Research," *Journal of Marketing Research*, 14 (August), pp. 353–364.

10. Churchill, Gilbert A. Jr. (1999), *Marketing Research: Methodological Foundations*, 7th ed., The Dryden Press.

11. Johansson, Johny K. and Ikujuro Nonaka (1985), "Marketing Research the Japanese Way," *Harvard Business Review*, January–February.

12. Kinnear, Thomas and Ann Root (1987), *Survey of Marketing Research 1988*, Chicago: American Marketing Association.

13. Kotler, P. (1997), *Marketing Management: Analysis, Planning, Implementation, and Control*, 9th ed., Upper Saddle River, NJ: Prentice Hall, p. 111.

14. Lamb, Charles W., Joseph F. Hair and Carl McDaniel (1998), *Marketing*, 4th ed., Cincinnati, Ohio: South-Western College Publishing, p. 225.

15. Malhotra, Naresh K. (1999), *Marketing Research: An Applied Orientation*, 3rd ed., Prentice Hall.

16. Marshall, Kimball P. (1996), *Marketing Information Systems: Creating Competitive Advantage in the Information Age*, Boyd & Fraser Publishing.

17. Porter, Michael (1980), *Competitive Strategy*, New York: The Free Press.

第四章

消費者購買行為

學習目標：

1. 消費者行為研究的重要性
2. 消費者特性
3. 購買決策過程
4. 購買決策型態

大潤發提供競爭者無法仿效的具體附加價值服務，以強化客戶的忠誠度。譬如，幾年前一位消費者氣沖沖地拿著一鍋薑母鴨到大潤發理論，指責從大潤發買的鴨子太老，壞了一鍋薑母鴨的味道。最後，大潤發賠給消費者多於一隻鴨子的金額，並建立退換貨的準則：「就算西瓜吃到剩下西瓜皮，還可以退。」大潤發將重點放在售後服務，目的就是要贏得在零售業上的長期勝利；因為服務業賣的其實是「承諾」，顧客的信賴是最寶貴的資產。

為了要得到顧客的信賴和忠誠，大潤發計畫推出一對一行銷，也就是依據不同顧客不同的需求，提出特別設計的服務。例如，分析一個家庭每個月的購買金額、採購商品行為，希望未來能夠做到主動提醒顧客採買服務，例如何時要添購食用米等資訊。從開第一家店開始，大潤發就開始建立顧客資料系統，藉由不用繳納會費的會員卡，大潤發已經累積百萬筆的顧客資料和上億筆的消費行為。但要做到更貼心的服務，必須要有強大的資訊系統作為後盾，大潤發除了投資每家量販店都有的電腦定點銷售系統 (POS) 之外，還投資一整套顧客資料系統，在 2001 年投資 2,000 萬元到 4,000 萬元的金額，將商品銷售系統與顧客資料系統連接在一起。

第 一 節

消費者行為研究的重要性

任何一種企業，必須瞭解消費者行為研究的重要性。企業必須瞭解「何人」(who) 在購買？「何時」(when) 會購買？「何處」(where) 能購買？「如何」(how) 來購買？「為何」(why) 需要購買？所以，一個企業必須要研究對於不同產品特性、價格、廣告訴求，可能產生之反應如何？企業是否要運用各種行銷刺激，來激起消費者之反應，如此，很多企業和學術機構，都致力於行銷刺激和消費者反應的研究。

行銷刺激中，必須要瞭解到行銷組合，即所謂的 4P's——產品 (product)，價格 (price)，通路 (place) 和促銷 (promotion)。和其他外在環境的刺激，包括經濟、科技、政治、及文化等。這兩種刺激，經過消費者的心中處理，即會產生一系列的購買行為的反應，即會產生所謂的產品的選擇、品牌的選擇、經銷商的選擇、購買時機的選擇、及購買數量的選擇。作為一行銷經理人員一定要知道，刺激在購買者心中之處理，產生了如何的變化，最後轉變成購買反應。我們可以得知消費者本身的特性，可以影響到消費者的認知，而購買決策程序會對消費者產生購買結果。圖 4.1 為影響消費者購買決策的因素。

【圖 4.1　影響消費者購買決策的因素】

消費者對一項新產品、新事物或新觀念的採用，大概要經過五個階段，稱為 AIETA (Rogers, 1962)。

(1)知覺 (awareness)：消費者要先知道有這些新事物的存在。

(2)興趣 (interest)：消費者要對這些新事物發生興趣。

(3)評估 (evaluation)：消費者要對這些新事物產生有利的評估。

(4)試用 (trial)：消費者要對這些新事物進行試用。

(5)接納 (adoption)：最後消費者會接納這些新事物而成為愛用者。

在整個消費者購買的決策過程中，會有不同類型的人參與其中，這些人分別扮演不同的角色，對於購買的決策及產品的實際使用都會產生很大的影響，所以這些角色稱為購買角色 (buying roles)。購買角色可分為下列五種：

(1)發起者 (initiator)：是在購買決策中提議進行購買的人。例如弟弟提議購買電腦。

(2)影響者 (influencer)：是那些就替代方案或購買決策上，提供意見以供參考並會影響購買決策的人。例如姐姐提供一些電腦相關品牌的資訊及意見。

(3)決策者 (decider)：是實際決定要不要購買及購買哪一品牌的人，也就是實際做決策的人。例如老爸拍板定案。

(4)購買者 (buyer)：是實際拿錢去交換物品的人，也就是實際進行採購的人。例如哥哥到光華商場購買電腦。

(5)使用者 (user)：是最後的產品實際使用者。例如最後電腦都是妹妹在使用。

行銷人員應該設法瞭解，在某個產品的購買過程中，什麼人扮演什麼角色，以及如何帶動這些角色以促進銷售。例如麥當勞藉由店內的歡樂氣氛、麥當勞叔叔的親切形象、贈送或低價銷售玩具等方式，使得許多小孩成了發起者及影響者，而促使父母親（購買者與決策者）到麥當勞消費。

第二節

消費者特性

一個消費者之購買行為深受其個人特性影響。個人特性深受文化、社會、個人及心理因素之影響。而這些特性，都無法由企業來控制，但都是我們在企業之行銷規劃中，必須要慎重考慮的因素。

一、文化因素

文化因素對消費者購買行為有很大之影響，而其意義也極為深遠。文化因素包括了文化 (culture)、次文化 (subculture) 和社會階層 (social class)。

(一)文 化

文化是決定一個消費者之欲望和需求最基本的原因。因人的行為大都從後天學習而來的，對一個人的行為影響主要都是經過文化及社會的薰陶後，而學習了個人的基本價值、認知、欲望和行為，對於一個消費者而言，文化對其購買動機和行為具有非常大的影響。

每一個社會都有其文化，在不同國家和社會中，文化對於消費者的購買行為的影響程度都有不同。行銷經理人員一定要注意每一種文化的差異，在不同國家或社會必須作一番調整，否則會影響到整體的行銷效果。有些產品，例如電腦，

在一個具有科技基礎的社會，很容易使消費者瞭解到產品的作用，但在一個落伍的社會中，則不具有任何意義，只是一種新潮產品而已。行銷經理人員必須瞭解到文化差異使消費者對一個產品的認知和基本價值都會有所不同。

(二)次文化

在任何一種文化中，均包含著許多更小的文化，我們稱之為「次文化」。所謂次文化是指一個群體中，基於共同的經驗和生活環境，而共同享有的價值系統，提供了企業更具體的認同和社會化之對象。在一個社會中，群體中可能有許多的民族群、宗教群、種族群。每一個群體，均各有不同的嗜好、興趣、習慣、禁忌、生活方式和態度，這些都是次文化的特性。

消費者可能會受到其籍貫、宗教、種族、地區等這些次文化所影響，而產生不同的購買行為。這些次文化會影響消費者的偏好、選擇和目標，也可能影響到消費者對產品品牌的選擇。例如以種族來區分，臺灣有外省族群、客家族群、閩南族群和原住民，每個族群的飲食習慣均有不同的特色，如客家族群的福菜、桔醬、客家小炒、薑絲大腸等，原住民的小米飯、野味燒烤等「就地取材」的特色。

(三)社會階層

每一社會都有其社會階層的結構，表 4.1 為印度的七個社會階層。所謂社會階層乃指存在一個社會中相當永久性且有秩序的劃分，凡屬同一階層之成員，都有類似的價值、興趣、和行為。社會階層的組合變數包括職業、所得、教育程度、財富等。一般來說，凡屬一社會階層的消費者，他們所表現的購買行為非常類似。我們發現，社會階層具有如下的特色：

(1)同一社會階層的人，行為較相似，來自不同階層的人行為較不相似。

(2)人常被依其社會階層來知覺他在社會中的地位。

(3)一個人的社會階層是以職業、所得、財富、教育及價值觀等組合變數來決定，而非單一變數即可。

(4)個人在一生中，可能改變其社會階層──往上或往下。此層級流動的難易，取決於社會層級的僵固性。

不同社會階層的消費者對於衣著、住宅、休閒活動、汽車等，都有顯著不同的產品偏好與品牌偏好。一個消費者對於自己所屬的社會階層，有時會用產品或品牌，來代表他們的地位和社會階層背景。因此，企業對於社會階層所形成的行

銷區隔非常重視。

【表 4.1　印度的七個社會階層】

社會階層	內　容	消費特徵
1.上上層 （少於 1%）	社會菁英，有顯赫的家族，並繼承龐大財富。	是珠寶、古董、房地產和渡假的市場，購買並穿著保守服飾，是其他人的參考群體。
2.上下層 （約 2%）	社會高所得，經由專業或經營專業的長才獲取財富者，常來自中產階級。	社會和公益活動活躍，購買屬於他們地位的象徵，如遊艇、游泳池、汽車等。
3.中上層 （12%）	並非家族地位,也不是非凡財富,因專業、獨資或企業管理而取得地位。	喜歡新構想和高品質文化，講究高品質的住家、服飾、傢俱與家電等。
4.中產階級 （32%）	中等收入白領與藍領工作者，居住在城內較佳區位。	購買流行品以趕上時髦，花錢在「有價值的經驗」上。
5.勞工階級 （38%）	中等收入的藍領工作者，仰賴親戚在經濟或情感的支持。	大多時間待在市區內，偏好標準型和較大的汽車。
6.下上層 （9%）	勞動者，靠社會福利過活，生活水準僅次於貧窮。	受教育不高，然謹守自我紀律，具外表乾淨的圖像。
7.下下層 （7%）	靠社會福利過活，常失業並從事最骯髒的工作。	對長遠性工作不感興趣，住家、衣服與所有物髒亂破舊。

　　因為社會階層會影響支出、信用等，因此會影響到產品和品牌的選擇。例如臺灣的企業家或高階管理人員喜歡的座車為德國進口的雙 B (Benz、BMW)，喜歡的休閒活動是高爾夫球，注重個人品味和隱私。社會階層同時也會影響到購買產品的地點，上層社會人士喜歡到精品店購買產品，較不會去大賣場購物或休閒。

二、社會因素

　　消費者的購買行為，亦時時受到社會因素的影響。社會因素包括參考群體 (reference group)、家庭、角色和地位等。

(一)參考群體

　　人類在社會中生存，可能屬於多個不同的參考群體。參考群體乃是直接或間接影響一個人的態度或行為的有關群體。直接影響的群體，又稱之為會員群體 (membership group)。會員群體又可分成主要群體 (primary group) 和次要群體

(secondary group)。主要群體都是經常性、非正式的互動關係，如家庭、朋友、鄰居、同事等。次要群體是成員中較正式而非經常性活動的互動關係，如宗教團體、職業公會、社團等。

另外，尚有一些非正式群體，可能對個人的態度和行為會有間接的影響，稱為非會員群體。若個人期望自己成為某群體的其中一員，該群體則稱之為崇屬群體 (aspirational group)，如影視明星、職業運動員。舉例來說，麥可喬登 (Michael Jordan) 以前是芝加哥公牛隊的成員，當時許多的年輕人都想成為公牛隊的一員，希望能與麥可喬登並肩而戰，而認同公牛隊。相反的，不想與該群體有任何關係，無法接受該群體的價值觀和行為，稱之為趨避群體，如哈韓族、飆車族。

每一個參考群體，對消費者都有三種層面的影響。第一是參考群體的存在，會造成一個人暴露在新的行為及新生活方式之中。第二是個人對於參考群體，會期盼能「適配」，因而參考群體會影響個人態度和自我概念。第三是參考群體對於個人，可能會產生一種壓力，而影響到個人對產品和品牌的選擇。但是參考群體的影響力，會因為產品和品牌的不同有別。如果一個產品能為參考群體具體可見的，則參考群體的影響力很強，反之，則否。所以，一個產品對於消費者的購買行為，如能為其他參考群體成員看得到時，此消費者可能受到參考群體的影響，而購買此種品牌和產品。

(二)家　庭

家庭對於消費者的購買行為，有強大的影響力。家庭是社會中最為重要的一個消費者購買團體。行銷經理人最重視家庭中的丈夫、妻子及子女，在其產品和服務中購買之角色和影響力。夫妻二人，在購買決策中的參與程度，會因產品的類別而有所差異。但近來一些傳統的觀念，以妻子為中心的購買行為有所改變，緣因妻子有職業者日增，及丈夫亦較願意多分擔家庭的購買工作。行銷人員假如抱持以往之觀念，可能會造成很多錯誤之行銷策略。但是在購買價錢比較高的產品或服務時，一般來說，都由夫妻共同來做決定。如妻子要買汽車時應購買何種品牌與車種，丈夫可能會提供很多意見，影響妻子的購買決策。

(三)角色和地位

每一個人在社會中，都會屬於多項不同群體；如家庭、俱樂部、服務機構等。個人在一群體中的位置如何，可經由其所扮演之角色和地位來劃分。在家裡父母

前，我們只是一個兒子或女兒的角色；在家庭中可能又是一位丈夫或妻子的角色；在公司裡我們是行銷經理。角色是指一個人在其周圍關係人所期望著應該執行的各項活動。一個人在群體中所扮演的角色，會影響到他的購買行為。個人所扮演的角色，都會有一地位跟隨。地位是反映社會給予的一種尊重。每一位消費者之購買行為，都會反映出一個人的角色和地位，尤其以社會地位更為顯著。賓士、凱迪拉克 (Cadillac) 等高級車的購買都屬於社會地位的表現。

三、個人因素

消費者之購買行為，亦會受到個人因素所影響。這些因素包括了購買者的年齡和生命週期階段、職業、經濟狀況、生活方式、人格和自我觀念。

(一)年齡和生命週期階段

一個人的一生，對產品和服務的購買經常改變，而且人的口味或品味，也會與年齡的增長有所關聯。嬰幼兒時，只是單純消費嬰兒食品、玩具、衣物等，沒有能力參與決策或購買。到了兒童或青少年階段，藉由電視廣告或小朋友之間的比較行為，消費的產品愈來愈多元化，如麥當勞、迪士尼電影等，對購買決策開始有了某種程度的影響力。長大後，有購買能力和完全決策權，加入追求流行的行列。

個人的購買因素，亦受到家庭的生命週期之階段影響。人在家庭生命週期中，有幾個階段，包括單身期、新婚期、滿巢期一階、滿巢期二階、滿巢期三階、空巢期一階、空巢期二階、鰥寡生存者以及退休的單一生存者。每一個人在每一個階段的財務狀況不同，對產品的需求亦有不同。所以，行銷經理人員必須瞭解到消費者的生命週期，並以其為基礎，來開發不同的產品，及研訂不同的行銷計畫。

(二)職　業

人的職業一定會對產品和服務的購買造成影響。行銷經理人必須要認清其目標市場的不同職業群體，掌握這些群體對產品和服務的需求重點。如藍領階級的消費者，傾向購買工作衣服、工作鞋、盒餐等。

(三)經濟狀況

個人的經濟情況在選購產品和服務時一定會發生影響。如果經濟情況好的人，可能會購買品質好與高價位的產品。所以，對一個具有高度所得敏感的產品，行

銷人員必須要注意個人所得、儲蓄和利率的動向。在經濟狀況有所變動時，必須要重新計畫其行銷策略。

(四)生活方式

個人在一社會中，可能來自同種文化、社會階層、職業，但每個成員都會有不同的生活方式。生活方式即是指個人的各項活動、興趣、及觀點等表現在生活上的一種模式而已。生活方式是個人的內涵，我們亦可從意識型態的方法來測知。即從活動 (activity)、興趣 (interest) 和觀點 (opinion) 結合之生活方式 AIO 層面為依據，把消費者的生活方式劃分成不同的類型。每一種生活方式，都會影響到個人購買行為。

(五)人格和自我觀念

每一個人都有其人格。人格是指個人所持有的心理特性，促成其人對外在環境得以保持相當穩定及不變的反應方式。對於某些產品之品牌的選擇，可以從消費者人格來分析，瞭解對於一產品和品牌的個人本性。另外一種概念，即是個人的「自我概念」或「自我形象」。這種概念是指個人對於自己本身，都會有一種比較複雜的心理圖像。所以行銷人員在開發其產品之品牌形象時，一定要配合目標市場消費者的自我形象。

四、心理因素

消費者內在還有一些相關的心理運作機制，這些機制是一直存在的，而並非基於某一特定消費問題而產生。這些心理運作機制可能來自於過去的經驗，或是來自於消費者生理或心理上的特性。雖然它們並不是因為消費者所面對的當前特定消費問題而產生，但它們卻會影響消費者對該特定消費問題的決策。個人的購買行為，受到每一人的心理因素的影響。主要有激勵、認知、學習、信念和態度。

(一)激 勵

每一個人在每一個時間中，都會有種種不同的需要。有如生理需要，即因個人的一種緊張狀態，像飢餓、口渴、不適等皆是。亦有心理需要，亦可能是另一種緊張狀態所引起；如需要認同、尊重、歸屬感等都是。凡任何一種需要，具有一種強度我們稱為動機 (motivation)。動機即驅動力，是指一項具有適當強度的需要，可以激發個人的行為，以追求該項需要的滿足之意。

　　人類的需要很多，各種需要可能形成一定高低層級，心理學家馬斯洛 (Abraham Maslow) 把需要分成圖 4.2 所示的五類，從最迫切的需要開始，到最不迫切的需要為止。即是從生理需要 (physiological needs)、安全需要 (safety needs)、社會需要 (social needs)、尊重需要 (esteen needs) 至自我實現需要 (self-actualization needs) 五個階段。每一個人追求需要的滿足，多以最基本的需要為起點，一直到最重要的需要滿足後，該項需要才不再成為激勵行為的力量。

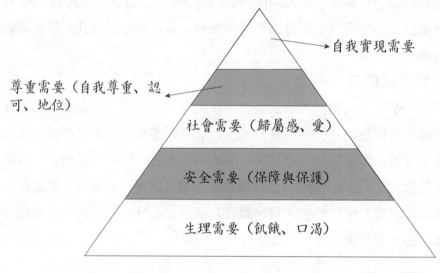

【圖 4.2　馬斯洛的需要層級理論】

　　如果一個消費者，在馬斯洛需要層級理論之下來解釋的話，當他在生理上，安全上和社會的需求都已得到滿足時，他可能採購之產品，必須能令他得到其他人的尊重，或滿足他自我實現需要。表 4.2 是行為動機及利用銷售推廣策略之示例。

(二)認　知

　　一個人有了激勵，便會有行動準備。但是個人受到激勵後的行動，必須端看他對情況變化上認知的影響。所以，在相同激勵和情況相同的兩個人，可能會對整個情況的認知有所差別，而二人所表現的行銷亦有很大的不同。認知乃是指一種程序而已，一個人透過這一程序，把得到的資訊加以選擇、組織、研判，產生對事情的客觀判斷。由於認知和真實的現象會有所差異，因此會有認知偏誤的產生。認知偏誤主要來自於選擇性，又可稱之為選擇性偏誤 (selective bias)。選擇性

【表 4.2　行為動機及利用銷售推廣策略之示例】

動　機	適用項目示例	推廣訴求示例
社會的需要	電話、酒、賀卡、保險、書寫用具、慈善組織及休假設施。	賀軒 (Hallmark) 賀卡:「千萬關懷，不如送上一卡。」 柯達膠捲:「生活中最真實的記錄」。
安全的需要	家電用品、玩具、航空、電池、牙膏、火警報知器及旅行支票。	兒童普拿疼藥片 (Panadol):「大部分小兒科醫師給他們自己子女的藥片。」 全州 (Allstate) 保險:「託付於 Allstate，萬事放心。」 米其林 (Michelin) 輪胎:「有此輪胎，事事順遂」。
自我實現的需要	書籍、運動器材、庭園養護產品、計算機、大學、雜誌、酒。	施格蘭 (Seagram) 威士忌:「本標誌代表你的造詣」。 萬事達 (Master Card) 的金卡:「這是你成就的顛峰」。

偏誤可分為三種: 選擇性注意、選擇性扭曲與選擇性記憶。

1.選擇性注意

　　人們不可能完全接受環境中所有的刺激，故消費者會注意到某些刺激，也會忽略某些刺激，這樣的過程稱為「選擇性注意」(selective attention)。我們每個人都暴露在很多不同的廣告之中，對於所有的廣告刺激，我們不一定會有相同程度的注意。通常只會記得刺激量較大的廣告，如對比強烈、有趣的廣告，以及和我們相關性較大的廣告。因此，在一個行銷活動中，一定要審慎設計行銷刺激，才能吸引消費者的注意。

2.選擇性扭曲

　　選擇性扭曲 (selective distortion) 是指消費者會改變或曲解與其感覺或信念相衝突的資訊。對於我們不喜歡的人所提出的意見也不太會表示贊同，縱使這些意見是正確的。如果一項刺激，得到了消費者之注意，但不一定能完整的進入消費者的認知中，因當每一個人都有其心中的資訊，對外來的資訊，加以扭曲，來配合其心中既有的資訊，適應每一個消費者的意義。所以，對消費者來說有一種傾向，對外來資訊的研判，來支持其本人已具備的某一信念。

3. 選擇性記憶

選擇性記憶 (selective retention) 則是指我們只會記住那些支持我們個人感覺與信念的資訊。人很容易忘掉學習過的事物，只有當某些資訊可以保持個人原有的態度和信念時，才會保留在記憶中。例如我們對自己家中的電話記得很清楚，但是對初見面的朋友所給的電話號碼往往很容易忘記。另外，當我們看完一個廣告，通常我們所記得的論點，是一些和我們先前刻板印象比較相吻合的論點。所以，對消費者來說，對某些產品的優點，可能久記不忘，而對其他產品則毫無記憶，每一次購買此類產品時，只會購買有記憶的品牌。

(三)學 習

幾乎所有的消費者行為均是來自於學習 (learning)，學習是透過經驗與資訊所造成，在行為、情感，以及思想上相當持久改變的過程。學習乃是個人因為經驗而產生的改變的行為。學習是由驅動力、刺激、暗示、反應及強化等相互作用下而產生的。驅動力是一項內在的刺激，足以造成行動。暗示係指某些比較次要的刺激，決定個人在何時會有所反應。強化是指讓消費者在使用產品時得到酬償，並以此經驗促使其加強使用此一產品。行銷人員一定要瞭解到其產品和驅動力之結合，多利用激勵式的暗示，來積極設計強化的方式。一般來說，學習有兩種形式：經驗式與觀念式。

1. 經驗式學習

經驗式學習 (experiential learning) 是發生在由於經驗而改變行為時，例如小孩子因為玩火而受傷，因而對火產生恐懼，就是一種經驗式學習。經驗式學習又稱為行為學習 (behavioral learning)。行為學習又可分為古典制約 (classical conditioning) 的學習與工具制約 (operant conditioning) 的學習。古典制約的學習是指由於兩個刺激相伴出現，導致對某一刺激的反應轉移到另一個刺激上。例如產品品牌常伴隨著美女出現，久而久之，對該美女的好感便轉移到該品牌上，便是古典制約的一種。工具制約的學習是指一個人經由行為結果的報酬與懲罰，來習得下次面對相同情境的反應形式。例如某人參加某次抽獎活動而中大獎，因而導致以後對抽獎活動的熱衷參與，這便是工具制約。

2. 觀念式學習

觀念式學習 (conceptual learning) 並不是透過直接的經驗來學習。例如你很

想嘗試一種新上市的汽水，但有一位好朋友告訴你這種汽水並不好喝，因此你決定不去嘗試這種新的汽水。雖然你沒有嘗試過這種新的汽水，但是你知道這種汽水並不好喝，這就是觀念式學習。觀察學習 (observational learning) 也是一種觀念式學習，消費者藉由觀察其他人的行為與結果，從而達成學習。例如我們看到同事因違反公司規定而遭受嚴厲處罰，所以我們也不敢違反公司規定，這便是一種觀察學習。

此外，透過增強 (reinforcement) 與重複 (repetition) 也可加快學習。就增強而言，有正增強也有負增強。因此學習理論對行銷管理人員而言是相當有用的，可藉此即時行動來增強消費者的需求。例如你購買了某一品牌的速食麵，發現味道不錯，這會增強你下次購買該品牌速食麵的機率；但是若是味道不佳，那麼下次你再購買這個品牌速食麵的機率應該會降低，這就是所謂的正增強與負增強。重複是在促銷活動上的一個重要策略，透過重複就可導致學習的逐漸增加。例如廠商往往運用廣告的重複播放，使消費者對其產品產生高熟悉度，從而造成消費管理人員對該品牌的喜愛，這就是重複在行銷上的應用。廣告策略有所謂「謊話講一千遍便成真」，在本質上便是強調重複的功用。

另一個對行銷管理人員相當有幫助的學習觀念是「類化」(generalization)。在理論上，類化會發生在第二次刺激與第一次相似時，個人的反應與回應亦相差不多。例如消費者因為喜歡某一個品牌的服飾，可能也會喜歡同一個品牌的手錶，這就是類化的作用。和類化相反的是「區別」(discrimination)，是指消費者會學習在相似產品中做區別。例如某些消費者喜歡可口可樂勝過百事可樂，堅持兩個品牌間的口味是有差異的。不論如何，類化與區別都有助於消費者的學習。

(四)信念和態度

個人可能從日常生活和學習過程中，同時產生了信念和態度，這些都會影響個人的購買行為。信念是指個人對於某一事物所保持的一項陳述性思想。每一個人的信念，可以以其現實知識作為基礎，或觀點作為基礎，或用真理作為基礎，這些都是一種信念。行銷人員對消費者的信念，一定要重視，一種信念可能構成消費者對該產品或品牌的印象，而且消費者的行為，對產品有某種信念作為購買的基礎。

除了信念外，還有消費者的態度。態度 (attitudes) 是指個人對於一種事情或

觀念，認定有利或不利的主觀評價、情緒感受，及行動傾向。例如「我不喜歡吃辣」，便是一種態度。人對於自己的態度，都放在一個「喜好」和「不喜好」的框框裡。個人的態度，甚難改變，每一個人的態度，可能成為一種模式。一個人要改變一種態度時，可能會牽一髮而動全身，其他態度必須加以調整配合，一個行銷人員對於推廣其產品時，必須加以配合消費者的需要為主，不要嘗試改變消費者的態度。假若產品或服務已成功地達到公司的目標，則只需增強消費者對此產品的正面態度；相反地，若此上市品牌是不成功的，行銷管理人員就必須試圖去改變消費者對產品的態度。

　　影響態度的因素有所謂三位一元理論，也就是 ABC 模式 **(ABC model)**。ABC 模式認為影響態度的因素為情感 **(affect)**、行為 **(behavior)** 與認知 **(cognition)**。

(1)情感是指一個人對該態度標的物的整體感覺。通常在某些傳達消費者自我本身的產品上，情感因素所發揮的作用最大，例如香水。

(2)行為是指一個人對該態度標的物的行動意圖或實際行動。通常對經常購買的產品，行為因素會成為態度的關鍵因素，例如口香糖。

(3)認知是指一個人對該態度標的物的信念與知識。通常認知因素在複雜的產品上特別重要，例如電腦。

第三節

購買決策過程

　　消費者購買決策的過程如圖 4.3 所示，共有六個階段，包含了需要的認知、資訊的探尋、擬案評估、購買決策、實際購買及購後行為。經由此決策過程可以知道實際購買之前，已有了購買過程，同時在購買之後購買過程還是繼續下去。因此，行銷人員不應僅重視購買決策，更必須重視購買過程。

　　從此模式來看，消費者的購買都經歷過此六種過程，但對某些商品來說，某些過程是可以省略的，一個消費者在購買低廉物品時，會逕行到購買決策，而省略了資訊的探尋及擬案評估的階段。

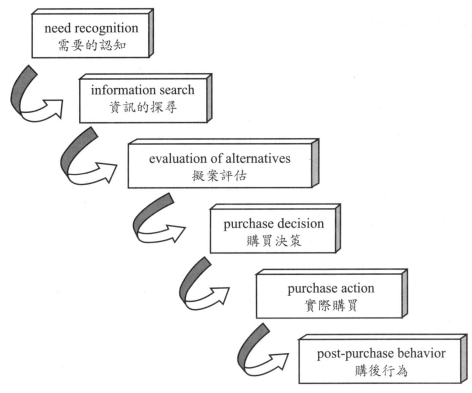

【圖 4.3　購買決策的過程】

一、需要的認知

　　消費者購買一產品，即是要解決問題的存在，如果消費者認明問題需要解決時，即產生購買過程的開始。消費者可能感到期望狀態和實際狀態出現了差距，而產生了個人的需要變成一種購買的驅動力，亦可能由外來的刺激，激勵了消費者的需要。人可能會經過麥當勞而激勵了飢餓的需要，而進去購買漢堡。

　　行銷人員在這個階段，最重要的工作就是應該認明究竟是何種因素，何種情況，來觸發消費者認清其本身的問題。行銷人員必須著手研究，消費者的真正問題和需要是什麼？亦必須瞭解這些問題和需要是如何形成的？消費者為何會選購此種產品？這些問題都必須由行銷人員審慎研究後，而制定出因應的行銷方案。

二、資訊的探尋

消費者對一產品，如果發生了興趣，可能會進一步探尋更多的資訊。如果消費者對某種產品有很大的驅策力，而正巧該項產品就在身邊，消費者可能立即買下來，而不需經過更多的資訊。否則，消費者會對產品要求更多的資訊，來提供消費者參考。某些消費者對某些產品可能會密切注意，而對此種產品或許會有高度的接納性。有時，消費者對於產品會變得積極些，四處去探索產品的訊息，從一些報章、雜誌、或與朋友討論，如此的動作，一直持續到消費者認為滿意為止。大致來說資訊的來源有下列幾種：

　　⑴個人來源：家庭、朋友、鄰居、同事等。

　　⑵商業來源：廣告、推銷人員、經銷商、包裝和展示等。

　　⑶公眾來源：大眾媒體、消費團體等。

　　⑷經驗來源：產品使用、處理、檢查等。

以上四種資訊來源，對產品購買者都有不同的影響力，大致來說，消費者得到的資訊，以商業來源最多，但以個人來源的效果最大。**消費者資訊的蒐集，會對產品和品牌特性有更多的瞭解，因此行銷人員必須要研發更好的行銷組合與消費者溝通並提供有用的訊息，使潛在消費者對產品或品牌有更多的瞭解。**

三、擬案評估

消費者如何選擇眾多品牌中的產品呢？以行銷人員的立場，首先必須瞭解消費者是如何評估各項資訊，來選擇產品和品牌？每一消費者都有不同的評估程序，消費者的評估大致可依下面幾點加以分析：

　　⑴消費者眼中看一種產品只是「一群產品之屬性的組合」，即是對產品的品質、特性、功能、價格等，消費者會評估何者比較重要。對消費者來說，可能有不同的需要，在選擇滿足其某種需要的產品時，會注意到與其他需要的相關屬性。

　　⑵消費者對於產品的屬性，都有不同程度的重視。每一產品屬性對於消費者的需要，都有不同程度的滿足。

　　⑶消費者對於品牌的考慮，必須瞭解到產品屬性在此品牌所占的分量。因為

消費者對品牌都會有一種信念，即是我們所謂的「品牌形象」。有時對某一品牌的信念，不一定符合品牌的屬性。一般來說，消費者對此信念，可能大都從經驗而來。

⑷消費者對於一種產品的屬性，可能會有不同的評價，不同產品屬性函數，會造成消費者主觀的期望和滿足程度。

⑸消費者應用其適當的評估程序，會對不同的品牌形成不同的態度。消費者實際上要如何運用評估程序，必須看消費者本人與參考群體等他人的購買決策而定。

綜合以上所述，我們知道一個行銷人員必須要加以研究購買人如何評估各項品牌，才比較容易研發適當的步驟，來影響購買人的購買決策。

四、購買決策

經由上述評估的階段，消費者對於品牌已經排定了高低名次，而心目中亦形成了購買意向。一般來說，消費者購買的品牌，都是他們偏好的品牌。至於購買意向和購買決策間，可能受到兩種因素的影響。

第一項因素，是他人的因素。消費者在購買某種產品時，可能會受到他人態度的影響，而改變了消費者的購買決策。當然還要看他人的態度以及他與消費者之間的關係而定。如果一位女士欲購買富豪 (VOVOL) 汽車，可能她的先生認為此種車子太昂貴了，則這位女士可能會購買較低廉的車子。

第二項因素，是意外情況因素。當消費者形成購買意向時，大都會考慮到家庭所得、產品價格、產品利益等。但消費者準備購買時，可能會出現某些意外的情況，而使消費者改變了購買意向。如消費者想買日立冷氣機，產生了缺貨情形即是一例。

所以，消費者縱然有了偏好，即購買意向，仍不一定導致實際購買的決策。行銷人員必須要防止上述兩項因素發生，而使消費者改變了購買決策。在考慮了各種可能替代方案的優劣之後，消費者就可根據所評估的結果來做成其購買決策。在這個階段，消費者的行為包括制定五項相關的購買決策：

⑴基本購買決策 (basic purchase decision)：決定是否要採取購買行為來滿足需求。例如面對週休二日的休閒時間增加，是否要增添家庭的休閒娛樂設

施或者維持現狀？

(2)產品類別決策 **(product category decision)**：決定所要購買的產品類別。例如，若是決定要增添家庭的休閒娛樂設施，但是，是要添購卡拉 OK 設備呢？或是購置家庭劇院設備？

(3)品牌購買決策 **(brand purchase decision)**：決定所要購買的產品品牌。例如若是決定要添購卡拉 OK 設備，則是要購買山葉牌 **(YAMAHA)** 或是山水牌？

(4)通路購買決策 **(channel purchase decision)**：決定所要購買的產品的通路與地點。例如，若是決定要購買 YAMAHA 牌，是利用網路購物？還是到電器街選購？

(5)支付決策 **(payment decision)**：包括決定所要購買的數量、進行購買的時間，以及交易條件等。例如，購買幾臺？何時去採購？是以現金或信用卡支付？

五、實際購買

制定了購買決策後，消費者便會採取實際購買行為。當然，消費者也可能因為某些因素（例如所得因素、或是有更新的資訊加入、或是新的替代方案加入）而停止和遞延購買行動。

在消費者實際購買行為中的一個重要決策便是商店的選擇，而影響消費者在商店選擇上的一個重要因素便是商店的形象。商店與個人及產品一樣都具有人格，這樣的人格也就形成所謂的商店形象 **(store image)**。當然，整個商店形象或商店人格是由許多因素所形成，其中一些比較重要的因素包括地點、裝潢、商品配置、銷售人員的服飾與知識等，透過這些因素的交互運用而創造了商店的整體形象。不過，有些商店的形象很清楚，有些商店的形象則很模糊，消費者在選擇商店時，除了受個人本身的特性影響外，也受到這些商店形象的影響。例如，有時會因為商店看起來很高級而不敢進去，或是因為餐廳看起來不太乾淨而不去用餐。

除了商店形象外，商店的氣氛也是一個極為重要的因素。商店氣氛 **(store atmospherics)** 是指透過對於空間和其各個構面的刻意設計，而所營造出來的對於購買者的某種效果 (Kotler, 1969)。影響商店氣氛的主要因素包括顏色、氣味與聲響。例如紅色使人興奮，但藍色使人冷靜。有些研究也指出進入一個商店的前五

分鐘，消費者所感覺到的愉悅程度可以有效預測他將花費在該商店中的時間與金錢 (Donovan, Rossiter, Marcoolyn and Nesdale, 1994)。在燈光方面，研究也發現自然光比人造光能產生更多的銷售 (Pierson, 1995)，而店內的亮度愈大，則消費者愈會檢視與翻選更多的商品。音樂也一樣會影響消費行為，在餐廳中，音量較大與節奏較快的音樂，將引發顧客吃較多食物 (Milliman, 1986)。

另外一個也是零售商店所不能忽略的因素，就是商店中的店頭廣告。店頭廣告或是店頭陳列 **(point-of-purchase display)** 都是影響消費者在購買點決策上的一項相當重要的工具，店頭陳列包括簡單的陳列貨架與一些提供優待券或產品資料的相關設施。

店面的銷售人員也是影響顧客購買行為的一個相當重要因素。店面的銷售人員可以提供專業的知識來幫助消費者制定正確的決策，也可以帶給消費者某種信賴；而消費者對於店面的銷售人員的喜愛也可使消費者對其購買決策較有信心。買賣雙方的互動通常是一種雙方對於彼此角色的認識與調整的過程，因此有效能的銷售人員通常比無效能的銷售員更能掌握消費者的偏好與特性。尤其當買賣雙方具有不同的互動型態時，這種調整特別重要。

六、購後行為

消費者購買一商品後，購買過程尚未完成。因購買後，消費者會有滿意與不滿意的情形，而演變成購買後的行為。因消費者在購買產品時的期望，可能會產生對產品上的認知。如能與期望相符，消費者必定滿意，否則將會產生不滿意。

消費者的期望是以消費者因消費而取得的資訊為基礎，而不管其資訊來源如何。如企業銷售產品時，誇大其產品的效能，則消費者購買後無法滿足其期望，而導致不滿意。所以行銷人員對產品的宣傳必須要能誠實地反映出產品的效能，而無誇大其詞，使消費者購買後能得到滿意。消費者對於滿意的產品，必定會有重購之行為。如果不滿意，則可能產生種種之行為。可能會要求退貨、或向公司抱怨、退款、更換或訴諸法律，以期待滿意之結果。更甚之，則會拒絕再繼續購買該產品。

行銷人員務必瞭解，必須化解消費者購後的不滿意，及促進購買行為的良好印象，以期降低不滿意的不安焦慮。行銷人員必須與購買人建立良好的購後溝通，

如此可以減少產品退貨或取消訂貨情形。一企業應隨時發掘和注意消費者的不滿情形，加強改善產品本身的問題和服務品質，來提升購買者的滿意程度。

對行銷管理人員而言，其有一個重要的職責是減少消費者購買後的認知失調 **(cognitive dissonance)**。在購買行為後，消費者有時會對其決策有著揮之不去的疑問感，此種疑問感主要是來自其對購買決策是否正確的疑慮，就是所謂的認知失調。認知失調是指消費者購買後，經歷認知行為與價值或見解間的不一致，所產生的精神緊張。認知失調的發生是因為知道其所購買的產品有其優、缺點及風險存在，消費者必須採取行動來減少認知失調，他們可能會尋求新的資訊來肯定購買決策的正確性，或是以退回產品來撤回原先的決策。不滿意的消費者有時依賴嘮叨和抱怨來減少認知上的失調，行銷管理人員可以透過購買時的有效溝通，來減少購買後的認知失調。

假使消費者對於所購買的產品有所不滿，有可能會產生抱怨，就是所謂的消費者抱怨。行銷管理人員必須要小心地處理消費者抱怨，因為不滿意的消費者往往會對其親戚朋友等周遭群體進行抱怨，因此會影響公司的形象。相反地，一個不滿意的消費者在經過有效的抱怨處理後，往往會變成最忠誠的消費者。

第四節

購買決策型態

一、消費者的涉入程度

消費者的涉入程度是區分購買決策時最重要的判定標準。涉入程度 (involvement) 是指消費者花費在蒐集、評價與消費者決策過程中的時間，以及努力投入的程度高低。不同類型的購買決策，其消費者的涉入程度不同。消費者的涉入程度主要是依五個要素而定：先前經驗、興趣、風險、情境、社會外顯性 (Lamb, Hair and McDaniel, 1998)。

(1)先前經驗：當消費者在產品與服務上有先前的經驗，則涉入程度減少。例如經常購買的產品相較於初次購買的產品，其涉入程度較低。

⑵興趣：涉入程度與消費者的興趣有直接的關係，當消費者對於產品的興趣愈高，其涉入程度也會愈高。例如消費者對目前正計畫要購買的產品其涉入程度會較高。

⑶風險：當購買一產品的風險增加時，消費者的涉入程度也跟著提高。有關消費者風險的種類包括財務風險、社會風險及心理上的風險。例如高單價的產品，因為財務風險高，則其涉入的程度也會較高。

⑷情境：一個購買的情境可能會暫時將低涉入程度轉換為高涉入程度。例如一個年輕人可能平日省吃儉用，但是在情人節時卻又花大把的銀子請女朋友吃大餐，這是因為情境不同的結果。

⑸社會外顯性：當產品的社會外顯性增加時，涉入程度也會增加。例如戴在身上的珠寶、穿在外面的衣服及個人所開的汽車等，都具有很高的社會外顯性。因此，不當的穿著或購買不當的產品都會帶來很高的社會風險。

　　行銷策略會隨著產品的涉入程度而經常改變，以一個高涉入的產品而言，行銷經理需提供給消費者多方面且廣泛的產品資訊，以幫助其決策，因此廣告可能扮演非常重要的角色。然而，對於低涉入產品的購買，消費者通常是等到他們在商店中才會進行購買決策，因此店內的陳列與促銷是低涉入產品行銷上的一個重要工具。另外，店內的展示也能刺激低涉入產品的銷售量。

二、消費者購買決策的方式

　　消費者的購買決策可分為三個種類：例行決策、廣泛決策與有限決策。這三種決策類型可以五種要素來描述：消費者的涉入程度、決策制定的時間長短、產品或服務的成本、資訊蒐集的程度及所思考替代方案的數量。

(一)例行決策

　　例行決策 (routine decision making) 是指一種決策制定的方式，在此決策方式下，消費者的涉入程度很低；制定決策所花的時間很短；所購買的產品是經常性與低成本的產品或服務；在資訊蒐集上投入的精力很少；所思考的替代方案數量也很有限。通常進行例行決策的產品服務稱為低涉入產品，如糖果、鉛筆、醬油、衛生紙及其他的日常用品。

　　在例行的購買決策中，消費者的忠誠度低，且容易尋求多樣化的購買。因此，

行銷人員必須利用價格或促銷手法，讓消費者試用產品或服務，降低其轉換品牌的機會，或者強調產品的特殊定位，如老虎牙子飲料強調「美麗是可以喝出來的」、愛之味鮪魚罐頭的「鮪魚聰明蛋」暗示讓頭腦聰明的功效。

(二)廣泛決策

廣泛決策 (extensive decision making) 是最複雜的消費者購買決策方式，出現在當消費者購買不熟悉、昂貴且稀少或不常購買的產品或服務時。在此決策下，消費者的涉入程度很高；制定決策所花的時間很長；在資訊蒐集上往往投入大量的精力；所思考的替代方案則很多。通常進行廣泛決策的產品與服務稱為高涉入產品，例如汽車、房子等。

在廣泛決策中，依產品品牌的差異度有不同的決策行為。若品牌間存有顯著的差異，消費者必須經歷一段資訊蒐集和學習過程，在充分瞭解各品牌的特性和差異時，才能做決策。若品牌間的差異不大，消費者也會花時間蒐集資訊，但由於各品牌之間相當類似，消費者可能因為促銷活動而做抉擇。

(三)有限決策

有限決策 (limited decision making) 介於例行決策與廣泛決策之間，其在消費者的涉入程度、決策制定的時間長短、產品或服務的成本、資訊蒐集的程度、思考替代方案的數量通常表現出中等的程度。通常消費者對於產品有些瞭解，但其瞭解程度還不足以到達輕易做決定的地步，而且所涉及的產品並不算太便宜，也具有一定的重要性，例如購買數位照相機時，雖然不如購買汽車時的複雜性決策，但仍需要蒐集資訊的行動。

三、Assael 的購買類型

除了將購買決策分為上述三種類型之外，Assael (1995) 依照購買的涉入程度與品牌差異性兩個變數的高低，將消費者的購買類型分為四種（如圖 4.4）。

(一)複雜購買決策

此種決策類型是指消費者對產品的涉入程度很高，同時競爭品牌間的差異相當大，因此這些決策的風險特別大。例如房子、汽車的購買決策及昂貴休閒渡假的決策等，都是複雜型決策 (complex buying decision)，消費者高度涉入一購買行動中，知道品牌間有顯著差異。當產品昂貴，不經常購買，且需高度自我表達特

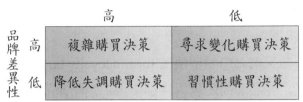

		高	低
品牌差異性	高	複雜購買決策	尋求變化購買決策
	低	降低失調購買決策	習慣性購買決策

購買的涉入程度

資料來源：Assael, H. (1995), *Consumer Behavior and Marketing Action*, p. 27.

【圖 4.4　Assael 之購買類型】

色，消費者會花很多心力在此種決策。一般而言，消費者並不熟悉產品類別，必須多方學習。

行銷人員需發展策略來協助消費者習知產品的屬性、屬性間的相對重要性及公司品牌在重要屬性上的表現。必須將品牌間的特色差異化，利用重要印刷媒體及長文案來描述品牌的利益，激勵第一線銷售人員與購買者的親朋好友建立關係，來影響最後品牌決定。

(二)尋求變化購買決策

尋求變化購買決策又稱為有限型決策 **(limited buying decision)**，這類產品通常涉入程度低，且競爭品牌間的差異很大。通常消費者對這類產品的忠誠度較低，追求新品牌的意願則較強，因此這類新品牌出現的機率也較大。例如洗髮精與休閒性的點心與食品，其購買決策均屬有限型決策。

購買者是低涉入，但品牌間有顯著差異，因此消費者常在作品牌轉換，品牌的轉換是因為尋求變化，並非不滿意。市場領導者：應以占滿貨架空間、避免缺貨、並作提醒性的廣告，鼓勵習慣性購買。挑戰廠商：應以較低價格、經濟包、折價券、免費樣品、及「嘗試不一樣的、新鮮的」廣告以尋求多樣化。

(三)降低失調購買決策

消費者對一購買行動是高度涉入，但看不出品牌間有何差異。因為產品昂貴、不經常買、且高風險。此時，消費者可能到處逛逛，因為品牌差異不明顯，消費者可能基於價格合理或便宜或購買方便下決策。以購買高級地毯為例，品牌差異並不明顯，購買後，消費者可能發現有不盡理想之處，或聽到其他的地毯在打折，或者有新的產品出現，而產生不舒服的失調感，為降低此種失調感，因此消費者會修正其決策的資訊。此時，行銷溝通應著重提供信念與評估，以助消費者覺得

自己的決策是明智之舉。

(四)習慣性購買決策

習慣性購買決策又稱為忠誠型決策 (brand loyalty buying decision)，是指消費者的涉入程度較低，各品牌間的差異性卻不大，這類產品的單價並不一定很高，但是其中所隱含的社會性風險往往很大，因此雖然品牌差異性不大，但消費者也不敢輕易地變換品牌，所以這類產品的忠誠度通常也較高，新品牌要打入市場的機會相對上較低。例如牙膏與香水均屬於此類產品。消費者對低成本、經常購買的產品涉入極低，且覺得品牌無顯著的差異。若買與以前相同的品牌，是出於習慣，並非品牌忠誠度高。

行銷人員會發現使用低價與促銷活動來刺激產品試用最有效，因為消費者未對任一品牌有高度承諾。為低涉入產品做廣告宣傳時，文稿應強調少數關鍵點，因為視覺符號與形象很重要，為便於品牌記憶與聯想，廣告活動應重複、廣告時間宜短。消費者不會積極蒐集資訊，屬於被動學習，因此電視較印刷媒體有效。

自我評量

1. 如果你是旅行業者的行銷主管，你將如何為「哈韓族」做特殊的旅程規劃？「冬季戀歌」電視劇中的南怡島是很好的選擇地點嗎？
2. 你覺得在你購買鞋子時，哪一類的參考群體對你的影響最大？原因為何？
3. 你的飲食習慣，有因為年齡的增長而有所改變嗎？請舉例說明。
4. 如果你是嬰兒奶粉公司的行銷主管，你會針對什麼人做行銷策略？你認為什麼人是主要的決策者？
5. 根據馬斯洛的需要層級理論，如果你是信用卡公司，你將以何種需要作為訴求重點？
6. 身為一間義大利麵餐廳的老闆，你如何將義大利麵與臺灣地區的文化結合在一起？
7. 電視廣告不斷地重複播出，對於消費者的購買決策會有影響嗎？
8. 就你的觀察，最近臺灣青少年對於手機的消費趨勢有什麼特色？

參考文獻

1. 方世榮譯、Philip Kotler 著 (2003)，《行銷管理學》，東華書局，頁 221–238。

2. 李培齊、邱雅徽 (2000)，〈企業倫理決策中道德判斷與懲罰機制對認知失調之研究〉，《淡江人文社會學刊》，第 5 期，頁 161–181。

3. 李正文 (2004)，〈中小企業經營倫理與銀行融資決策關係之研究〉，《2004 第二屆新世紀優質中小企業經營理念和價值創造研討會》，豐群基金會、輔仁大學管理學研究所、輔仁大學企業管理學系，10 月，頁 68–84。

4. 黃春進編著 (2000)，《行銷管理學》，新文京開發出版，頁 76–79。

5. 曾光華 (2004)，《行銷管理：理論解析與實務應用》，前程企業，頁 131–133。

6. Assael, Herry (1995), *Consumer Behavior and Marketing Action*, Ohio: South-Western College Publishing.

7. Engel, James F., Roger D. Blackwell and Paul W. Miniard (1995), *Consumer Behavior*, 8th ed., The Dryden Press.

8. Goulding, Paul E. (1998), "Q&A: Making Uncle Sam Your Customer," *Financial Executive*, May–June, pp. 55–57.

9. Howard, John A. (1994), *Buyer Behavior in Marketing Strategy*, 2nd ed., Prentice Hall.

10. Katz, Daniel (1960), "The Functional Approach to the Study of Attitude," *Public Opinion Quarterly*, Summer, pp. 163–204.

11. Kotler, Philip and Sidney J. Levy (1969), "Broadening the Concept of Marketing," *Journal of Marketing*, January, pp. 10–15.

12. Lutz, Richard J. (1991), "The Role of Attitude Theory in Marketing," in Kassarjian, Harold H. and Thomas S. Robertson (ed.), *Perspectives in Consumer Behavior*, 4th ed., Prentice Hall.

13. Maslow, Abraham (1954), *Motivation and Personality*, New York: Harper and Row, pp. 80–106.

14. Milliman, Ronald E. (1986), "The Influence of Background Music on the Behavior of Restaurant Patrons," *Journal of Consumer Research*, Vol. 13, September,

pp. 286–289.

15. Murphy, Patrick E. and William A. Staples (1979), "A Modernized Family Life Cycle," *Journal of Consumer Research*, June, pp. 12–22.

16. Plummer, Joseph T. (1979), "The Concept and Application of Life Style Segmentation," *Journal of Consumer Research*, June, pp. 12–22.

17. Rogers, Everett M. (1962), *Diffusion of Innovations*, New York: The Free Press.

18. Solomon, Michael R. (1994), *Consumer Behavior*, 2nd ed., Allyn and Bacon.

19. Wells, William D. and George Gubar (1966), "Life Cycle Concept in Marketing Research," *Journal of Marketing Research*, November, pp. 355–363.

第五章

組織購買行為

　　2002 年就我國而言，已多達 348 項政府及國營企業廣告推出，其中以行政院的廣告花費最高，至於其他機構都只有千萬元，相比起來，經濟部國營事業的預算較多，尤其是遭逢民營企業挑戰的中華電信、臺灣菸酒公司、中油來說，即使適逢不景氣，近年廣告預算都達上億元且有成長，以中華電信為例，一年的廣告預算為 4-5 億元，都是廣告業者爭取的大客戶。雖然，國家施政文宣和國營企業產品廣告量計算，僅占臺灣廣告總量約 8,301 億元的 1.3%（約 11 億元），以廣告主排名來看，雖然比不上企業廣告大戶寶齡 **(P&G)** 的 19 億元、聯合利華 **(Unilever)** 的 15 億元，但是較統一企業的 10.8 億元、花王公司的 9 億元、留蘭香公司（箭牌口香糖）都要多。由此可見，類似政府機構等之組織購買者也具有相當大的購買力，該市場對於行銷人員將有不可忽視的龐大商機。

第一節

組織市場的涵義

　　Webster and Wind 將組織市場區分為：企業市場 **(business markets)**、機構市場 **(institutional markets)** 和政府市場 **(government markets)**；定義「組織購買行為」為正式組織已建立產品及服務的需求、確認、評估和選擇品牌及供應商的決策過程。

　　組織購買者不是最終消費者，通常組織是為了基本目的（如組織績效或賺取利潤）而購買，他們買的貨物和服務，要符合供應他們自己市場的貨物和服務的需求，換句話說，他們的基本需求是滿足他們自己的顧客和委託人，這也就是所謂的「衍生需求」**(derived demand)**。因此，組織的購買行為與消費者的購買行為有很多相異之處，行銷者必須深入瞭解組織購買決策與影響組織購買行為的主要因素，才能在組織市場中立足。

　　組織購買不同於一般消費者購買在於：⑴組織購買財貨、服務是為了滿足各

種目標：創造利潤、降低成本、符合員工需要與符合法律義務。而消費者是為了滿足個人或家庭的消費需要而購買。(2)基本上，參與組織購買決策的人比消費者購買較多，特別在採購重要項目時。(3)組織購買者須留意組織所建立的正式採購決策、限制與要求。(4)組織購買需要購買文件，例如申請單、提案與採購合約等。

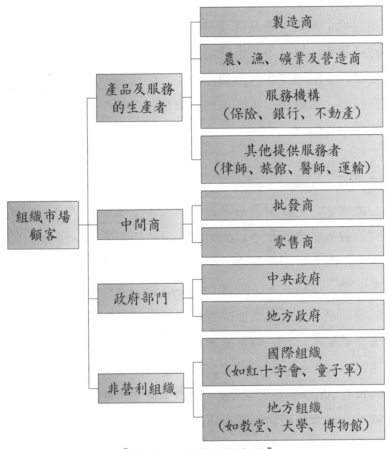

【圖 5.1　組織市場顧客】

　　組織市場顧客是指任何購買產品後，再將之賣出或製造其他產品和服務的購買者。圖 5.1 顯示這些是市場中不同類型的顧客，包括產品及服務的生產者（工業、製造商、服務業）、中間商、政府部門和非營利組織，服務這些顧客有很大的行銷機會。這些不同的顧客做許多不同的工作，但各種不同型態組織的購買行為仍有許多相同的特點，所以一個行銷經理需要在這些不同的組織中設法歸納出一個趨於一致的購買行為，以進行行銷策略的規劃。

第二節

組織市場需求

組織市場包括企業購入產品與服務，用以生產其他產品及服務，再銷售給其他組織用戶或消費者，或是為了進行組織的作業，這是一個非常龐大且複雜的市場。除了製造業，組織市場亦包括農產市場、中間商、政府機關、服務業、非營利事業，以及國際企業機構。組織市場與消費者市場不同，主要在於組織市場有如下四種不同需求特點。

一、衍生需求

組織產品的需求，主要來自於消費者對該產品的需求。因此，鋼鐵的需求程度，部分需視消費者對汽車和冰箱的需求，另外也視奶油、棒球手套和 CD 唱盤的市場需求而定，因為生產這些產品所需的工具、機器和其他設備都是鋼鐵製造的。當棒球手套需求增加時，威爾森 (Wilson) 運動器材公司可能採購較多臺數、有鋼鐵零件的縫紉機，而且為增加的管理人員購買鐵製辦公隔間。

組織市場需求來源，有二個重要的行銷涵義。第一，預測產品需求時，行銷人員必須非常瞭解該產品如何被使用。有些公司容易預測產品需求，像噴射機製造商普惠 (Pratt & Whitney) 公司即是。但對生產塑膠圈（用來結合東西的各種圓形套環）廠商呢？就需要相當研究才能確定用途和使用者。第二，企業產品製造商需要協助銷售客戶的產品。例如，英代爾 (Intel) 公司直接向消費者廣告，促使消費者購買個人電腦時必須要求採用英代爾的記憶晶片。類似情形，例如紐特阿斯巴甜 (NutraSweet) 公司正專心致力於為消費者發展或建立食品成份系統，利用紐特阿斯巴甜品牌的甜味料和所有天然油脂替代物來降低食品和飲料中的糖份和脂肪。公司推出消費者廣告活動，希望建立消費者購買餐用紐特阿斯巴甜甜份食品之忠誠度。其用意在於，這些消費者對產品需求增加時，相對的亦提昇對該產品原料的需求。因此，1992 年美國市場專利到期時，如預期的許多競爭者進入代用糖的產品市場。但令人意外的，兩家最大的顧客可口可樂、百事可樂 (Pepsi) 公

司不約而同的分別與紐特阿斯巴甜簽訂長達十年的採購合約，以穩固彼此間的供應關係，原因是紐特阿斯巴甜轉換價值的策略非常成功，而紐特阿斯巴甜也將成本降低的利益，以降價方式回饋給客戶，彼此獲得雙贏 (win-win) 的結果。

二、需求缺乏彈性

所謂需求彈性 (elasticity of demand)，是產品價格變動引起對應需求變動的幅度。很多組織產品的需求是相對較不具彈性，意即價格的改變對需求的變化不大。造成需求缺乏彈性的二種情況如下：

1. 材料或原料成本僅占成品總成本的一小部分

噴射客機製造廠波音 (Boeing) 公司的供應商超過 1,200 家，美國粗麻布國際公司 (Huck International) 供應航空用的固定物。雖然固定物屬於重要零件，不過其成本僅占噴射機總價的一小部分，所以其價格上漲或下降不太可能改變飛機總價，因此，對噴射客機的需求不變。即使價格昂貴的資本設備如組裝汽車的機器人，將成本分攤在組裝汽車的數量上，則僅占每輛車總價非常微小部分。電腦廠商也不會因滑鼠價格的變動而大幅增減電腦的採購量。

2. 零件或原料無替代品

1990 年代中期由於白色紙漿供應來源短缺，價格上漲超過 50% 以上。紙是目錄和雜誌的主要來源，在無替代品的情形之下，這些產品廠商只有忍痛購買。但目錄和雜誌出版商卻無法將上漲的成本轉嫁到消費者身上，因為如果價格上漲太多，對他們的銷售量將會有影響，因為這可能使消費者卻步。不過，就長遠來看，這些目錄廠商和其他倚賴紙漿的企業，將會尋找其他的溝通訊息管道，以減少紙張的使用，例如藉由網際網路的方式。

從行銷觀點來看，有三個因素可以緩和組織需求缺乏彈性的情況：

1. 僅有一家廠商改變價格

用於噴射機的航空公司固定物價格如果是整體產業大降價，對噴射機的價格幾無影響，對波音飛機的需求亦無任何影響。因此，對固定物總需求無任何改變。不過如果是單一企業的價格改變，該企業固定物的需求就可能有大的改變。如果某家供應商大幅降價，可能搶到競爭者的生意。短期間，單一企業的需求曲線很有彈性，不過其優勢可能僅是短暫的，因為競爭者幾乎會想任何辦法來奪回失去

的生意。

2. 採用長期觀點

就長期而言，某組織產品的需求則較有彈性。如果女士套裝布料價格上漲，可能對服裝的製成品價格不會有太大影響。不過，布料成本的上升可能在下一年調高衣服售價以反映成本。因此，價格上漲可能在一年或一年以上影響套裝的需求量，因而再影響布料的需求量。

3. 某項企業產品的成本占成品總成本相當大

組織產品占成品總價的比例越高，該組織產品的需求彈性就越大。例如番茄是番茄汁的最主要原料，假設番茄價格暴漲，飲料商不得已將上漲成本轉嫁給消費者而提高番茄汁價格，但市價太高造成消費者不願購買，因此飲料商可能大幅減少番茄的採購。

三、需求波動大

雖然大部分組織產品的需求不會因價格的改變而大幅改變，不過需求卻會因其他因素而改變。事實上，大部分組織產品的市場需求比消費性產品的需求波動還大。裝設需求（主要的廠房設備、工廠等），特別會受影響而改變。附屬設備（辦公傢俱和機具、運輸卡車及其他類似產品）的市場需求也有很大的波動性。成品的需求有波動，連帶加重對原料和組裝零件需求的波動。當營建和汽車產業的需求改變，將影響木材、鋼鐵和其他原料與零件之需求。例如，生產卡車的柴油引擎公司納維斯塔 (Navistar)，因市場對貨車、小型貨車和運動賽車的需求增加而受益匪淺。

此種波動的主要原因是，個別企業常擔心當消費性產品需求增加，就會有庫存短缺情形，或消費性產品需求下降，庫存就會過剩。因此，他們可能對經濟訊號過度反應，當經濟成長訊號出現時，增加存貨；有景氣下降徵兆時，則降低庫存。如果加總所有個別企業的活動，對供應商的影響是需求波動相當大。這就是所謂的加速理論 (acceleration principle)。但用於再加工的農產品是例外情形。因為人必須吃，所以對肉製加工品、冷凍水果與蔬果或罐頭，以及用在穀類早餐與烘烤食品的穀物與乳製品等需求相當穩定。

組織產品需求的波動，將影響各項行銷計畫。在產品計畫方面，需求波動可

能刺激企業邁向多元化產品，以平衡生產與行銷問題。例如，**IBM** 的經營重心從大型主機電腦走向軟體和顧問服務，配銷策略亦可能受到影響。當需求下降，生產廠商可能發現銷售給中間商的獲利不高，所以不透過中間商管道。在訂價上，管理階層為因應銷售量的下降，可能採取削價方式吸引競爭者的客戶。面臨進口鋼鐵與替代產品（如鋁和玻璃纖維）的長期挑戰，伯利恆 **(Bethlehem)** 鋼鐵公司已多次降價。

四、買方有充分資訊

　　一般而言對採購產品，組織採購比最終消費者更有充分的資訊。他們更瞭解供應來源與競爭產品，主要原因有三項。第一，企業採購者的可選擇替代方案較少。一般消費者比企業採購者有更多品牌和銷售商店可供選擇，例如想買一臺電視機，有很多選擇方案。不過，在大部分的組織採購，採購者只有數家能提供所需商品組合和服務的廠商可供選擇。第二，每一家組織的採購人員一般都僅負責數項產品的採購。與購買很多不同產品的一般消費者所不同的是，採購人員必須充分瞭解所負責的幾項產品。第三，大部分消費產品的購買，買錯僅造成一些不便而已，但是若組織採購錯誤，可能造成相當大額的損失，甚至負責採購的人員必須為此辭職。

　　在組織行銷上資訊的重要性有二種涵義。第一，意味著銷售組織產品比消費性產品更注重人員銷售。必須仔細挑選企業銷售人員、提供適當訓練，並給予合理報酬。他們必須做銷售展示，並在銷售前後負責滿意的客戶服務。銷售主管必須分派適合的業務人員負責重要客戶服務，以確定這些業務代表可配合企業的採購人員。第二，對採購與銷售人員而言，資訊是非常重要的，而且網際網路提供更方便獲取資訊之管道，讓採購人員可以在短時間內評估很多家供應商的投標。諸如此類的線上拍賣服務提供了前所未有的購物比較。網際網路亦讓採購人員更有效率地凝聚採購力，已獲得最好的採購價格。由內部網路結合各部門的採購需求，再透過網際網路採購，為奇異公司每年 10 億美元的採購金額節省了 20%。最後，網際網路為買賣雙方擴大了接觸區域範圍。以前僅作國內生意的企業發現，網路有很多全新的生意機會。

第三節

組織市場需求的決定因素

基本上，影響組織市場的因素，包括購買規模與類型、購買力、購買動機及其購買行為特色。

一、組織的購買規模與類型

(一)組織的購買規模

相較於消費市場，組織市場的採購家數較少。以美國來說，有 2,000 萬組織用戶，而消費者則達 2 億 7,000 萬人，分散在 1 億個家戶中。組織市場更有其侷限性，因為大部分公司僅作一小部分市場的生意。例如，銷售給美國燈泡製造商的企業，只要接洽 39 家公司即可涵蓋整個產業的 97% 產量；4 家生產鉛筆芯公司的產能即占全國需求量的 78%；8 家公司製造了全國 85% 的家用吸塵器。因此，組織市場的行銷主管可以依據產業別和地理區域，甚至再細分各種前景等，即可明確找出所要的市場。

雖然組織市場買主家數很有限，不過其規模卻相當強大。例如小部分企業即占生產附加價值很高比例。附加價值 (value added) 即企業的產出價值減去投入成本的相差金額。假設製造商購買 40 美元的木材，製成價值 100 美元的桌子，該廠商的附加價值即為 60 美元。根據美國的生產統計調查 (census of manufactures)，針對雇用 500 人以上的企業，其中不到 2% 的企業即占生產附加價值總金額的 50%，並雇用了生產勞工總數 40%。相對地，低於 100 人企業家數占了所有企業家數的 90%，但所生產的附加價值僅占 23%。

這些事實對行銷的意義在於，很多組織市場的購買力集中在相對少數幾家手中，例如很多產業的銷售量是由少數幾家企業所負責，此一現象在某些主要產業特別明顯，如汽車、電腦主機與噴射機，其他很多較小的產業也有相同情形。當產業僅有數家企業時，供應商就有機會可直接與之接洽，因此中間商在組織市場並不常見。

當然，以上僅是對組織市場的概括性歸類，並未考慮各產業企業集中情形的差異。在某些產業如女性服裝、家飾傢俱、天然與加工起司，以及預拌混凝土，就有很多供應商，是屬於低度集中的產業。不過，即使是低度集中產業，仍比消費市場集中。

(二)組織的類型

1.區域集中特性

整體而言，很多產業與組織用戶顯示相當的區域集中特性。一家銷售採銅礦產品的企業發現，美國市場大部分集中在猶他和亞利桑那州。另外有很多美國製造的鞋子都來自美國東南部。由美國八個州所組成的中亞特蘭大與東北中部人口統計區域 (the Middle and East North Central census regions) 即占了全國生產附加價值總值的 40%。十個標準大都會區 (standard metropolitan areas) 即占了 25% 的美國生產附加價值總值。

2.垂直與水平企業市場

企業規劃行銷策略，必須瞭解產品是屬於垂直或是水平市場。當企業的產品供所有企業使用，即為垂直企業市場 (vertical business market)。例如，飛機降落裝置主要針對飛機專業製造廠市場，任何飛機工廠也是潛在客戶。所謂的水平企業市場 (horizontal business market)，即是企業的產品可用於很多產業。企業用品如美國第一品牌賓州石油 (Pennzoil) 所生產的潤滑油、奇異的小型馬達，和 **Weyerhauser**（世界最大的聯合林產品公司之一，主要參與生長和收穫木材、林產品製造、發行和銷售、房地產建築、發展等相關活動）的紙品等，都是水平市場的例子。

一般的企業行銷計畫將受到市場垂直或水平的影響。在垂直市場，產品可特別訂製以符合某一產業的特定需求。不過，該產業的採購量必須夠大才能專門訂製。再者，垂直市場更是能有效運用廣告與人員銷售。就水平市場，產品的開發生產是以多用途為目的，以期能用在更廣大的市場。由於是更廣大的潛在市場，產品將面臨較激烈的競爭。

二、組織的購買力

組織市場需求的另一項決定因素是其購買力 (buying power)。組織的費用支

出或其銷售額可以衡量企業的購買力。但這些資訊不易獲得，亦難以預估，購買力的活動指標 (activity indicator of buying power) 及有關銷售和費用支出的市場因素，可間接預估企業的購買力。有時一項活動指標，即代表合併測量購買力與組織用戶家數。在美國，從地方政府到聯邦政府單位均提供各種有用的統計資料。

企業或許以員工人數、廠房數量或是生產附加價值等列為企業活動指標。以一家銷售工作手套企業為例，以各地區生產事業員工人數，決定較具吸引力的地理區域。另一家銷售控制蒸氣污染產品的企業，則以二種指標來預測可能的需求量：(1)木製產品加工廠家數（紙廠、合板工廠等）和(2)這些工廠的生產附加價值。採礦廠家數、產量、出礦廠產品的價值金額等可測量採礦廠和相關公司的購買力。行銷農產品或設備的企業，可依據如農田現金收入、商品價格、耕種英畝數或農作物產出量等指標預測農業市場的購買力。一家銷售產品給肥料工廠的化學工廠，可以研究相同的指標，因為化學用品的需求來自於肥料需求。如果一家企業行銷建築材料，如木材、磚、石膏產品或建造硬體，其市場則是依靠營建活動，其活動可由建築核准許可張數與金額測量之。

三、組織的購買動機

組織的購買動機 (buying motives)，影響了其採購的需求。組織的領導風格、文化、目標、策略、組織結構、獎勵制度、生產方式等，都會影響組織的購買行為。一般而言，組織採購是有規律、有組織性的。因此組織採購動機大部分被認為是實際性的，且不具有個人情緒，將採購的產品價格、品質和服務作最佳的組合，以達成組織目標。

另一種看法是，組織採購人員亦是個人，他們的態度、認知和價值觀將影響組織的決策。事實上，個人目標比組織目標更能激勵採購人員，因而組織採購人員有二個目標：提升公司的地位（獲利、被社會接受），以及保護或提升他們在公司的職位（個人利益）。如果兩者目標越趨一致，對組織和個人則越好，且越容易作成採購決策。

然而有些時候，採購人員的個人目標可能和組織目標不一致，例如當企業堅持向最低價的供應商採購，但是採購人員可能與另一家建立關係而不願意更換。在此情況，銷售人員必須作出二種訴求，即理性的「對公司有何益處」訴求以及

感性的「對採購人員本身有何益處」訴求。當二家或二家以上競爭廠商供應相同的產品、價格與售後服務時，促銷訴求則應針對採購人員的利益。

四、組織的購買行為特色

組織的購買行為與消費市場差異甚大。在組織市場，直接採購（無中間商）甚為普遍，採購頻率低，訂單亦較大，議價期間較長，互惠性採購也甚普遍，對產品服務的需求較高，對供應商來源的依靠亦甚殷。最後，租賃（非擁有財產所有權）在組織採購中非常普遍。

(一)直接採購

在消費市場，除了服務外，消費者很少直接向製造商採購。在組織市場，企業用戶直接向產品製造商採購則非常普遍，尤其當訂單非常大或需要技術協助時。由於記憶體技術變化非常快，微處理器和半導體製造商如英代爾和微米科技 **(Micron Technology)** 公司（操作微米製造和銷售特拉姆、閃存、CMDS 圖像傳感器、其他半導體組分以及用於前進計算、網路之記憶模塊等），就直接接洽個人電腦公司。從賣方觀點來看，直接向組織市場銷售是可以理解的，主要因為買家數較少、或公司較大、或具有地理區域集中性。

(二)採購頻率

在組織市場，有些產品購買次數不高，大型設備多年才採購一次。生產產品所需的小零件和材料的採購，可能採用長期合約的訂購方式，因此銷售機會少到可能只有一年一次。對於一般企業作業用品，如辦公室用品或清潔用品，可能每月僅採購一次。由於此種採購模式，企業銷售人員的銷售壓力就大增，銷售小組必須經常拜訪客戶，讓客戶熟悉公司產品，並瞭解企業何時採購。

(三)訂單規模

一般企業訂單量高於消費者的訂單甚多。此一情況，加上採購次數少，更突顯組織市場每張訂單的重要性。工廠位於芝加哥的威爾遜 **(Verson)** 公司，所生產的壓鑄鋼板，是銷售給家電用品製造商和汽車製造廠。該公司最新產品規格為高 49 呎、重 500 萬磅。最近戴姆勒克萊斯勒 **(DaimlerChrysler)** 公司採購三片鋼板，每片價格 3,000 萬美金。有鑑於汽車廠商家數少，且廠商很久才會用到此種鋼板，對 Verson 公司來說每次銷售機會就顯得非常重要。

(四)議價時間

企業銷售的議價期間通常比消費產品交易時間長，其原因包括：(1)數位主管一起參與採購決策。(2)銷售訂單金額龐大。(3)企業產品是訂製的，需要花費相當時間以確定產品規格。

(五)互惠採購

具有高度爭議的組織採購方式為互惠採購。簡單來說，如果你向我購買，我就向你採購。傳統上，互惠採購方式較常見於行銷同質的基本企業用品（油、鋼鐵、橡膠、紙品和化學產品）。

互惠性採購目前較少見，但尚未完全絕跡，原因有二：法律與經濟問題。在美國，聯邦貿易委員會 (Federal Trade Commission) 和美國司法部的反托辣斯分部二個單位，禁止有系統地採用互惠方式，尤其是大企業。企業可以向客戶採購，但必須證明在價格、品質或服務未受到特別優惠待遇。從經濟角度來看，互惠採購並不合理，因為賣方所提供的價格、品質或服務可能無競爭力。此外，如果企業無法達成最高獲利目標，銷售團隊和採購部門的士氣可能受到影響。世界仍有些地方，互惠採購被視為理所當然，因此常成為企業經營海外市場所面臨到的問題。

(六)預期服務

希望獲得最好服務是組織採購的強烈動機，可能因此影響採購的方式。由於產品本身已非常標準化，在任何公司均可購買到，所以企業唯一差異化是公司的服務。以生產辦公大樓或旅館升降梯供應商為例，安裝升降梯之重要性僅止於保持升降作業的安全與效率。因此，其行銷重點，就如同通力電梯 (Montgomery Elevator) 公司，強調維修服務和產品本身同樣重要。

賣方必須能提供銷售前後的服務。例如，供應商如卡拉弗特 (Kraft) 食品公司，先針對超級市場客戶與銷售狀況進行詳細的分析，之後才在該店的乳製品部門提供產品組合與商店陳設方式之建議。另以辦公室影印機為例，製造商訓練企業員工如何使用機器，機器裝好後，再提供其他服務如專業維修。

市場導向的企業瞭解提供特別服務的價值。假設當全球百事食品 (Frito-Lay Worldwide) 公司一家工廠機器上的一個計時帶突然故障，公司經理聯絡附近一家供應商銀泰科技 (Precision Motion Industries, PMI) 以獲取替代品。一般緊急送貨

需時一小時，然而，當天大雨，將公司所在小鎮的交通隔絕了。PMI 公司老闆立即借用小飛機，由飛行員駕駛飛往該公司廠房，將所要零件投擲給在地面等待的經理。PMI 公司此筆生意必定虧錢，不過該公司卻幫忙該廠避免遭受 25,000 磅馬鈴薯的損失，可能因此獲得一個永久客戶。

(七)供應來源的依賴程度

另一種企業採購方式是，使用者堅持獲得適量、品質穩定的產品供應來源。如果用於製造成品的材料品質不穩定，對製造商可能造成很大的問題。如果瑕疵品超過品管標準，可能面臨生產斷線的高額損失。企業強調全面品管，增加對供應來源的依靠。由於企業認為可達到實際零缺點品質，所以企業期望採購產品的品質非常高。

適量與品質優良一樣重要。如果因原料不足造成生產線停工，所損失的成本與材料品質問題一樣高。不過，企業並不希望事先超量採購，因為如此公司資金可能凍結在大量庫存上。為了讓供應商能夠符合採購企業所需，及時提供適量產品以供生產，即及時交貨 **(just-in-time delivery; JIT)** 方式，雙方必須交換大量資訊。例如，福特汽車公司准許供應商查詢公司詳細的生產計畫，以便生產線需要重要零件時，供應商可及時供應商品。

(八)租　賃

在組織市場，很多企業租賃企業產品，而非用購買方式。過去，租賃方式僅限於大型設備，如電腦系統 **(IBM)**、包裝設備 **(American Can Company)**，和重型營建設備。現在工業界的企業擴大使用租賃方式，包括運輸卡車、銷售人員的汽車、工具機，以及其他比重大設備較低價的產品項目。

租賃方式對出租人（提供設備的企業）有幾種好處：

⑴淨收入總值（扣除維修和保養費用），通常比採用出售方式高。

⑵出租人的市場可能擴及無力購買的企業，尤其是大型設備（例如：彩色影印機）。

⑶租賃讓使用者得以嘗試採用新產品。租用方式可能比採購更受企業歡迎。

如不滿意產品，企業支出僅限於幾個月的付費而已。

從承租人（客戶）的觀點，租賃優點如下：

⑴租賃讓企業可以將投資資金用於其他用途。

⑵讓企業可以較少的資金投資新事業。

⑶租賃產品的維修通常由出租人負責,為企業解決這類的頭痛問題。

⑷租賃對於季節性、偶發性設備需求的企業 (如食品罐頭製造業或營建業),
特別具有吸引力。

㈨電子商務

組織行銷與消費行銷最大差異點在於產品的訂製。由於採購產品對於買方企業的作業很重要,企業產品通常必須加以修正,以符合使用者的特殊用途。例如,北美 Freightliner 卡車製造商和客戶共同合作設計符合採購企業需求的卡車。如此,需要不下數百種有關決策,從引擎類型與尺寸到外面鏡子的形狀等。前述威爾遜公司生產的壓鑄鋼板,每片需費時十八個月生產以符合採購企業的特殊需求。因此,需要在買賣雙方各層級和部門發展出密切和個人化的工作關係。

不過,仍有很多企業採購標準化的產品。例如大量的塑膠、柴油和鋼鐵原料,以及很多低科技的標準化產品如辦公室用品、保養產品和大量採購的零組件等,就不太需要買賣雙方的互動。越來越多企業使用網際網路,讓採購標準化產品更便利。例如福特汽車公司在 2003 年以前,已將該公司 150 萬項與生產無關的產品的年度採購改為上網採購。

另外,在網際網路互動與交易的電子商務 (electronic commerce),FreeMarkets公司推出的反拍賣方式,正逐漸受到大家的歡迎。再者,電子看板 (賣方可張貼報價、可能買主則貼出需求) 的應用正快速擴大中。網路企業如 Ariba 和 Commerce One (兩家皆為「企業對企業」"B2B" 的主流廠商),讓買賣雙方可以 24 小時同步相互接觸。電子商務並無法改變所有企業的行銷方式,大部分的情況仍需有個人關係。不過,線上企業交易的衝擊與成長已是一項主要發展趨勢,需要企業行銷人員的注意。

第四節

組織的購買行為

和消費者購買行為一樣,組織採購行為亦由需求所引發,並引導設計出可滿

足需求的目標導向活動。同樣地，行銷人員必須設法確定採購者的動機，之後必須瞭解企業的採購程序和採購模式。實際過程和消費者決策過程非常類似，除了影響因素不同。圖 5.2 為組織購買行為的主要影響因素。基本上，組織市場需求屬於衍生性、不具彈性，且會大幅波動。通常組織採購人員對所購買的產品擁有充分的資訊，更具策略性。分析組織市場，是依據評估企業用戶家數與種類和其購買力而定。企業逐漸趨向採購多、自製少、時間和品質壓力大，而且與供應商發展長期的夥伴關係。

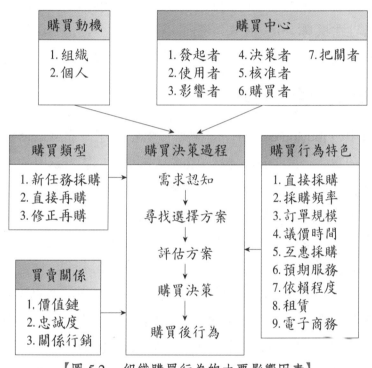

【圖 5.2　組織購買行為的主要影響因素】

一、組織購買的重要性

　　以前組織採購活動在企業中是屬於較不重要的單位，現在則是高階管理階層的興趣焦點。以前採購被視為獨立活動，主要的目的僅是尋求最低價，但現在卻在企業整體策略中占據重要地位，主要有三個原因：

　　(1)企業作得多買得少：例如，豐田汽車公司每年從美國數百家供應商採購零

件、材料和服務之金額高達 80 億美元，用於美國和海外生產據點所需。當外部供應商變得如此重要時，採購變成策略性議題。

(2)企業受到強大的品質與時間壓力：為了降低成本、提升效率，企業不再容忍有瑕疵的零件。70% 的生產零件和材料是由供應商提供的戴姆勒克萊斯勒汽車公司，在供應商的配合下，實施一項複製品質和創意的計畫，稱為供應商降低成本運動 (supplier cost of reduction effort; SCORE)。該計畫刺激供應商降低成本，或在同樣成本下加強產品功能。此外，該公司亦實施一項同步電腦系統，讓供應商可以每日查詢他們的零件性能。

(3)企業專注在採購：企業往來供應商家數越來越少，但卻與他們發展長期合作關係。此種關係超越一般採購，甚至一起研發新產品及提供財務支援。

二、參與購買過程人員

所謂購買中心 (buying center)，即參與決策過程，並享有共同目標及承擔決策風險的所有人和團體。這些人員包括了企業內部與外部影響採購的人員，以及最後的決策人員。一般而言，購買中心的成員並不是正式指定的，亦即並無所謂的購買中心成員名單。對於企業對企業的行銷來說，最大的挑戰在於確認購買中心的成員以及他們在特定採購案所扮演的角色。

根據研究報告顯示，一般購買中心的成員從三人到五人。換言之，有多重的採購影響力，尤其在中型和大型企業中。即使在小企業裡，老闆兼主管作所有決策，有些在產品採購前，老闆仍會徵詢較有知識員工的意見。購買中心的規模和組成，視產品成本、決策的複雜程度以及採購過程的階段而有所不同。對於辦公用品重複的購買中心，必定迴異於負責選購大樓或卡車車隊的購買中心。因此，成功的推廣銷售並不能只針對單一採購人員，而是要掌握整個購買中心的情況。購買中心的成員包括：

(1)發起者 (initiators)：第一個提出購買建議的人，例如行銷人員接獲顧客對產品的抱怨而建議更換產品配件。

(2)使用者 (users)：實際使用企業用品的人，可能是秘書、主管、生產線工人或卡車司機。

(3)影響者 (influencers)：訂立規格的人，或因技術專業、職位或企業的政治勢

力對採購決策有影響力的人。

⑷決策者 (deciders)：對於產品和物料採購，實際作採購決策的人，即在組織中有權選擇或批准供應商的人，經常是採購代理人決定小採購，但上層決定大型採購。對於重複性採購，採購人員可能就是決策者。但是某高階人員則是購買昂貴電腦系統的最後決策者。

⑸核准者 (approvers)：核准決策者或購買者所提議的購買行動，通常主管會給下屬一定的決策權限，在這個授權範圍內，決策者或購買者有某種程度的決定權。

⑹購買者 (buyers)：與供應商互動溝通的人員，負責訂定採購條件和處理實際採購訂單。通常這些都是採購部門的工作，但如果是採購昂貴、複雜的新產品，採購者的角色可能由最高階管理人員擔任。

⑺把關者 (gatekeepers)：負責控制企業內部及企業可能供應商採購資訊流通的人員。這些人可能是採購管理者、秘書、接待員或技術人員。

有些人員可能扮演同一角色。例如，公司會計人員和產品設計人員使用同 PC 的目的不同，因此偏好的品牌可能不同。或者，同一人可能扮演數種角色，例如採購文書處理設備，秘書可能就是使用者、影響者和把關者。

由於任何採購決策是由各種不同人員所促成，加上不同企業有不同的採購文化，對銷售人員是一大挑戰。當想瞭解哪些人員在採購中負責何種工作時，業務代表經常拜訪不同的購買中心成員。即使知道誰是決策者還不夠，因為這些人員可能難以接觸到，而且採購決策過程之中，人員會進出購買中心。這就是為何業務人員通常只負責幾位主要客戶的部分原因。

三、購買類型

消費者的採購可從例行性採購到複雜的採購決策。相同地，組織採購情形差異甚大，如複雜性、參與人數以及所需時間。組織的採購類型 (buy classes) 包括新任務採購 (new-task buying)、直接再購 (straight rebuy) 和修正再購 (modified rebuy) 三種（表 5.1）。

(一)新任務採購

這是最困難也最複雜的採購情況，發生在一個組織有新的需要，以及購買者

想要大量的資訊時。新任務採購可以牽涉到設計產品說明書，評估供應來源，和建立訂購慣例，如果結果令人滿意，未來可以遵循。由於新採購案風險較大，一般新任務採購需要有更多人參與採購，因此多重採購影響力通常發生在此處，多重採購影響力意指許多人（或許包括上層管理當局）參與採購決定。

表 5.1　企業的採購類型

購買類型	複雜性	時　間	供應商數目	應　用
新任務採購	複雜	長	許多	經常購買的例行產品,例如印表機的色帶。
直接再購	簡單	短暫	一個	例行購買但有更改的可能性,例如航空旅遊計畫。
修正再購	中度	中等	少數	昂貴。很少購買的產品,例如百貨公司的新立地地點。

	行銷來源	非行銷來源
人際來源	銷售人員 供應商銷售人員 貿易展	購買中心人員 公司外機構 顧問與專家
非人際來源	貿易廣告 銷售文案 銷售目錄 網頁	評估服務 貿易協會新聞 產品目錄 網路訊息

圖 5.3　組織顧客使用資訊的主要來源

　　從事新任務採購的決策者因為對新產品少有經驗,需要多方的資訊(圖 5.3),而且評估選擇方案也很困難,而需要多少資訊則由購買的重要性與不確定程度來決定,如果為了一個小小的採購而花大量的時間和金錢會不敷成本,但重要的採購就需要許多偵測的工作。銷售人員亦必須努力瞭解採購人員的需求,並與之溝通確認產品的功能以滿足需求。例如醫院首次採購雷射手術設備,工廠購買機器人(或購買廠房)等,都可視為新任務採購。

(二)直接再購

　　這是一種例行性、低度參與的採購情況,以前可能採購很多次了,因此只需最少資訊,亦不必太考慮是否有替代案。採購人員與銷售人員的關係令人滿意,

不需另找供應來源，例如醫院床單與毛巾的例行性採購。這些採購是由採購部門所決定，通常根據事先決定的合格供應商名單。如果某廠商不在名單之列，可能不易向採購人員推展業務。購買者可能對追求新資訊或新供應來源不感操心，大部分的公司小量或重複的購買都屬於這類，但他們只占用組織購買者少部分時間。在例行訂購的情況下，成為長期固定供應者是很重要的。

因此對於直接再購，買方會在不考慮其他來源的情況下訂購。採購人員可能甚至不考慮其他潛在來源就下單了，賣方的銷售代表定時拜訪這些採購員，但不賣任何項目，他們只是要維持關係，成為一個來源，或指出可能會引起採購人員重新評估他以前的例行再購程序，而給予這銷售代表的公司更多生意的新發展。按慣例重購可以減少時間、議價與比價的風險。然而，網路購買的出現與線上下單系統的建置，使得企業為了方便而可能換掉原有的供應來源。

(三)修正再購

就時間、參與人數、所需資訊及考量選擇方案而言，此種採購是介於上述二者之間，例如，選購測試血清樣本的診斷設備，醫院可能考慮數家知名供應商，並評估新增加的產品特點。同樣地，某學區選購新課本時，將針對選定出版商名單所出版的課本作再評估。這是在決策過程中加入一些購買情境的檢視，但不像新任務採購那麼徹底，但又免於因享受例行再購而變得遲鈍，因此藉由修正再重購，蒐集更多資訊以提供更好的行銷組合。

四、組織購買決策過程

組織市場的購買決策過程，包含五個階段，但並非每一項採購都會經歷五個購買決策過程（表 5.2）。為瞭解其過程，假設大陸烘焙公司為了回應市場越來越注重營養的趨勢，正考慮使用脂肪替代品：

　(1)需求認知：確認採購的問題所在，並做一般需求描述。例如大陸公司行銷
　　　主管感受到很多消費者關心飲食的脂肪量，此時是生產高品質、口味佳的
　　　脫脂烘焙食品的良機，不過尋找正確的替代品則是一項挑戰。

　(2)尋找選擇方案：先訂定產品規格，接著尋求供應商，擬定可選擇的方案。
　　　例如，公司經理列出一張針對脫脂烘焙食品的功能表（外觀吸引人、口味
　　　佳且價格具競爭力，以及對脫脂替代品的要求），包括好用、合理價格和供

表 5.2　購買決策過程和購買類型的關係

購買決策過程	購買類型		
	新任務採購	直接再購	修正再購
1.需求認知	有	無	可能
2.尋找選擇方案	有	有	有
3.評估方案	有	無	可能
4.購買決策	有	無	可能
5.採購後行為	有	有	有

應來源。然後，採購部門尋找符合規格脫脂替代品品牌和供應來源。可能選擇方案包括寶鹼公司所生產的 Olean 產品、孟山都 **(Monsanto)** 的 Simplesse 產品、Staley 的 Stwella 產品等。

(3)評估方案：生產、研發和採購人員一起評估替代產品來源，邀請廠商作產品說明，並接洽可能供應商提供資訊。他們發現可能有些品牌不能耐高溫，可能各產品在仿傚脂肪口味與構造上有不同的差異，也可能食品與藥物管理局限制了使用某產品。整個評估過程還包括了產品功能與價格，以及供應商對交貨期和品質穩定的達成能力等。

(4)購買決策：根據評估方案，採購者決定某特定品牌和供應商。接著，採購部門議訂單合約內容，由於採購金額龐大，合約可能列有詳細條款，除了價格與交貨期，尚包括供應商協助大陸公司烘焙食品的行銷活動等條款。

(5)採購後行為：該公司繼續評估脂肪替代品的功能及選定的供應商，以確定兩者均能符合公司期望。未來是否再找其他供應商，端視此功能評估和供應商處理未來可能發生產品問題的能力。

五、買賣關係

從以上組織購買決策過程中所面臨的挑戰，凸顯整合企業銷售活動和企業採購需求的重要性。一項採購可被視為單一交易，或更多單位參與的廣大關係，以及不限定特定交易對象更廣大的互動關係。

很多行銷人員的焦點並不僅限於直接客戶，而是擴及連接買賣雙方之間一連串的關係。此一價值鏈 **(value chain)** 行銷方式考量供應商、製造廠商、配銷商和

最終使用者的角色，以瞭解每一種角色為最終產品所增加的價值，或是從最終產品所獲得的利益。

企業行銷人員更重視建立客戶重複採購的關係。研究發現，獲得重複採購的訂單，所花費的成本比開發新客戶少六倍。重複性採購主要來自於忠誠度 (loyal-ty)，即採購人員願意向銷售人員購買，而不特別努力評估其他替代方案。忠誠度需要買方高度的信賴。為了建立此種信賴所需投入的時間和努力，對買賣雙方來說都是大事業。例如，忠誠度涵蓋了共同分享有關成本、製程和未來計畫的資訊。針對所選定客戶進行長期、具成本效益和雙方互利、互信關係的過程，稱之為關係行銷 (relationship marketing)，是當今很多企業的經營目標。

有些傳統的經營方式實不利於建立關係。例如，以銷售量為業務獎勵方式，可能造成不重視客戶需求。部門成本中心可能使經理人將焦點放在降低成本而非服務客戶。再者，設立各部門績效目標之程序可能引發競爭，而非合作環境。

建立並維持關係可能需要改變企業的作業方式。例如，蘋果電腦公司過去曾完全依靠經銷商，但瞭解很多大客戶需要公司專屬的服務。為了滿足此一需求，並且與他們建立堅強的關係，該公司目前建立了自己的業務團隊，直接拜訪約1,000家大客戶。不過，這些業務團隊所接獲的訂單易直接轉給經銷商供應商品，讓經銷商亦受到保護。

第五節

政府市場

一、規模大和種類繁多

一些行銷人員忽略政府的市場，因為他們認為政府的繁文縟節比他的價值麻煩多了。他們可能不瞭解政府的市場真正有多大，政府在很多國家是最大的顧客團體。例如，大約 20% 的美國國民生產毛額被各種政府單位花費掉，那數字比一些國家的經濟大得多。在美國不同的政府單位一年花費了大約 1 兆 260 億美元去買各色各樣產品。他們不只有學校、警察部門和軍事組織，也包括超級市場、公

共設施、研究實驗室、辦公室、醫院，甚至還有飲料店，這些巨大的政府支出不能為積極的行銷經理所忽視。

二、競標採購方式

政府採購員被期望對於公眾利益能明智地花錢，所以他們的採購經常受到許多公眾的注意。為避免偏袒之嫌，大多數政府顧客以規格購買，使用強制的競標程序，通常政府採購員必須接受符合規格的最低價投標。你可以看見採購員書寫正確和完整的規格是多麼重要，否則，賣方可能提出一份符合規格，但並沒有真正契合所需的投標。因為法令，一個政府單位可能必須接受最低價標，即使為一份不重要的產品。

通常銷售員想要寫些意見到規格上，這樣他們的產品可以被考慮或甚至有優勢，即使並非最低價，但由於他們的產品最符合起碼的規格，因而得標。極端的情況是，一個想要特別品牌或供應商的政府採購員可能嘗試著把規格寫得沒有其他的供應商可以符合條件，採購員可能對此種偏袒有好的理由，因為產品可靠、快速運送或較好的售後服務。但行銷人員要對可能涉及的道德考量，法律要求政府顧客去招標，是為了增加供應商間的競爭性而非降低。幫忙規格書寫基本上違反這些法律的目的，會被視為非法的投標舞弊。

說明書和競標困難並非是所有政府訂購的問題。一些項目的購買頻率高，或有廣為被接受的準則，是屬於例行的購買，政府部門只是先依先前的價格下訂單，要搶得這生意，一個供應商必須成為被批准的供應商的名單上的一個，這個名單偶爾被更新，有時藉由一個投標程序，買賣雙方同意在某段時間內價格將維持不變。

有些不能容易被描述的項目，其契約可以經由協商來制定：諸如產品需要研發，或沒有有效的競爭性。依政府部門的涉入，契約可能需要審計和重新協商，尤其是立約者的利潤高出預期的時候。協商在政府採購上是重要的工具，所以一個行銷組合應該不只是強調低價而已。

三、瞭解政府需求

例如在美國，有超八萬三千個地方政府單位（學校地區、都市、郡、和州），

和做購買的聯合代理商一樣多。要維持他們所有的供應商幾乎是不可能的。潛在供應商應該注意政府單位的需求，以及學習其投標方法。行銷人員可以從各種政府刊物瞭解很多有關政府市場的目標，目標行銷在此種購買上很重要，確定行銷組合完全契合不同的政府目標和競標程序。

　　另外，銷售給外國的政府單位也是一種挑戰。在許多案例中，一公司必須得到本國政府的同意去銷售給外國的政府；而且，如果可以在當地取得的話，大多數政府契約偏愛本國的供應商。公共意向或者政府官僚制度可能使一個外國競爭者想得到契約變得更為困難。

四、採購協助

　　在一些國家中，政府官員期望疏通費以加速例行文書的處理、檢查、或地方官僚的決定。政府官員或他們朋友要求賄賂的費用以通過決定，在一些市場是常見的。在過去，一些國家來的行銷人員視這種賄賂為做生意的成本。然而，〈外國腐敗行為法案〉"**Foreign Corrupt Practices Act**" 在 1987 年由美國國會通過，禁止美國廠商付賄賂給外國官員，一個付賄賂或授權代理人付出的人會面對嚴屬的責罰。然而，這法律在 1988 年稍作修改，如果賄賂在當地文化是慣例的情況，則允許小額的疏通費用。也就是說，如果在外國的代理人私下賄賂，管理者可不必負責任。當一個行銷經理付給外國代理人的款項中，有一部分是用於賄賂政府官員時，一種道德的兩難就可能產生。

自我評量

1. 企業到底應該選擇一個或是多個供應商，該如何抉擇？
2. 組織市場上可以用品質、成本和交貨期等來做競爭，試問國內的營造市場比較偏重哪個層面？
3. 一個企業購買一般性的辦公室用品和昂貴的機器設備，這兩者之間的購買決策過程有何不同？
4. 影響政府採購者的因素有哪些？特別是在亞洲，有何特殊現象？
5. 比較統一超商與政府的採購程序有何不同？
6. 某大學的電算中心要採購一批昂貴的大型電腦設備，你認為購買中心要包括

哪些成員？

7. 利用網際網路上的 B2B 採購越來越普遍，請問網路採購的普及對組織的購買作業會產生哪些影響？

參考文獻

1. 李正文、陳煜霖，〈服務品質、顧客知覺與忠誠度間關係之研究：以行動通訊產業為例〉(2004)，《2004 年台灣科技大學第三屆管理新思維學術研討會》，國立台灣科技大學，11 月，頁 11–37。

2. 陳宏仁譯、William D. Perreault, Jr. and E. Jerome McCarthy (2002)，《行銷學：放眼全球行銷》，台灣西書，頁 192–194。

3. 黃營杉審閱、Michael J. Etzel, Bruce J. Walker, and William J. Stanton 著 (2001)，《行銷學》，美商麥格羅・希爾，頁 148–170。

4. Aeppel, Timothy (1999), "Bidding for Emits and E-Bolts on the Net," *The Wall Street Journal*, Mar. 12, p. B1.

5. Atkinson, Helen (1999), "Shippers Buy Transport Tickets at Auction," *The Journal of Commerce*, June 30, p. 6.

6. Bearden, William O., Thomas N. Ingram and Raymond W. Laforge (1995), *Marketing: Principles and Perspective*, Richard D. Irwin.

7. Dawes, Philip L., Don Y. Lee and Grahame R. Dowling (1998), "Information Control and Influence in Emergent Buying Centers," *Journal of Marketing*, July, pp. 55–68.

8. Dodge, John (1999), "Shifting Gears," *The Wall Street Journal*, July 12, p. R40+.

9. Eiben, Therese (1992), "U.S. Exporters on a Global Roll," *Fortune*, June 29, pp. 94–95.

10. Hart, Christopher W. and Michael D. Johnson (1999), "Growing the Trust Relationship," *Marketing Management*, Spring, pp. 9–22.

11. Hickens, Michael (1999), "It's an E-Buyer's Market," *Management Review*, June, p. 6.

12. Hof, Robert D. (1999), "The Buyer Always Wins," *Business Week E. Biz*, Mar.

22, pp. 26–28.

13. Johnston, Wesley L. and Thomas V. Bonoma (1981), "The Buying Center: Structure and Interaction Patterns," *Journal of Marketing*, Summer, pp. 143–156.

14. Kotler, P. (1997), *Marketing Management: Analysis, Planning, Implementation, and Control*, 9th ed., Upper Saddle River, NJ: Prentice Hall, pp. 222–224.

15. McWilliams, Robert D., Earl Naumann and Stan Scott (1992), "Determining Buying Center Size," *Industrial Marketing Management*, Feb., pp. 43–49.

16. Robinson, Patrick J., Charles W. Farris and Yoram Wind (1967), *Industrial Buying and Creative Marketing*, Boston: Allyn and Bacon.

17. Rundle, Rhonda L. (1999), "PurchasePro. Com in Marketing Deal e-Business," *The Wall Street Journal*, Oct. 21, p. B15.

18. Webster, Frederick E., Jr. (1992), "The Changing Role of Marketing in the Corporation," *Journal of Marketing*, October, pp. 1–17.

第六章

競爭策略

學習目標：

1. 競爭環境
2. 競爭者分析
3. 競爭者資訊的蒐集
4. 競爭策略

　　過於成功的大型主機確保了藍色巨人 IBM 的營收成長無虞，也讓其在市場中一枝獨大，擁有全球最強的研發人才與專利權數目，IBM 不用擔心競爭的問題，但卻敵不過自己的盲點，因為缺乏敵人，而帶來了毀滅性的驕傲自大。忘記了留下一個活口，作為競爭賽局的激勵對手，是 IBM 碰到的最大問題。

　　三星電子董事長李建熙為了激勵三星的組織活力，提出了鯰魚論，即農夫放進鯰魚，是為了使田裡的泥鰍更肥美，也就是說，由於適當的刺激和健全的危機意識，才能讓組織更加活躍的發展。因此，懂得留給敵人活口，才能增進組織的競爭力。

　　「敵人」真的非殺死不可嗎? 全球化的時代來臨，競爭呈現等比級數的跳升，跨國界、跨領域與跨產品的競爭，將在不可預期的時候發生。在戰場上，也許不殺死敵人將會威脅到自己的生命，但在以追求最大利益為依歸的商場上，也許敵人才是最好的盟友。

第一節

競爭環境

　　競爭環境 (competitive environment) 會影響到競爭者的數目、類型及行為，而這些是行銷經理所必須面對的。雖然行銷經理通常無法控制這些因素，但他們可以選擇策略以避免正面的競爭。經濟學家將市場的競爭情勢分為四種類型：即獨占 (monopoly)、寡占 (oligopoly)、獨占性競爭 (monopolistic competition) 和完全競爭 (pure competition)，公司應瞭解這四種競爭形勢間的差異，以便分析競爭環境（表 6.1）。

一、獨　占

　　在獨占的情況下，同一產品或服務只有一家廠商供應，因此這家獨占廠商對

【表 6.1　市場四種競爭情勢】

	獨　占	寡　占	獨占性競爭	完全競爭
賣方業者家數	1 家	甚少	甚多	極多
銷貨的集中程度	100% 銷貨由一家業者所享有	每一業者均各享有較大百分比的銷貨	每一業者所享銷貨百分比甚小	每一業者所享銷貨百分比極小
買方所見之產品差異性	唯一的產品（無替代品）	高度差異	低度差異	無差異
推廣的重要程度	重要性偏低	為行銷組合中甚為重要的項目	低度重要性	無重要性
價格競爭的重要程度	無重要性	避免價格競爭	甚為重要	不重要
對配銷通路的關係	能對通路成員提出條件	有甚大的影響力	較低度的影響力	幾乎沒有影響力

於市場價格有很大的控制力，對產品通路和推廣活動亦有強大的影響力，獨占事業通常係因政府政策法規，特准專利獨家授權規模經濟或其他因素而形成。當一個市場處於獨占狀態時，其他廠商想要進入該產業的難度很高，若未加以適當管制，則獨占廠商的行銷決策往往會以追求利潤最大化為主要考量，如訂定較高的價格或提供較少的服務，因而享有獨占利益。若屬公營事業或公用事業時，通常會受到較嚴密的管制，如過去臺灣的中國石油公司和台灣電力公司獨家供應汽油市場和電力市場，市場自由化之前其價格之漲跌都受到相當程度的管制。

二、寡　占

在寡占情況下，產品是相似的，由少數幾家廠商（通常是大公司）控制大部分的市場，每家廠商所占有的市場都相當大，對價格、通路、推廣和產品計畫也都各有一些控制力；其他廠商不易進入該產業。

寡占有純粹寡占 (pure oligopoly) 和差異寡占 (differentiated oligopoly) 兩種形式。純粹寡占由少數生產基本上相同產品（如石油、鋼鐵等）的公司所組成，各公司除非能提供差異化的服務，否則很難提高價格，只能經由降低成本來取得競爭優勢；差異寡占是由少數生產可部分差異化的產品（如汽車、照相機等）的公司所組成，差異化可來自品質、功能、式樣或服務等屬性上的差異，各競爭者

都可在某一主要屬性上建立領導地位，吸引顧客並據以提高價格。

三、獨占性競爭

在獨占性競爭的情況下，同一產品或服務有許多競爭廠商（如餐廳、美容院等）在供應，各競爭廠商的市場占有率都不高，但對其產品或服務都能做到部分或全部的差異化，因此能訂定較高的價格，對通路、推廣和產品計畫也都各有一些控制力；其他廠商容易進入該產業。

在獨占性競爭中，多數不同的廠商提供具差異性的行銷組合，每個競爭者都希望在目標市場中獲得獨占的控制權，但由於部分顧客認為不同產品間仍有著替代性，使得競爭情況仍然存在。在已開發國家中，多數的行銷經理都面臨了獨占性競爭。

在獨占性競爭中，有時候行銷經理會藉著行銷組合的其他部分，將相似的產品予以差異化。高樂士 (Clorox) 品牌漂白水的行銷經理透過改良式的噴射孔，在廣告中強調其產品的去污性，或在超級市場中爭取更好的產品陳列位置，以區隔出該品牌和其他品牌漂白水間的差異。但若是競爭者能輕易地加以模仿，則這種區隔差異的方法將不可行。

四、完全競爭

在完全競爭的情況下，有許多提供相同產品或服務的競爭廠商，因為買賣雙方對市場都熟悉，而且進入市場的障礙很少，所以買賣雙方都很容易進入市場參與競爭。由於各競爭廠商都沒有差異化的基礎，因此大家的價格都相同，對通路、推廣和產品計畫也未能最有效的控制。

長期而言，在大多數的產品市場中，廠商彼此間傾向有寡占市場或完全競爭的局面，而競爭廠商彼此間提供的產品也相當類似。由於消費者認為不同的產品（行銷組合）間的替代性很高，管理者只能爭相以低價爭取更多的消費市場，而使公司的利潤更加萎縮。有時候，管理者太急於改變公司的行銷組合，而沒有仔細考慮過這樣的改變是否能增加顧客的價值。

第二節

競爭者分析

　　行銷經理要避免激烈的競爭壓力，最有效的方法就是用更好或更新的方式提供價值，及滿足消費者的需求。追求突破性的行銷機會或競爭優勢，不只要對消費者有所認知，也必須設法瞭解競爭者。所謂競爭者分析 (competitor analysis) 是指對現有或潛在競爭者的行銷策略進行深入分析，並瞭解競爭者的優點和缺點。表 6.2 摘述了日本市場中紙尿褲的競爭者分析。寶鹼公司原先的幫寶適銷售情況並不理想，該公司決定推出更舒適和吸水性更好的新型產品，而日本兩大領導廠商花王 (Kao) 和嬌聯 (Uni-Charm) 有著優異的配銷網，且花王有完善的電腦系統來處理訂單事宜。由於日本多數雜貨店和藥房的空間都很小，批發商密集補貨是很重要的；對寶鹼公司而言，建立通路的合作是一項可能的競爭障礙，為了克服這個問題，該公司改變產品的包裝使其較不占空間，且提供給批發商和零售商更好的加成條件。

　　競爭者分析的基本方法是很簡單的，就是比較本公司在目標市場中的行銷組合，以及競爭者現在的行動或可能反映的優劣勢。競爭者分析的首要任務是確認潛在競爭者，這應該廣泛地由目標顧客的觀點出發。廠商提供非常不一樣的產品來滿足相同的需求，但是顧客認為這些產品之間具有高度的替代性，則這些廠商將成為相互的競爭者。例如，紙尿褲、傳統尿布和尿布出租服務，在嬰兒照顧的市場下是互相競爭的。若能確認廣泛的潛在競爭者，將有助於行銷經理去瞭解滿足顧客的不同方式，且有助於發現新的機會。例如，即使有些父母會偏好傳統尿布的經濟性，但在旅遊時他們則可能會喜愛紙尿褲的方便性。

一、SWOT 分析

　　SWOT 分析是在訂定上述篩選基準時一項有用的工具，可以幫助公司更明確的知道自己的競爭力，包括：

　　⑴優勢：與主要競爭者相比較，能提供給組織槓桿作用的競爭利益。

【表 6.2 日本紙尿褲市場的競爭情況】

	寶鹼的策略	花王的優劣勢	嬌聯的優劣勢
目標市場	買得起紙尿褲的上流現代化的父母	與寶鹼相同	與寶鹼相同，但也針對使用尿布的精打細算型區隔(＋)
產　品	改良合身及吸水性(＋)；品牌形象在日本是弱勢(－)	品牌熟悉度(＋)；但不再是功能性最佳(－)	有兩種品牌給不同市場，且有加裝把手的便利包裝(＋)
通　路	透過獨立批發商配銷到食品及藥品店(＋)；但由少數零售商所操縱(－)	與只販售花王產品的批發商建立密切關係且能加以控制(＋)；電腦化存貨下單系統(＋)	位居最佳區位中的食品店有 80% 已有經銷(＋)；兩種品牌均占有架位(＋)
推　廣	大量投入日間電視廣告，大力促銷，含免費樣品(＋)；銷售人力少(－)	有許多有效率的銷售力(＋)；廣告支出最低(－)；過時的廣告訴求(－)	廣告支出高(＋)；能吸引日本媽媽的有效廣告(＋)
訂　價	零售價高(－)；給大量購買較低單價(＋)	零售價最高(－)；給批發商和零售商最好的毛利(＋)	最低零售價(＋)；優質品牌的價格與寶鹼相當(－)
(潛在) 競爭者	專利保護(＋)；零售價位取得有限(－)	產品不佳(－)；卓越的後勤支援系統(＋)	規模經濟及較低成本(＋)；忠誠的顧客(＋)
可能的回應	改善批發商和零售商的毛利；更快的通路鋪貨；改成較不占架位的包裝	逼使零售商店增加店頭促銷；改變廣告；改良產品	增加短期促銷；弱勢寶鹼搶奪顧客，則將優質品牌降價

註：(＋) 表示優勢，(－) 表示劣勢

(2)弱勢：與主要競爭者相比較，某些有待改進或補強的能力或條件。

(3)機會：對組織的行銷策略提供有利影響的外部情勢或情況，這些情勢或情況將可使組織的產品和服務更易於被市場接受。

(4)威脅：對組織的行銷策略造成不利影響的外部情勢或情況，如未妥善處理或設法規避，這些情勢或情況將可使組織的產品和服務不易於被市場接受 (圖 6.1)。

發掘環境中具吸引力的機會是一件重要的工作，每個策略事業單位 **(strategic business unit; SBU)** 需定期評估其優勢和劣勢，透過縝密的 SWOT 分析將可幫

助管理者訂出一套善用本身優勢和掌握機會的策略，用來避免本身的弱勢及外在威脅，而確保策略的成功。當然也同樣適用於同時進行多向策略的擬定；其後，更重要的是要有一套系統化的評估程序，可協助相關人員將各項行銷策略搭配成一套完整的行銷方案（圖 6.2）。

內部	優勢 (S)	劣勢 (W)
外部	機會 (O)	威脅 (T)

【圖 6.1　SWOT 分析的架構】

以 SWOT 分析來看臺灣的積體電路 (IC) 產業，其優勢包括：①生產設備新，產能擴充快。②生產紀律佳，製程良率高。③有國科會、工程院整合研究發展。而弱勢則有：①規模偏小，資金不足。②高階與基層人員俱缺。③產品重複性高，R&D 不足。④水電供應有隱憂。全球市場上的機會包括：①產業快速成長。②歐美對日韓之貿易保護制裁。③大陸市場成長快速。但仍面對許多威脅，例如：①美日韓大廠具產量與價格優勢。②產品與製程技術不易取得。③區域經濟與智慧財產權衍生的問題。近年來，韓國企業的競爭力受到全球的矚目，其原因來自：

(1)技術領先，成功的打開自有品牌：韓國在通訊技術領先尤其出色，例如 CDMA 及寬頻設備，未來更會率先將多媒體應用在消費性電子產品上。韓國品牌如三星、LG 等以逐漸擺脫次於日本品牌的形象，打開在家電產品上的知名度與信任感。

(2)民族性特強，具好鬥性格：韓國與日本的民族性相似，不同的是韓國近年來經過經濟危機的歷練，向上的動力更強，並且有「以廠為家」的精神。

(3)看準大陸市場，及早佈局：大陸是未來最大的消費市場，韓國公司很早就進入大陸，以內銷市場為主要目標。此外，韓國在地理上與大陸接近，加上兩國政府的關係不斷改善，將來在中國的機會將會是有增無減。

首先，行銷經理要很快地確定其競爭對手 (competitive rival)，亦即對本公司造成威脅最大的競爭者，他們通常是提供相似的產品，這是容易辨認的。但是，

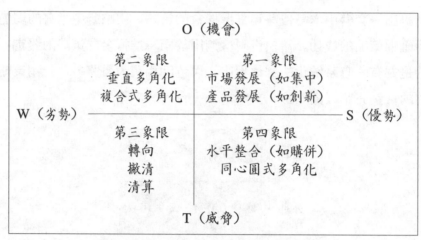

【圖 6.2　SWOT 分析與策略方案矩陣】

對於全新且不同的產品觀念而言，可能並沒有相似產品的現存競爭者，但以其他產品來服務相似需求的公司，雖然這些公司並未顯現出密切競爭者的樣子，但仍可能導致公司的顧客流失。成功的新策略可能會遭受到模仿者瓜分利潤的情況。有時候，一位創造性的模仿者能找到方法以提供給顧客更好的價值，而產品先驅者在還搞不清楚狀況時，其銷售已經大為下降。

　　為了尋找持續性的競爭優勢，必須隨時做評估分析（如表 6.3），同時也要瞭解競爭對手的優點及缺點，例如，想以相似的策略來打敗市場領導者是非常困難的，領導者通常能夠快速地模仿新競爭者最好的表現以防衛領導者的地位。另一方面，當既存競爭者的弱點遭到對手攻擊時，將無法迅速的防禦和回應。例如，Right Guard 公司是體香劑市場的領導者，其防護者體香劑產品包裝採用噴霧的方式，但許多消費者並不喜歡這樣的設計，因而 Old Spice 公司抓住先機，推出幫浦式體香劑（止汗體香劑）以搶奪 Right Guard 的顧客，然而由於 Right Guard 擔心會衝擊到現有產品的銷售，故並沒有快速地跟隨 Old Spice，將產品改成幫浦式的設計。

　　麥可波特 (Michael Porter) 曾提出：「一個公司可以靠一個相關性的，且持續性的競爭優勢勝出。」然而，現今企業似乎無法靠單項突出的特色來持續競爭優勢，必須運用各種資源，如優異的品質、速度、安全性、服務、設計、可靠性等幾項特色來形成。而且，優勢往往是暫時的，所以要不斷地以提出新的優勢來保持地

【表 6.3 競爭優勢的評估分析】

1	2	3	4	5	6	7
競爭優勢	公司地位	競爭者地位	相對重要性	成本及時效性	競爭者模仿力	建議行動
技術	8	8	低	低	中	維持
成本	6	8	高	中	中	監視
品質	8	6	低	低	高	監視
服務	4	3	高	高	低	投資

位，具有競爭優勢，就好比在刀劍搏鬥中持有槍一般。日本企業認為行銷是一場沒有終點的賽跑，他們先以低價切入市場，然後提供更好的功能和性能，接著再提升品質，之後再給顧客更快速的服務。新加坡航空公司也一直在改善品質，可是國泰航空改善的速度更快，因此逐漸拉進了與新航之間的差距。

二、市場五力分析

在競爭者分析中還要考慮到競爭障礙 (competitive barrier)，也就是讓企業難以在市場中競爭的一些條件，這些競爭障礙可能會阻礙你的計畫，當然也可能會耽誤對手創新策略的反應。麥可波特指出市場五力分析（圖 6.3），這五種力量對於企業在市場上的發展而言，將構成一股威脅的競爭力量。

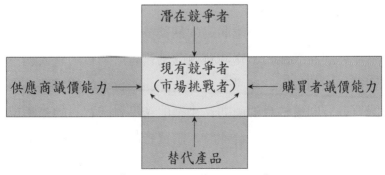

【圖 6.3 市場五力分析】

(一)現有競爭者的威脅

產業現有競爭者通常採取價格競爭、廣告戰、推出產品和改進顧客服務等戰

術來爭取市場地位。競爭者的數目多、彼此勢均力敵、產業成長緩慢、固定或儲存成本高、缺少差異化、需大量增加產能才能達到規模經濟、多元的競爭者、高的策略賭注、或高的退出障礙等許多互動的結構性因素都可能造成現有競爭對手的強烈競爭。一個市場區隔內，若競爭對手太多或太強，就不具吸引力。

(二)潛在競爭者的威脅

除非政府禁止，否則新競爭者進入市場的可能性是始終存在的。進入的障礙有規模經濟、產品差異化、資金要求、轉換成本、分配通路的取得、成本劣勢等主要來源。然而，進入與退出障礙的高低會影響市場的吸引力。一般來說，潛在競爭者進入市場的障礙包括：(1)顧客對於市場中已上市品牌，具有較強的忠誠度。(2)現有業者具有較大的經營規模。(3)市場現有業者擁有某項專利、能控制某一特殊科技或能獨享某一較佳原料者，才能享有為其他業者所不及的成本利益。(4)現有業者對於配銷通路的人員具有強大的影響力。(5)現有業者抱持「堅守市場」的態度。

(三)替代產品的威脅

廣義的說，產業中的所有賣者都和提供替代產品的銷售者相互競爭。替代產品會限制產業的價格上限，從而限制產業可能的報酬。替代產品所提供的價格和績效愈有吸引力，對產業利潤的限制愈強。有實際與潛在的替代產品存在時，也會使市場不具吸引力。

(四)購買者議價能力的威脅

購買者可迫使價格下降，要求較高的品質或較多的服務，並讓競爭者相互競爭，從而降低產業的利潤能力，當購買者向銷售者所購買的量大、占購買者的購貨成本或購買量的比例很大、產品是標準產品、購買者的轉換成本很少、購買者的利潤低、購買者有向後整合的能力、產業的產品對購買者的產品或服務品質的好壞並不重要、或購買者有充分資訊時，購買者的議價力是很大的。

(五)供應商議價能力的威脅

供應商可以威脅提高價格或降低品質來展現他們的議價力。當少數的供應商控制整個市場、無須和其他替代產品競爭、供應商的產品是一重要投入、或供應商有向前整合的能力時，供應商的議價力是很大的。當供應商議價能力增加時，有能力提升售價或減少供應量，會使市場不具吸引力。

三、競爭者的反應類型

每個競爭者有其經營企業的哲學、內部組織文化和某種信念，因此需深入瞭解競爭者的心態，才能推測其可能採取的反應行動。競爭者的反應類型大致分為：

(1)遲鈍型競爭者：有些廠商對競爭者的行動，不會快速或強烈的反應。他們覺得顧客是忠誠的，還可以再搾取利潤，也可能未及時注意到別人的行動，或缺乏資金。

(2)選擇型競爭者：此類型廠商只對某種攻擊才採取行動。例如，競爭者降價，會迎戰；但若競爭者增加廣告支出，則認為此威脅較小，無須反應。

(3)攻擊型競爭者：此種公司反應快速且強烈。例如寶鹼公司絕不會令新的清潔劑廠商輕而易舉的進入市場。

(4)隨機型競爭者：此類廠商無可預測其反應行動類型。某些特定的場合，他們可能會也可能不會採取任何行動，同時無法基於其經濟狀況、歷史等來預知其可能的反應行動。

第三節

競爭者資訊的蒐集

行銷經理應積極地蒐集現有或潛在競爭者的資訊，雖然多數公司都設法保護商業機密，但仍有許多公司的資訊可以運用。競爭者資訊來源包括商業報導、業者代表、中間商和其他產業專家，而在組織市場中，顧客可以描述相互競爭的供應商所能夠提供給他們的各項產品／服務內涵。

一、競爭者資訊

競爭者資訊 (competitor information; CI) 是協助公司克服競爭者達成優勢的重要工具，確認並維持自己的優勢，競爭者資訊協助經理人評估其競爭者及銷售商以提升本身的效率，藉由資訊的分析，尤其是與組織經營相關時的決策資訊，例如主要競爭者計畫推出新功能，比公司產品的成本低 15%，八個月內即將上市

等。結合競爭者資訊及環境掃描所形成的行銷資訊，可存於行銷決策支援系統中，以助於規劃更能獲利的有效率決策。

競爭者資訊受到大公司如通用汽車、福特、美國電話電報公司 (AT&T)、摩托羅拉 (Motorola) 等的重視，設有專門的競爭者資訊部門。福特的鈦星即是工程師在檢視競爭者產品特質後合併於一部車所推出的產品。競爭者資訊協助評估競爭者與銷售商以減低經營意外發生，能使經理人預估商業關係的改變、找出商機、避免威脅、預估競爭者策略、發現潛在競爭者、瞭解新科技及市場成敗的案例，及政府法令對競爭的衝擊。數年前，紐特阿斯巴甜的人工甜味專利配方到期，公司面臨大威脅，深恐化學及食品業者會加入此一市場，在經過競爭者價格分析、顧客關係、擴張計畫及廣告計畫的評估後，利用競爭者資訊資料降價，提升服務而保有市場的大部分，高達 80% 占有率。

二、競爭者資訊的來源

(一)內部來源

許多資料來源可以用來發展競爭者資訊。銷售人員可以直接觀察及詢問取得競爭者資訊。最好的方式是透過系統程序來蒐集競爭者資訊，某一食品包裝公司，銷售人員在拜訪客戶後需要填寫完整的表格，包括對手的品牌、促銷、POP 展示及商品訊息，報告均以電子郵件傳入公司總部的電腦主機以作研判。

稽核資料包括：⑴員工的資料來源，以專門的知識分類。例如競爭對手的瞭解，技術能力或市場知識。⑵以非網路電腦化方式維持的獨立資料庫。⑶行銷研究的調查。可將其存入資料庫管理系統，再經過分類作成競爭者資訊索引目錄，並以專門知識及其他主題分類。美國電話電報公司利用競爭者資訊方式連接電腦線上，使得員工可以任意的查閱公司內其他員工所瞭解的市場競爭狀況。並且對於特定的某一競爭者，如北方電通公司的 PBX 科技狀況及產出，亦能由公司內專家立即回應；如此一來可快速解決問題，使整體公司受益許多。另外，公司亦可主動在線上散播市場訊息，也會有意外的收穫，例如維修工人提供了家用警報系統的重要產品資訊。

其他內部競爭者資訊來源還包括了客戶保證卡、維修紀錄、訂單、缺貨報告、商品名錄、應收帳款、廣告資料索取函等。如某公司的某產品供不應求，則表示

對手同類產品出了問題，競爭者資訊則可進一步探索問題本質。

(二)外部來源

從外部取得有利情報的管道有許多種（表 6.4），要掌握競爭者資訊則並不困難。例如透過具有專業知識的專家，包括技術或產業的編輯或文稿撰寫者（例如戴爾 (Dell) 電腦蒐集競爭者資訊，則可聯絡曾執筆為康柏 (Compacq) 電腦寫專文的 David）、程式設計師、系統工程師、總廚、時裝設計師、大學教授等。利用競爭者資訊顧問也是快速有效蒐集情報的方法。除非已經簽署不揭露的合約，通常供應商會提供售予競爭對手的產品資料。由唇膏的包裝盒供應商可得知對手每月的唇膏產量，當競爭者資訊顧問造訪實驗在歐洲的清潔液包裝機具生產商時，發現了濃縮清潔液在歐洲新產品推出的時間，包裝機具的完工送貨日是事件的關鍵所在。也可利用拍照方式取得競爭對手的工廠設備、員工人數及換班的頻率及供應商等資訊。

【表 6.4　蒐集競爭者資訊的外部來源】

1.專家	7.報紙及其他刊物
2.競爭者資訊顧問	8.電話簿
3.政府機構	9.商展
4.統一商業明碼檔案	10.競爭對手演講
5.供應商	11.競爭對手的鄰居
6.照片	12.諮詢理事會

另外，政府機構是競爭者資訊資料蒐集的寶庫，在美國，如職業安全衛生部 (OSHA)、環保局 (EPA)、聯邦通訊委員會 (FCC)、食品醫療部 (FDA)。另外，證管會 (SEC) 提供競爭對手的財務狀況，上市公司須提供獲利、風險的報告。報紙及其他刊物均刊載了公司成功、失敗、商機、環境威脅等事件，因此也可利用其蒐集競爭者資訊。

電話簿是最簡單便宜的競爭者資訊資料取得方式，例如，找出「折扣店」標頭，則可找出此區域全部的 Kmart 超市。如果居住某一地區而需調查公司位於其他區域的目標營業市場，可利用該地區的都會電話簿以描示地圖。假若需要找出玻璃公司的供應商，可查詢砂石煤礦、廢鐵、砂石等供應商。而電話簿中的廣告

就像是一個縮影的徵信報告，除了公司名稱、地址、產品線、創立時間，尚有行銷訊息及希望顧客能認知的公司形象。

在商展中，競爭者資訊專業人員蒐集對手產品宣傳資料，與供應商交談，察看價格、產品及生產技術，及產業趨勢。迴路城市電子公司派遣 20 位員工參加消費性電子展，每位員工被賦予競爭者資訊目標，如蒐集營運狀況或行銷策略等。

三、網際網路及資料庫

網路已成為蒐集競爭者資訊最有力的工具，一家公司將其行銷資訊公告在網站上供顧客觀看，也使其競爭者可以進入網站蒐集相關資訊。同樣地，電腦程式也是使得公司能夠從數以千計的線上報導和資料庫中，更輕易地蒐集競爭者資訊，而根據需要安裝相關軟體，以便更迅速獲得資訊。利用網路來尋找競爭者資訊並建立資料庫時，研究人員使用資料庫時需依需要而選擇，政府資訊也提供了許多幫助。

四、產業間諜

這是一種以非法、不道德的方法取得競爭對手的商業機密，通常企業利用間諜取得智慧財產權，如電腦晶片設計或科技專利。許多公司為省時省錢，盜取技術而不自行開發。政府單位亦從事類似行為，美國能源部門反情報的標語寫著「國家之間只有利益，沒有朋友」。在 1996 年聯邦調查局所報導的 800 件調查案件中，由外國政府或企業主導的偷竊案，是 1994 年的兩倍，這些事件導致美國企業每年損失 250 億美元，因此美國國會於 1996 年通過經濟間諜法案。其內容是任何人將商業機密圖利自己或圖利他人的行為將傷害商業機密所有權人，包括偷竊、無授權的挪用、複製、破壞、移轉、運送、私藏、上傳、下載、修改等，均屬於聯邦犯罪。外國政府間諜經查獲則可能審判十五年徒刑及 1,000 萬美元罰款，其他外國平民及本國人犯罪罰減輕許多。一名法國人 Marc 是電腦工程師，在加州的軟體公司工作，因企圖竊取公司的電腦資源密碼而被逮捕，結果被罰款 1,000 美元及 1,000 小時的社區公眾勞役。

五、行銷道德的爭議

有時候，在蒐集競爭者資訊時會引發道德上的問題。例如，當人們跳槽到競爭公司時，若使用之前的許多資訊是否合乎道德？同樣地，有些公司從競爭對手丟棄的垃圾中試圖找尋該公司的文件資料，是否合乎道德？電腦駭客入侵競爭者的電腦網路中，在短短數分鐘內竊取了該公司累積多年的資訊，利用高科技的不法方法來取得競爭資訊，是否合乎道德？

競爭者資訊資料來源如果是公眾媒體則可以接受，但如果是利用偷竊、賄賂、闖越則是非法與不道德的。許多競爭者資訊活動正好介於兩端之間，檢視他人垃圾雖令人不舒服，但卻不違反道德，坐在競爭對手大門外觀察進出的卡車也不違反道德。另外，競爭對手的供應商是否有義務為顧客保守商業機密？多數人認為供應商並沒有此種義務，除非事前有書面的合約。由此可知，蒐集競爭者資訊手段的濫用仍有許多行銷道德的爭議。

除了道德問題外，有些公司更派遣臥底在競爭對手的公司裡竊取商業機密文件，而這已經違反了法律，還可能會為此而需要賠償巨款。例如，法院判決競爭對手必須賠償寶鹼公司約 1 億 2,500 萬美元，以作為竊取寶鹼的 Duncan Hines 牌餅乾機密而造成其損害的賠償金額。例如，Patrick 受雇於 RPG 公司的研究單位，竊取磁片、藍圖等資料企圖售予競爭對手，則可能被判十五個月徒刑。

第四節

競爭策略

一、競爭的層次

誰是競爭者？表面上看來這是一個很容易答覆的問題，但如果深一層去思考，就會發現要很清楚地確認行銷的競爭者並不是一件很容易的事，因為現有和潛在的競爭者，直接和間接的競爭者非常多，事實上，競爭者的範圍是非常廣泛的。根據產品的替代性可區分出如下四個層次的競爭：

1. 品牌競爭 (brand competition)

以相似價位提供相似產品或服務給相同顧客的廠商為競爭者。如福斯將豐田、本田、雷諾 (Renault) 和其他中等價位汽車的製造廠商視為主要競爭者，但不認為自己和賓士或現代 (Hyundai) 在競爭。

2. 產業競爭 (industry competition)

以製造相同產品類或等級的廠商為競爭對象。如福斯可能把其他汽車製造廠商均視為競爭者。

3. 形式競爭 (form competition)

以製造可提供相似服務的產品之廠商為競爭者。如福斯可能認為自己不只與其他汽車製造廠商競爭，也與機車、自行車、卡車的製造廠商互相競爭。

4. 一般競爭 (generic competition)

以競逐相同消費者金錢資源的廠商為競爭者。因為消費者有錢，可用於買汽車、渡假或購屋。因此，福斯可能認為銷售消費性耐久財、國外旅遊和新住宅的公司都是競爭對手。

市場上的品牌競爭者和產業競爭者所採取的競爭策略和行動，都直接影響到市場上的競爭態勢，有關品牌和產業的競爭者的市場規模、主力產品、優勢和劣勢、策略聯盟對象、成長策略、行銷策略和行銷組合方案等均應切實掌握，並即時採行有效對策來因應競爭者可能採取的攻勢行動。

行銷人員日常都在處理來自現有品牌競爭者或產業競爭者的競爭問題，因此大多能夠留意和掌握他們的行動，但對尚未加入直接競爭的潛在新競爭者常掉以輕心，未能給予應有的注意和即時的回應，也常因而錯失有利的市場機會或忽略了潛藏的競爭危機。除非法律禁止，否則新的競爭者加入品牌和產業競爭行列的威脅是始終存在的。有些產業的進入障礙較低，更應隨時注意可能的新競爭者。有些產業的進入障礙雖然大，如製藥業需要有專利和研究發展能力、鋼鐵業需要有龐大的設廠資金、民生用品產業需要有廣泛的配銷通路，致使新競爭者不容易進入，但也不能排除新的競爭者會透過策略聯盟或是其他方式，加入品牌或產業競爭行列的可能性。

另外，替代產品的出現也會帶來新的競爭者，形成一種形式競爭。1950 年代美國公路貨運的發展曾對鐵路貨運造成嚴酷的競爭壓力；1980 年代以來錄影帶、

影碟、數位影音光碟 (DVD)、家庭電影院、網路電影院的先後出現也威脅到臺灣電影業的生存和發展，電影院的家數和規模已大幅減少或縮小，因此行銷人員不能只以品牌或產業競爭的層次來界定競爭者的範圍，而忽略來自不同產業形式競爭的威脅，否則就會患了行銷近視病。由於環境因素的快速變動，一個組織或許不會被品牌和產業層次的競爭者所打敗，但卻可能敗於異軍突起的形式競爭者手上。

二、競爭地位的行銷策略

公司分析競爭者之後，必須依照自己在市場上的競爭地位來設計行銷策略，每一個在目標市場中的地位不盡相同，一般來說，可分為六種競爭地位如下：

(1)主導地位：此公司控制其他競爭者的行為，並有較多的策略方案可選擇。

(2)強勢地位：這類公司可在不危及長期優勢地位，而採取獨立行動，且可在不管競爭者的情況下，仍維持長期的優勢地位。

(3)有利地位：這類公司在特定的策略中具有優勢，也有較大的機會改善目前的地位。

(4)維持地位：這類公司可自給自足地維持運作，但卻存活在主導地位的公司陰影下，少有機會來改善地位。

(5)弱勢地位：這類公司的表現差強人意，有改善的機會，但不改變便淘汰。

(6)危急地位：這類公司的表現不佳，且無機會改善。

藉由上述市場競爭地位分析，可洞悉公司是處於市場上的領導者、挑戰者、追隨者或利基者（圖 6.4）。市場領導者占有最大的市場占有率，市場挑戰者居於第二名，積極想要擴大占有率，市場追隨者則為維持市場占有率而力爭上游，市場利基者只服務不被服務的小區隔市場，稱之為利基 (niche) 市場。利基市場是定義較狹窄的顧客群，他們尋求一特定的利益組合。其特色為：

(1)顧客有獨特又複雜的需求組合。

(2)願意付超額價格給最能滿足其獨特需求的廠商。

(3)行銷人員需要專心專業經營，才可在利基市場中獲得成功。

(4)利基市場的領導廠商不會輕易受到其他競爭者的攻擊。

市場領導者 40%	市場挑戰者 30%	市場追隨者 20%	市場利基者 10%

【圖 6.4 市場結構】

　　領導者廠商若進一步增加市場占有率，可能會引起競爭對手高喊「獨占」的機會。市場占有率增加，單位成本隨之下降；公司提供高品質的產品，訂較高價格足以涵蓋成本。但以經濟成本的觀點而言，市場占有率超過某些水準，獲利率就會下降。而且，公司可能為取得高市場占有率，而採用了錯誤的行銷組合策略。

(一)市場領導者策略

　　雀巢公司能在亞洲維持其領導者地位，就是採取如下的策略：(1)對顧客進行不斷的市場調查。(2)花長時間分析市場機會，並準備最佳的產品在市場成功出擊。(3)雇用餐館或家常菜的亞洲廚師。(4)透過不斷地改良，來設計優良產品，以保證產品品質。(5)生產各種不同的產品和樣式，來滿足消費者。(6)以強勢品牌來推出新產品，可使市場快速辨認，花少許的廣告費，可信度又高。(7)限制風險和集中攻擊火力，認為好且管理良善的品牌可永續存在。(8)強力廣告。(9)擁有第一流的銷售人員，爭取貨架空間，及銷售點陳列展示促銷。(10)有效的促銷活動。(11)強大的經銷網，深信慎選合作夥伴。(12)提高銷售量，達成規模經濟及科技知識的優勢。(13)提高製程的效率，降低成本。(14)採地區經理自主制定決策。市場領導者所採取的策略可歸納如下：

1. 擴大整體市場

　　當市場大餅成長時，領導廠商是最大贏家。若臺灣的民眾多吃速食麵，統一企業將會是最大受益者，假如能讓臺灣人購買更多的速食麵或以速食麵來代替點心或正餐，統一企業獲利最多。一般來說，市場領導者需要尋找新的使用者、新的使用方法及增加產品使用量。

　　(1)新的使用者：每個產品都有潛力吸引消費者，亦有因價高或因產品缺乏某些特性的抗拒者。製造商可以從三個群體來尋找新的使用者，例如，香水廠商可以說服不使用香水的女性來購買香水（市場滲透策略）、或說服男性來使用香水（新市場策略）、或賣香水到其他國家（地理擴張策略）。

　　嬌生 **(Johnson & Johnson)** 公司的嬰兒洗髮精是開發新使用群的最成功案

例。當嬰兒出生率降低時，嬌生公司關心未來銷售成長，行銷人員注意到家庭其他成員也會使用嬰兒洗髮精來洗髮，於是發展以成人市場的廣告活動，在短期間內，成為洗髮精市場的領導品牌。

雀巢食品公司則是採取地理擴張策略，目標是成為新市場的最大食品公司，在進入中國市場前已談判了十年，在泰國是最大的食品公司。當競爭者還在觀望時，雀巢公司席捲整個亞洲市場，成功創造出新使用者。

(2)新的使用方法：行銷人員可以發掘及促銷新的使用方法來擴大市場。例如一般印度人每週三個早上可能吃煎餅，若煎餅的製造商在白天其他場合中，促銷多吃煎餅，則廠商可獲利。因此，許多的煎餅廠商以點心的名義來促銷，以增加平時的消費量。

杜邦 (Du Pont) 公司則是另一個以新使用方法來擴大市場的成功案例。每當化學纖維成為成熟產品時，杜邦總會發現新的使用方法，最早是使用在降落傘，然後是女性絲襪，再來是女性的睡衣和男性的襯衣，然後是汽車輪胎、椅套和地毯。每一新使用方法產生新的產品生命週期，杜邦公司持續研發新使用方法以建立口碑。

由顧客發現新的使用方法不勝枚舉。凡士林最早是用以潤滑機器，數年後，使用者提供許多新使用法，包括潤膚、醫療和護髮用。發展產品新使用法是公司的重要任務，不論工業品和消費品均是如此。事實上，大多數產品的新使用方法，多由顧客建議，而非公司研發室提出。

(3)增加產品使用量：第三種市場擴張策略，是鼓勵人們增加產品使用次數或使用量。如果煎餅製造商能說服顧客吃兩個，則全部的銷售量會增加一倍；寶鹼公司建議使用海倫仙度絲洗髮兩次，效果加倍；同樣地，清潔劑廠商鼓勵使用者使用更多清潔劑，去污效果更佳。

2.防禦市場占有率

在設法擴張整個市場規模時，居於領導廠商也要不斷地防禦對手的攻擊。可口可樂要留意百事可樂；吉利刀片要提防 BIC；Hertz 要小心 Avis；麥當勞要注意漢堡王 (Burger King)；豐田汽車要對付日產汽車，柯達 (Kodak) 軟片要防範富士軟片。一般來說，市場領導者對於挑戰者、追隨者和利基者會採取防禦策略（圖6.5）。

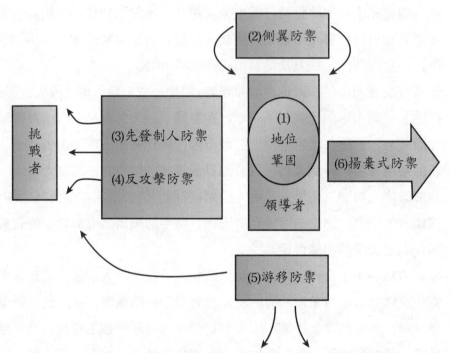

資料來源：Kotler, P. (1997), *Marketing Management Analysis Planning, Implementation, and Cotrol*, p. 383.

【圖 6.5　市場領導者的防禦策略】

⑴地位鞏固：最基本的防禦觀念是在自己的領土上，構築一座堅強的堡壘。中國的萬里長城就是為了防禦北方匈奴的入侵。在過去，味之素公司每年推出三十一種冷凍食品，如今改弦易轍，每年推出新產品減至十九項，但專注現有產品的訴求。鞏固是靜態的防禦，失敗成分頗高，即使可口可樂也不能只依賴知名度，而應重視未來的成長和獲利力。如今可口可樂的銷售量，不但占有近半的飲料市場，且觸角伸及果汁飲料，及在包裝容器上採取多元化。臺灣的統一企業透過旗下的 7-11 超商銷售自有的冷凍食品、牛奶、熱狗、沙拉油。統一企業也不時推出新產品，如先推出紅茶、奶茶、蜜茶、檸檬茶、烏龍茶與綠茶，再來是果汁、速食麵、乳品與飲料不斷推陳出新，穩穩鞏固食品王國的地位。

高速成長的數位音樂市場已成兵家必爭之地，市場龍頭蘋果電腦 2004 年 7 月 24 日開始出售迷你版 iPod，為了鞏固城池，蘋果特別針對衝著 iPod 而

來的新力網路隨身聽好好數落一番，蘋果電腦表示：「新力對其 20GB 網路隨身聽的產品功能介紹不是很正確，新力號稱該產品最多可收錄一萬三千首歌曲，但經估算，若要與 iPod 有同樣的音質，其新產品最多只可以收錄四千八百首歌，而蘋果 20GB 的 iPod 可以收錄五千首歌，40GB 的 iPod 則可收錄一萬首歌。」蘋果電腦同時宣布，迷你版 iPod 在歐洲及亞洲開始銷售，售價與美國一樣，每臺 249 美元。蘋果在全球全面銷售迷你版 iPod，有助於擊退新力及 T-Mobile 等競爭對手來勢洶洶的攻勢。

(2)側翼防禦：領導廠商不但要做好地位鞏固，更要做好側翼防禦，以免敵人有機可乘。例如，在菲律賓，San Mignel 啤酒在受到 Asia Brewery 啤酒的挑戰時，便以金應啤酒的副產品擊退敵手。大榮 **(Daiei)** 是日本最大的連鎖超商店，為報復那些低價的折扣商店，便在新的偏遠地區投資新店，並大量銷售進口商品，和批發商議價，期在 2010 年時使售價達到目前的一半。除非受到嚴重的挑戰，否則側翼防禦無太多價值。通用和福特汽車在為防禦日本小車時，所設計的 Vega 和 Pinto 車便犯了嚴重的錯誤，所製造的汽車並非國外小汽車的對手。

(3)先發制人防禦：此即在敵人未發動攻擊時，便採取較積極的攻擊，此種防禦的觀念是在預防勝於治療，因此大量的資金投入改善產品、人員和服務是主要的任務。怡和集團的 Alasdair Morrison 說：「若您在香港有 80 億的不動產、兩座大型旅館和亞洲最大的商業銀行，像我們是第一名的話，您必須要繼續不斷地投資以保持第一。」

公司也可以用游擊戰，以防止任何廠商造次，或者以先發制人的策略，心戰喊話，發出市場警訊以勸退敵人發動攻擊。有一家知名的藥廠，在獲知敵手想要蓋一座工廠生產該類藥品時，便散佈降價、蓋另一工廠等訊息，以防堵敵人進入這個領域，該藥廠從沒有真正的降價或蓋新工廠。當然，這種方式可能有效一、兩次。

(4)反攻擊防禦：大多數的領導廠商受到攻擊時，會用反擊的方式來回應，不會坐視敵手採削價、促銷、產品改良和侵略銷售地盤，而不加以理睬。領導者會對敵手的正面、側面或背面攻擊採取因應。有時候在敵手快速的侵入市場時，必須還以痛擊，在有力的時機下做最有效的反擊或攻擊，對領

導者有策略意義。除非有足夠理由，否則最好不要陷入反攻擊防禦。

對敵人的攻擊，能斃命一擊的反攻擊防禦是可行的。豐田汽車的 Lexus，便是以「賓士車的另一種選擇」來吸引顧客，希望提供賓士車所能提供的功能之外，又有更舒適、平穩、價格低的特點。當市場領導者受到攻擊時，有效的回擊方式就是直搗黃龍，好使敵軍撤回部隊回防。如富士軟片在美國攻擊柯達軟片，柯達便在日本反報復富士軟片。

(5)**游移防禦**：此是指領導廠商將優勢擴展到新的領域，以成為未來攻擊或防禦的中心，通常是透過品牌延伸、創新等來擴大市場及市場多角化於新的領域。市場擴大就是將現有產品的注意力轉移到一般或技術的需求，如「石油」公司致力於「能源」公司，也把觸角伸展到原油、煤、核能、水力發電和化工業。

市場擴大的策略不能離本業太遠，否則便違背了兩項基本的策略原則：目標原則（追求清晰定義和可達成的目標）和集中原則（集中打擊敵人的弱點）。能源事業的目標太廣，非單一需要而是全面的需要（如加熱、照明、動力等）。市場太廣會稀釋掉公司現有的競爭力，以想像明日來度過今日，目標太過於遠大，而資源卻有限，即出現行銷遠視病。

合理的擴大是相當有意義的。例如，某公司把優勢從「地板」重新定義為「室內裝潢」（含牆壁和天花板），經由重新確認顧客的需要，可以從各種覆蓋材質來創造令人愉悅的室內空間，該公司並擴大到週邊產業，以便在成長和防禦的奏效上平衡。市場多角化到不相關的產業，是產生策略深化的另一選擇，台塑集團的多角化便是跨入電腦和電子產業，該公司一位資深主管王先生所說：「在不久的將來我們將失去傳統事業優勢，因此我們必須要多角化。」

(6)**揚棄式防禦**：大型公司有時要承認他們無法長期的防禦所有的領域，力量會因面太廣而分散，造成敵人的機會，所以最好的行動就是採取計畫性的放棄(亦稱為策略性撤退)。計畫性放棄並非放棄市場而是放棄軟弱的區域，而將資源集中投入在較強的區域，是一種鞏固市場競爭力和大量集中於樞紐位置的方法。例如，印度的 Tata 集團立足於鋼鐵、工程、化工、旅館和電子產業。這家印度最大的集團在面對市場需求改變時，便自問是否能在

特定的事業保有或建立領先的地位，如果答案是不能，該集團便從中撤退。因此，在 1993 年將肥皂和清潔劑事業售給聯合利華公司。松下電器公司在 1988 年時，將產品生產線從 5,000 條縮減至 2,000 條。

3. 擴大市場占有率

領導廠商可增加市場占有率來改善獲利力。在許多的市場中，一個百分點的市場占有率便有數百萬元的價值。

(二)市場挑戰者策略

一般而言，市場挑戰者對於市場領導者會選擇攻擊策略，然而在訂定目標之前，首先要確認競爭對手，並明確定義決定性及可達成的目標。大部分的目標為增加市場占有率，認為此可提高獲利力。基本上，有三種類型的廠商可選擇來攻擊：

(1)攻擊市場領導者。此是高風險、高報酬的策略，且若領導者在市場中表現不佳的話，若有尚未被服務或服務不佳的市場區隔，則給攻擊者絕佳的策略性目標。另一個方法是透過創新來超越市場領導者。

(2)攻擊績效不佳或財務結構不佳的公司，顧客滿意度和創新潛在需求必須時時注意。若其他公司資源有限，採正面攻擊往往可以奏效。

(3)攻擊地區性、小型、體質不佳或財務狀況不良的公司。

特定的攻擊策略，包括：

(1)正面攻擊：直接對敵人發動攻擊，且集中力量攻擊敵人的長處而非短處。結果取決於誰的實力強且能持久。單純的正面攻擊，攻擊者配合敵手的產品、廣告、價格等，若挑戰者無明顯的優勢，此攻擊策略不可能成功。

(2)側翼攻擊：避免與敵人最強的部分正面對決，而針對較弱的側翼和後部進行攻擊。主要原則是集中優勢以對抗弱勢。用正面攻擊拖住敵人主力，卻在其側翼或背面發動真正的攻擊。側翼攻擊沿著兩個策略構面，即地理位置和區隔來進行。

(3)包圍攻擊：以偷襲的方式來攻擊敵人的地盤，全力攻擊敵人的數個市場區隔，並迫使敵人全面應戰，攻擊者可能需要提供對手在市場上的所有產品，甚至更多，在有較豐富的資源條件下，且相信能擊敗敵人的意志力，才能奏效。

(4)迂迴攻擊：迂迴轉進，攻擊易攻市場，來擴大自身資源基地：①首先是將產品多角化到領導者未涉及的產品，以避免領導廠商注意。②多角化到新的地理市場，遠離領導者。③開發新技術以取代現有產品，技術的更新，通常發生在高科技產業。

(5)游擊攻擊：適用於較小且資本不夠雄厚的公司，包括小規模、斷斷續續地攻擊敵人不同領域，主要是騷擾和瓦解敵人士氣，並趁機挖敵人的牆角。關鍵在於集中攻擊一個窄小的市場區域。常採取游擊的削價或促銷方式。可能利用的戰術為：①價格折扣策略：以較低價格，來銷售比較性產品。②廉價產品策略：以中低品質、較低價格來競爭。③精品策略：以引進高品質高價位的產品，來攻擊對手。④產品繁衍策略：引進更多的產品組合，供顧客做選擇。⑤產品創新策略：以產品創新來挑戰領導者。⑥改良服務策略：IBM 電腦在公司重整後，對顧客的軟體服務更勝於過去只重視硬體服務。⑦通路創新策略：雅芳的新通路，以「雅芳小姐」來直銷產品。⑧降低製造成本策略：以有效的採購、降低勞力成本和更新的現代設備來降低製造成本。⑨密集廣告促銷：以增加廣告支出來作促銷。

(三)市場追隨者策略

「老二主義」可能是國內企業界最熟悉的通俗策略名詞，但實務上的解讀卻各異其趣。對於所有的製造業而言，老二主義是指產品技術上採取「模仿」策略，先搞清楚暢銷的產品是什麼樣子，然後再想辦法做的更好、更便宜。這種策略的著眼點在於，我們缺乏直接與最終使用者接觸的管道，自行開發產品技術的風險高到無法承受。表 6.5 為日本領導廠商與追隨者的模仿速度之範例。追隨者策略包括：

(1)仿冒：複製領導者的產品與包裝，並售給黑市或信譽不佳的經銷商。

(2)複製：完完全全的模仿市場領導者的產品、配銷、廣告等這些複製品和包裝，與競爭品唯妙唯肖，只差品牌有些微不同。

(3)模仿：僅模仿領導者的產品，但在包裝、廣告和定價等等上有些差異，如果模仿者並沒有積極地去攻擊領導者，通常領導者是不太在意。

(4)調適：採用領導者的產品，並加以改良，通常調適者會把改良的產品，賣到其他市場，以避免和領導者發生衝突，但這類型的公司，可能成為未來

【表 6.5 日本領導廠商與追隨者的模仿速度】

產 品	領導者	追隨者的模仿速度
軟片	富士	十四個月
濃縮洗衣粉	花王	十一個月
乾啤酒	朝日	十一個月
耳機音響組合	新力	七個月
電子日曆	卡西歐	七個月
敞篷車	本田	六個月
個人傳真機	松下	四個月

的挑戰者。

(四)市場利基者策略

利基者主要任務為創造、擴大和保護利基市場。利基者可能包括：最終使用、專家垂直層專家、顧客規模專家、特定顧客專家、地理位置專家、產品或產品線專家、產品特色專家、品質／價格專家、工作室專家、服務專家、通路專家等。利基者的主要風險，是市場利基可能因環境變動或遭受攻擊而消失。公司進入市場之初，應瞄準利基市場而非全部的市場。可採取以下的策略：

(1)差異化：以相當訂價和主導品牌作為區別，或以密集廣告、高訂價建立品牌為主導品牌的另一個選擇，如本田摩托車挑戰哈雷 (Harley) 機車。

(2)挑戰者：以密集廣告、相當或高價來定位於主導品牌的附近，例如，百事可樂挑戰可口可樂，Avis 挑戰 Hertz。

(3)利基：為了與主導品牌有別，特意以高價來定位，但採低廣告預算來產生利潤。例如，老菸槍專用的牙膏、減肥用口香糖等。

(4)超值：以低廣告量、定位接近主導品牌，但訂價高於競爭者並鎖定高所得市場。例如，Häagen-Dazs 冰淇淋對抗其他品牌。

自我評量

1. 萊爾富便利超商如何挑戰 7-ELEVEN 超商？有哪些策略可以運用？

2. 在臺灣有哪些市場利基者成功的例子？

3. 請以麥可波特的市場五力分析來說明國內喜餅業者的競爭情況。

4. 對於蒐集競爭者資訊所引發的道德上的爭議，你有何看法？

5. 請敘述國內石油產業的競爭環境，中油、台塑、全國等加油站目前的競爭情勢為何？

6. 以 SWOT 分析來探討國產汽車的優勢、劣勢、機會和威脅。

參考文獻

1. 吳修辰 (2003)，〈敵人學〉，《商業周刊》，第 829 期，頁 154。

2. 李旭東譯、Charles W. Lamb, Joseph F. Hair, and Carl McDaniel 著 (2000)，《行銷學精要》，高立圖書，頁 188–199。

3. 黃營杉審閱、Michael J. Etzel, Bruce J. Walker, and William J. Stanton 著 (2001)，《行銷學》，美商麥格羅·希爾，頁 236–237。

4. 黃文宏、莊勝雄、伍家德譯、William D. Perreault and E. Jerome McCarthy 著 (2003)，行銷管理，美商麥格羅·希爾，滄海書局，頁 67–69。

5. 謝文雀編譯 (2000)，《行銷管理: 亞洲實例》，第二版，華泰書局，頁 315–321。

6. Kotler, P. (1997), *Marketing Management: Analysis, Planning, Implementation, and Control*, 9th ed., Upper Saddle River, NJ: Prentice Hall.

7. Lamb, Charles W. , Joseph F. Hair and Carl McDaniel (1996), *Marketing,* 3rd ed., South-Western College Publishing.

8. Porter, Michael (1980), *Competitive Strategy*, New York: The Free Press.

9. Porter, Michael (1985), *Competitive Strategy: Techniques for Analyzing Industries and Competitors*, The Free Press.

第七章

市場區隔

學習目標:

1. 目標行銷
2. 市場區隔的內涵
3. 消費者市場的區隔變數
4. 組織市場的區隔變數

日本 JCB 是一家大型信用卡處理公司（類似 VISA、Master），目前約有 4,800 萬人的會員情報。JCB 公司在 1999 年即已導入資訊情報分析工作。該公司將這 4,800萬人依照兩種取向，區隔成不同類型或模式的顧客群：第一種是依據消費者的「生活型態」，區分為九種的 life-style model。例如：投資在自我的、在所不惜的、跟家庭緊密相處的……等。第二種是依據消費者的「使用動向」，歸納為十種派別。例如有：餐飲旅行派、流行風派、享受快樂派、名牌高級派、工作導向派……等。然後，JCB 公司又將刷卡族，依刷卡額的大小，區別具有獲利貢獻不同程度的五種等級；其中，最 Top10% 的會員，貢獻了刷卡的 70% 獲利來源。

在這些區隔清楚之後，日本 JCB 公司舉辦販促活動時，均會先挑出販促的目標對象，再結合此次販促的活動內容。例如，在會員資料庫中，某 A 小姐是屬於餐飲旅行派，且有與家庭親子一起出遊的欲望，那麼只要有屬於親子活動販促訊息，一定會將 A 小姐納為宣傳對象。另外，JCB 公司每月還定期寄送給 4,800 萬人會員的刊物，稱為 "JCB News"。此刊物也是依會員分類的不同，而寄發不同內容編輯的 "JCB News"，真正是做到了客製化、區隔化與目標行銷的作為。

第一節

目標行銷

公司無法在一個很廣泛的市場中，如電腦或軟性飲料，服務所有的顧客。顧客人數太龐大且其購買的要求差異很大。公司需要確認其能最有效率服務的市場區隔。本章將探討區隔化的層次、區隔化的型態、區隔化的程序、區隔消費者與企業市場的基礎，及有效區隔化的必要條件。

許多公司目前都採行目標行銷 (target marketing)。此時銷售者會先區分出主要的市場區隔，選擇這些區隔的一個或多個目標，並針對所選的每個區隔發展產品與行銷方案。不再分散其行銷努力（散彈槍式），而是將力量集中在比較容易使

其滿足需求的購買者身上（來福槍式）。目標行銷需具備如下主要步驟（圖 7.1）：

⑴依據購買者對產品或行銷組合的不同需求與不同偏好，將市場劃分為幾個可以加以確認的區隔，並描述各市場區隔的輪廓（市場區隔）。

⑵選擇一個或多個所要進入的市場區隔（選擇目標市場）。

⑶對每一個目標市場，建立公司的市場提供物重要且獨特的利益，並與目標顧客溝通（市場定位）。

⑷依據目標市場的需要，符合自己公司的市場定位，規劃行銷組合（行銷組合決策）。

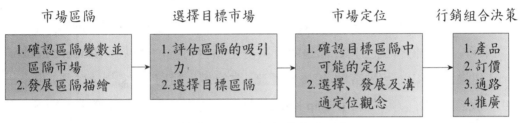

【圖 7.1　目標行銷的步驟】

行銷管理者利用目標行銷規劃行銷策略，為了將行銷策略轉變成行銷方案，須完成行銷支出、行銷組合與行銷資源分配等決策。首先，該公司必須決定達成行銷目標所需要的行銷支出水準，公司常以傳統的銷售百分比來建立行銷預算。特殊的公司會使用超過正常水準的預算比率，以期待達到較高的市場占有率。

其次，公司決定如何分配預算於不同的行銷組合工具上，行銷組合是現代行銷理論中重要的概念。行銷組合有很多，McCarthy (1960) 特別將這些工具分為四類，稱作 4P's：產品 **(product)**、訂價 **(price)**、通路 **(place)** 與推廣 **(promotion)**。行銷組合考慮通路和最終消費者，即公司必須準備一個結合產品、服務、訂價，並利用廣告、人員銷售、公共關係、直效行銷、與電話行銷等促銷組合，來觸及配銷通路與目標消費者。並非所有的行銷組合都能在短期內調整，基本上，廠商可以在短期內改變訂價、銷售人員規模與廣告支出，而發展新的產品與更新行銷通路則是長期的承諾與決策。

最基本的行銷組合工具是產品，代表廠商確切提供到市場上的商品，包括產品的品質、設計、特色、品牌與包裝。同時也可提供多樣的服務，如運送、修理、

訓練與經營設備租賃事業。另一個重要的行銷組合工具是價格，就是顧客必須支付已購買產品的款項，需決定批發價與零售價、折扣、折讓、與授信條件。價格應該和顧客所知覺的產品價值相當，否則顧客會轉向競爭者。

行銷通路也是行銷組合工具，代表公司提供目標顧客，易於購得及使用的各種活動。必須確認、徵求與聯絡不同的中間商與協力機構，如此產品與服務才能有效的提供到目標市場中。因此，需瞭解不同類型的零售商、經銷商與實體配銷運送廠商，以及他們如何做決策。第四個行銷組合工具是推廣，代表公司傳達溝通，促銷產品到目標市場的各種活動。需雇用、訓練與激勵銷售人員，需設定溝通與促銷計畫，包括廣告、直效行銷、銷售促進與公共關係等。

4P's 代表著銷售者的觀點，來看影響購買者的行銷工具。但從一個購買者的觀點來看，每一個行銷工具，都是設計來傳送顧客利益，勞特邦 **(Robert Lauter-born)** 建議應將 4P's 和顧客的 4C's 相呼應，當行銷人員將 4C's 想清楚後，再來設定4P's就容易多了。科特勒 **(Philip Kotler)** 將每個 P 的精神重新定義為 CVFS，以擺脫 P 字首帶來的限制（圖 7.2）。

4C's	4P's	CVFS
顧客價值 (customer's value) →	產品 (product)	＝結構 (configuration)
顧客成本 (customer's cost) →	訂價 (price)	＝價值 (value)
方便性 (convenience) →	通路 (place)	＝促銷系統 (facilitation)
溝通 (communication) →	推廣 (promotion)	＝象徵意義 (symbolization)

【圖 7.2　行銷組合的意義】

第二節

市場區隔的內涵

首先，公司把市場細分成幾個明顯的區隔，每一個區隔內的購買者具有高度

的相似性，包括共同的特性、需求、購買行為或消費型態等，而區隔與區隔間有著不同的產品需要，因此銷售者必須針對每一個區隔的顧客設計獨特的產品及行銷計畫。

　　一般公司若不打算再向大眾市場行銷時，通常都先從大型區隔市場中尋求機會。好比寶鹼公司在推出鄧肯海恩斯 (Duncan Hines) 的蛋糕粉時，將目標市場設定為 35–50 歲的已婚女性。有些公司將目標從大型區隔市場轉移到更窄的利基市場。例如雅詩蘭黛 (ESTEE LAUDER) 可能會推出一個專門針對「25–35 歲的黑人職業婦女」的產品。最終，這些行銷公司會將目標市場區隔到極致，即單一的區隔市場，也就是針對個別顧客來行銷。

　　目前，多數的公司所犯的錯誤並非過度市場區隔，而是區隔不完全。他們想像中充滿潛力的顧客遠比真正存在的要多。解決之道是將市場潛力劃分成不同的層級，對商品有高度興趣者為第一級，而這一群顧客的基本資料及心理特徵必須被記錄下來，接著再設定第二級和第三級客層。公司應針對第一級顧客先行試銷，若反應不佳，代表了區隔錯誤或商品吸引力不足。

一、市場區隔的層次

　　討論市場區隔之前，首先瞭解何謂大量行銷 (mass marketing)。採大量行銷時，銷售者致力於產品的大量生產、大量配銷及大量促銷給所有購買者。這種行銷策略正是亨利福特 (Henry Ford) 提供 T 型車給所有購買者的寫照；他們認為購買者只期望擁有黑色的車子而已。可口可樂曾一度只生產一種 6.5 盎司瓶裝規格的可樂，此亦為大眾行銷的例子。

　　大量行銷的傳統論點是可創造最大的潛在市場，因此可獲致最低的成本，進而可降低價格或提高利潤。然而，隨著市場細分化的增加，一些批評的論點也愈來愈多，使大眾行銷在執行上更加困難。根據 McKenna (1995) 的說法：消費者購買的途徑愈來愈多；如在超大型的購物中心、精品店及超級市場，或透過郵寄目錄、家庭購物網路及網際網路上的虛擬商店，有愈來愈多的傳遞管道使訊息暴漲，造成對消費者的疲勞轟炸，這些管道包括廣播與有線電視、收音機、線上電腦網路、網際網路，電話服務中心如傳真與電話行銷，及合適的雜誌與其他的印刷媒體。

　　廣告媒體與配銷通路的迅速成長，使公司想要接觸大量的視聽眾已愈來愈困難且更加昂貴。有許多人認為大眾行銷的時代已漸漸走入歷史。因此，大多數公司皆拋棄大眾行銷的作法，而改採個體行銷 (micro-marketing) 的方式。市場區隔化的四個層次如下，包括區隔行銷、利基行銷、地區行銷及個別的顧客行銷。

(一)區隔行銷

　　區隔行銷乃依消費者在欲求、購買力、地理區域、購買態度與購買習慣的不同來區分不同的市場區隔。市場區隔 (market segmenting) 包含一群擁有類似欲求的顧客，因此我們可以對汽車購買者加以區別，有些是尋求低成本的基本交通工具，有些則是尋求豪華的駕駛經驗者，我們必須謹慎的區分區隔 (segment) 與區塊 (sector)。汽車公司可能將目標市場鎖定於年輕、中等所得的汽車購買者，但問題在於年輕、中等所得的汽車購買者，他們對於購買汽車所期望的利益可能不盡相同。有些人可能想要低成本的車子，有些人則想要較昂貴的車子。年輕、中等所得的汽車購買者是一個區塊，而非一個區隔。

　　區隔行銷優於大量行銷，可以提供較精確的產品或服務、合理的價格給目標客戶。行銷人員的任務不是在於創造區隔，而是確認區隔，並決定哪一個區隔為其標的。區隔行銷相較於大眾行銷有幾項優點：公司可以很容易的創造更精確的產品或服務提供物與訂價，其對目標區隔而言是適切的；公司亦可很容易地選定最佳的配銷與溝通管道；可擁有與公司競逐相同市場之競爭者的明確輪廓。

　　然而，即使區隔有可能是虛構的，但區隔內的每個人未必想要完全相同的東西。Anderson 與 Narus (1995) 鼓勵行銷人員提供彈性提供物 (flexible offerings) 而非標準的提供物，給同一區隔內的所有成員。彈性的市場提供物包括二個部分：明顯的成分 (naked solution)，即含括的產品與服務要素皆可讓區隔內的所有成員認為有價值；以及選擇項 (discretionary options)，即有些區隔的成員認為有價值的，但每一種選擇項皆須支付額外的費用。例如，美國達美 (Delta) 航空公司提供所有經濟艙的旅客一個座位、食品與碳酸飲料，但若要求酒類飲料與耳機，則要額外付費。西門子 (Siemens) 所銷售的金屬鍍層盒子，其價格內含括有免費運送與保證書，但若要求提供安裝、測試及其他通訊設備，則需額外付費。

(二)利基行銷

　　利基 (niche) 為較小的一塊區隔，是由較小的市場中一些需要尚未被滿足的一

群消費者所組成。行銷人員通常可將一個區隔再分割成數個次區隔 **(sub-segment)**，或根據一組獨特的屬性，找出一組特定產品利益組合等方式來確認公司的利基。例如，老菸槍的區隔可能包括想戒菸的老菸槍次區隔，及不在意的老菸槍次區隔。雖然，「滿足對大多數人的需求」仍是行銷最主要的目標，但未來的趨勢必須要適應「量身剪裁，多種少量」的分眾市場，更要尊重「特殊需求」的小眾市場。

　　一個具有吸引力的利基市場為：(1)在利基市場中的顧客皆有其獨特的一組需要集合；(2)顧意支付較高的價格給公司，以追求最佳的滿足；(3)此利基市場不太可能吸引其他競爭者；(4)可透過專業化取得一些經濟利益；(5)具有足夠的規模、利潤及成長的潛力。

　　區隔行銷的區隔較大，且通常會吸引較多的競爭者；利基行銷的區隔較小，故只能吸引一二家公司。一些大公司，如 IBM 可能在一些次區隔市場中輸給利基者；Dalgic 與 Leeuw (1994) 稱此為「游擊隊對抗正規軍」。為加以防禦，一些大公司改行利基行銷。嬌生公司組成一百七十個事業單位，且大多數的事業單位皆角逐不同的利基市場。

　　利基甚至是所謂的個體利基 **(micro-niche)** 行銷推行的盛況，我們可以從媒體窺知一二。各類型新雜誌的激增，在 1998 年美國約有一千種新刊的雜誌上市，分別鎖定在特定的利基，其區隔依種族、性別或性的層面作分割或次分割。例如，有許多雜誌是分別依黑人同性戀、開車族、西裔十幾歲女孩及其他各種不同團體等為主要訴求。這些區隔有很多是較短的壽命週期。以利基為主的 web 網站，亦有許多類似的作法，即針對特定的族群。

　　利基行銷者可能假設其顧客皆顧意支付較高的價格來滿足需求。法拉利 **(Ferrari)** 汽車可訂定很高的價格，因為市場購買者認為無法從其他汽車獲得與法拉利汽車相同的利益和滿足感。Linneman 與 Stanton (1991) 指出利基的重要性，認為公司必須主動尋找利基，否則將被安置於不利的地位 **(niche or be niched)**。Blattberg 與 Deighton (1991) 亦曾說：「過去可能由於利基過小，以至於無利可圖，但今日隨行銷效率的改善，它將變得非常重要。」

　　今日在網際網路上建立商店的成本相當低，因此這是一項關鍵的要素，可讓公司服務更為細小的利基，商業性的 web 網站中有 15% 的公司，其員工人數少於 10 人，但卻有高於 10 萬美元的營業額，其中有 2% 的公司甚至超過 100 萬美元。

網際網路利基行銷成功的訣竅在於：挑選很難尋覓的產品，顧客並不需要實際看到或觸摸便會購買這些產品。

(三)地區行銷

目標行銷可將對象層次鎖定在區域或地區，並針對特定的地區顧客群（貿易區域、鄰近地區、甚至個別的商店）設計滿足其需要與欲望的行銷方案。花旗銀行依其分支銀行所在位置的鄰近人口統計特徵，提供各種不同組合的金融服務。Kraft 協助超級市場連鎖業者確認乳酪食品的搭配及貨架的擺設位置，使其在不同種族的社區內，不論低、中、高所得的商店，皆能讓乳酪食品的銷售達到最佳化。支持採用地區行銷者認為全國性廣告相當浪費，因為它無法掌握地區性目標群體的需要。相反的，反對地區行銷者則認為會因經濟規模的減少，而導致製造與行銷成本的提升。當公司想要迎合不同的區域與地區的市場需求時，後勤問題將變得相當複雜，且若產品與廣告訊息在不同的地區皆有差異，則對品牌的整體形象將產生稀釋的現象。

(四)個別的顧客行銷

市場區隔的最終層次為「一個人的區隔」(segments of one)，「顧客化行銷」(customized marketing) 或「一對一行銷」(one-to-one marketing)。數百年來消費者已被視為個人看待：裁縫師依據個人量身製作西裝、鞋匠依個人的偏好設計與打造皮鞋。工業革命時代開啟了大量生產的紀元，製造標準的商品。但今日的資訊革命時代已有愈來愈多的公司在走向大眾客戶提供物行銷的同時，又能在任何有需要的時刻提供給適合的個人，即所謂的大量客製化 (mass customization)，是以大眾為基礎，從事大量個人產品與溝通方案的設計，且能符合每個顧客的需求。

今日的顧客在決定購買什麼與如何購買時，會以個人的因素最為優先考量。他們會上網搜尋資訊與評估產品和服務提供物；與供應商、使用者和產品評論家對話；而且在很多情況下，他們亦可設計自己想要的東西。Slywotsky 與 Morrison 指出，今日愈來愈多的線上公司提供顧客一個選擇板 (choice board)，它是一種互動式的線上系統，可讓個別顧客從許多屬性、組件、訂價及遞送選項的表單中做選擇，以設計他們自己想要的產品與服務。這些顧客所作的選擇，將訊息傳送給供應商的製造系統，之後便進入採購、裝配與傳送等整個流動的循環。

Wind 與 Rangaswamy 將選擇板視為公司走向客製化的工具。客製化 (customization) 同時結合客製化的生產作業與客製化的行銷，它賦予消費者依其偏好與選擇來設計產品與服務提供物。公司不再需要有關顧客先前的資訊，公司也不需要自己來製造。公司提供一個平臺與工具給顧客，讓他們有設計自己產品的管道。每一個事業單位都必須決定，是否設計自己的營業系統來為市場區隔或個人創造提供物，以獲取更多利潤。偏好採取區隔化的公司，認為此舉將更有效率，僅需較少的顧客資訊，且可採行更標準化的市場提供物。至於那些偏好個人行銷的公司則宣稱，市場區隔是個虛假的東西，在所謂區隔內的個別顧客皆存在很大的差異，因此行銷人員應更清楚個人的需要，而提供更精確與更有效能的產品或服務。

二、市場區隔的型態

　　市場區隔可依許多方式建立。其中一種方式是確認偏好區隔 (preference segments)。假設冰淇淋購買者被要求回答，其如何評價甜度與奶油成分等兩種產品屬性，可能產生如下的三種型態（圖7.3）：

1. 同質型偏好 (homogeneous preferences)

　　圖 7.3 (a)所示者為消費者的偏好大略相同的市場。該市場顯示，在這二種屬性下並無自然區隔，我們可以預測現有的品牌可能很類似，且位於甜度與奶油成分二種屬性偏好的中間。

2. 擴散型偏好 (diffused preferences)

　　另一種極端的情況是，消費者的偏好可能散佈於各處（圖 7.3 (b)），這顯示消費者對產品的需求極不相同。進入市場中的第一個品牌，很可能就定位於中央，因為這能吸引最多的消費者。進入市場的第二個競爭者可定位於第一個品牌的附近，並與其爭奪市場占有率。或競爭者亦可定位於某個角落，爭取不滿意中央顧客品牌的顧客群。如果在市場中存在多種品牌，則很有可能均勻地定位於產品空間的各處，且具有實質差異以配合消費者的偏好差異。

3. 群集型偏好 (clustered preferences)

　　市場可能顯現出不同的偏好群體，稱為自然市場區隔 (natural market segments)（圖 7.3 (c)）。首先進入市場的廠商有三種選擇：可以定位於中央，以吸引所有的顧客群；亦可定位於不同的市場區隔，即集中行銷 (concentrated market-

(a)同質型偏好

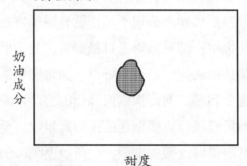

甜度

(b)擴散型偏好

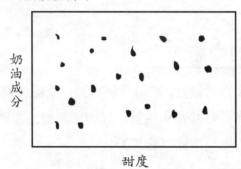

甜度

(c)群集型偏好

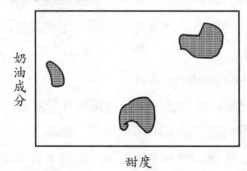

甜度

資料來源：Kotler, Philip (1997), *Marketing Management: Analysis, Planning, Implementation, and Control*, p. 271.

【圖 7.3　基本市場偏好類型】

ing)；或發展數種品牌，各自定位於不同的市場區隔。若其只發展單一品牌，則競爭者將會在其餘的市場區隔推出品牌。

三、市場區隔的程序

我們應該如何確認市場區隔？一種作法是將消費者依人口統計特徵來分類。例如，銀行可能會依據財富、年所得及年齡將顧客加以分群。假設它區別出五種等級的財富、七種水準的所得及六種年齡層，將可創造出 5×7×6＝210 個市場區隔。然而，真正的問題在於任一區隔的顧客未必真的皆有相同的需要、態度及偏好。一些市場研究學者建議採用以需要為基礎的市場區隔方法 (needs-based market segmentation approach)。表 7.1 為 Roger Best 所提出的市場區隔程序七個步驟。

【表 7.1　市場區隔程序的步驟】

步　驟	說　明
1.需要為基礎的區隔化	在解決某特定消費問題時，依據顧客的類似需要與追求的利益，將顧客分成幾個區隔。
2.區隔的確認	針對每個以需要為基礎的區隔，判定哪些人口統計、生活型態及使用行為，可讓區隔之間產生差異，且為可辨認與可採取行動的。
3.區隔的吸引力	使用預先確定區隔吸引的判定準則（如市場成長、競爭密集度及市場可接近性等），來決定每一個區隔的整體吸引力。
4.區隔的獲利力	確定區隔的獲利力。
5.區隔的定位	針對每一區隔，發展一個「價值命題」及產品—價格定位策略，其以區隔的獨特顧客需要與特徵作為基礎。
6.區隔的檢驗	發展區隔記事板 (segment storyboard)，以檢驗每個區隔策略的吸引力。
7.行銷組合策略	擴展區隔定位策略至含括行銷組合的所有層面：產品、訂價、推廣及通路。

由於市場區隔會隨時間而有所變動，所以市場區隔化必須定期地重新規劃。個人電腦 (PC) 曾一度將產品單純地依其產品的速度與功率來區隔。後來 PC 行銷者開始發現新興的 SOHO 族市場的威力，SOHO 意謂「小型辦公室與家庭辦公室」(small office and home office)。一些郵購公司如戴爾電腦與 Gateway 以高性能並結合低價格與方便使用等特性來迎合這個市場的需求。自此 PC 製造商很快的發現 SOHO 這類的小市場區隔。戴爾的主管說「小型辦公室的需要可能與家庭辦公

室的需要有很大的不同。」

發掘新市場區隔的一種方式係藉調查消費者在選擇產品時，對各項屬性的排列順序。這個過程稱為市場分割 **(market partitioning)**。數年前，大部分的汽車購買者首先考慮的是製造商，其次選擇該製造商所推出的車系（品牌主導型）。購買者可能喜歡通用汽車，便選定其車系之一的龐帝克 **(Pontiac)** 汽車。今日，有許多汽車購買者可能先選定國別（國別主導型），例如決定要買日本汽車，然後選擇豐田汽車，再選擇豐田的 Corolla 車系。任何公司必須注意消費者屬性層級的改變，以配合消費者優先順序的變動作調整。

屬性的層級可用來區別顧客的區隔，首先將顧客區分為以價格為主的價格主導型；以汽車式樣（如跑車、客車、旅行車）為主的式樣主導型；以汽車品牌為主的品牌主導型。我們可以進一步依次找出式樣／價格／品牌主導型，以構成一個市場區隔；以品質／服務／式樣主導型的顧客群，則構成另一個市場區隔。每個區隔基本上皆有其不同的人口統計，心理統計及媒體選擇。

區隔計畫有助於成熟產業的廠商，靈活運用價格和服務，來增加銷售量，因為每個區隔的反應都不同。最後，在發展有效的區隔計畫時，認定許多購物者並非只能歸入某一區隔是很重要的。許多購物者嘗試不按常規購買，在精品專賣店買昂貴的亞曼尼 **(Armani)** 西服，但卻在一般的百貨公司如伊勢丹買內衣；用名牌皮包（曝光度高的商品），但卻買廉價的家用品（外顯性低）。如果僅藉由觀察某一購買行為，就用來解釋某一區隔成員的消費行為，這樣的作法是很危險的。市場區隔的作法常忽略整個消費者的描述，除非可以描繪清楚個別消費者，否則所得的資料仍是片段，這也是這些年來，每個廠商無所不用其極地取得更詳盡客戶資料的理由。

四、有效區隔的條件

並非所有的區隔化都是有效的。例如，食鹽的購買者雖可區分為金髮及黑髮的顧客，但是頭髮的顏色與食鹽的購買應毫無關連。此外，若所有的食鹽購買者每月購買相同的食鹽、相同的數量，願意支付同樣的價格，以行銷觀點而言，這樣的市場就沒有區隔的必要性。欲使市場區隔發揮最大效用，必須具備下列五個特點：

⑴可衡量性 (measurable)：指所形成的市場規模、購買力和區隔特徵可被衡量的程度。某些區隔變數難以衡量，例如背著父母偷吸菸的青少年數目就不易計算。

⑵足量性 (substantial)：指所形成的市場區隔，其規模是否夠大或是否有足夠的獲利力。一個市場區隔必須是值得執行個別行銷方案的最大同質消費群體，如汽車製造商專門為身高低於四呎的顧客群設計特殊汽車是不划算的。

⑶可接近性 (accessible)：指所形成的市場區隔能被有效接觸和服務的程度。有些由於安全顧慮或社會眼光而刻意隱藏身分的顧客，如社會名流、偷渡客等，或者是由於地點太遙遠，如愛斯基摩人。

⑷可差異化的 (differentiable)：市場區隔在觀念上應是可加以區別的，且可針對不同的區隔採取不同的行銷組合要素與計畫。如果已婚與未婚女性皆對香水的銷售有類似的反應，則婚姻狀況就不是一個理想的區隔變數。

⑸可行動性 (actionable)：指所形成的市場區隔足以制定有效的行銷方案來吸引並服務該市場區隔的程度。某旅行社業者將市場分為觀光、商務、考古等數個區隔，但卻因人員有限、能力不足，不能針對個別市場提供特別服務，這樣的區隔方式就不能稱為有效。

第三節

消費者市場的區隔變數

就顧客類型而言，最簡單而基本的區隔方式是將其區分為消費者市場和組織市場，由於購買者間的需求、購買力、居住地區、購買態度及購買習慣均有差異，因此可利用這些變數來從事市場區隔。

區隔市場的方式有三種。第一種是傳統的方式，以人口統計變項將市場區隔成不同的群體。好比「35 歲到 50 歲的女性」，以這種方式區隔的優點是，較容易透過媒體去接觸這些群體，但缺點是我們沒有理由確定這些女性有相同的需求及購買欲望。以人口統計變項來區隔市場，充其量只能劃分出一些人口區域，但無法真正地找出區隔市場。

第二種方式是根據需求將市場區隔成不同的族群。以「想要節省買菜時間的女性」來說，需求很明確，而滿足此需求的方法也有很多種，像是接受電話訂購並送貨到府的超市或購物網站。接下來就是希望能找出這些女性的人口特徵或心理特徵，比如說收入或教育程度較高。

第三種方式是根據行為來區隔。譬如「從長萊公司 (Peapod) 或類似的宅配店訂購食物的女性」。這些族群是根據他們的實際行為而非需求，被歸成同一個區隔市場，然後市場分析人員，可以再設法找出他們其他的共同特質。

在本書中，以一般公司的行銷實務來看消費者市場的區隔變數，可以分為四大類：人口統計變數、地理統計變數、心理統計變數和行為統計變數（表 7.2）。

【表 7.2 消費者市場的區隔變數】

人口統計變數	地理統計變數	心理統計變數	行為統計變數
1.年齡	1.國家別	1.生活型態	1.產品使用率
2.家庭生命週期	2.地區別	2.社會階層	2.品牌忠誠度
3.性別	3.城市大小	3.個性	3.追求的利益
4.所得	4.氣候		4.消費的情境
5.教育程度	5.人口密度		
6.職業			

一、人口統計變數

實務上來看，最常用來區隔市場的變數就是人口統計特徵，行銷人員最常以年齡與家庭生命週期階段、性別、所得、職業、教育、家庭大小等變數來將消費者分類。

(一)年齡與家庭生命週期階段

消費者的需求和消費型態，常隨著年齡和家庭生命週期階段而發生變化。例如百貨公司內的服飾，常隨著年齡不同而劃分出不同區隔的兒童服飾；玩具廠商也以年齡作為區隔玩具的重要變數。此外，人壽保險、健康檢查、食品等許多產業，也常常將年齡視為一個重要的區隔變數。

和年齡也有密切關係的是消費者所處的家庭生命週期階段，大學生對機車、球鞋、牛仔褲有高度的需求；剛剛投入就業市場的社會新鮮人，則對音響、出國

旅遊、保險有較多的消費需求；當夫妻有了第一個孩子以後，則在奶粉、尿布、玩具上有大量的支出。雖然年齡和家庭生命週期階段有密切的關係，但是兩者並不完全相同。福特汽車公司發展野馬 (Mastang) 汽車，就是以消費者的年齡作為區隔，將野馬定位為便宜、輕快、適合年輕人的車。但是福特公司後來發現購買此款汽車的顧客，各種年齡的人都有，也就是有些消費者是「人老心不老」，還有些人是「人不老心老」。有些 50 多歲的夫妻可能是空巢期，子女都已成家立業；有些則可能屬於滿巢二期，子女尚在求學階段。雖然他們的年齡相近，但因家庭生命週期階段的不同，他們的消費型態會有很大的差異。

以日本 JTB 旅遊公司為例，區隔不同世代族群，提供差異化行程。日本最大的 JTB 旅遊服務公司，目前已有 700 萬人次參加該公司的旅遊服務，並因此成立 700 萬人次的情報。最近，該公司成立 "Senior market project"，針對 50 歲及 60 歲左右的中老年龐大族群為目標市場，而提供不一樣的旅遊行程及餐飲服務。

該公司早已發現 50 歲左右與 30 歲左右的女性，在人生價值觀上已有顯著不同。而 35 歲的單身女子與已結婚的家庭主婦，即使年齡相同，其生活型態與價值觀也大有不同。因此 JTB 旅遊公司，將其 700 萬人情報，以年齡世代為區隔變數，建立他們的 life-style 及旅遊需求偏好資料庫，以作為業務拓展的提案對象。事實上，行銷技術最近幾年來，亦較以往有很大的提升。過去行銷的思考點是在「商品」上，而現在則是在「人」上。兩者有很大的區別，現在思考點是以「商品」及「人」為基礎，不同於以往出發點的行銷思考主軸（圖 7.4）。

(二)性　別

以性別來區隔消費者市場，是一種再自然不過的事，男女本來就有別，所以在服飾、美容、化妝品、雜誌圖書、汽車、菸酒等產品常有專門針對男性或女性的品牌。同時，行銷人員也逐漸發現男女之間的差別，似乎有縮小的現象。例如愛美的男性愈來愈多，保養品、古龍水或美容醫療的市場規模逐日成長；女性的企業主管也愈來愈多，對汽車、公事包、行動電話也有高度需求。

(三)所得、教育程度與職業

汽車、房屋、高爾夫球俱樂部、度假俱樂部、珠寶、傢俱、服飾和許多的服務業，常會以消費者的所得作為區隔市場的變數，因為所得往往是消費的基本門檻，所以是一個很有用的區隔變數。

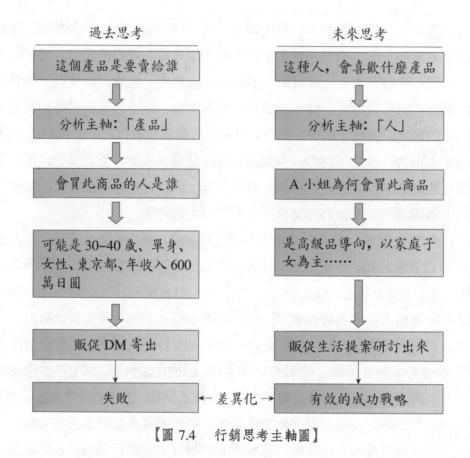

【圖 7.4　行銷思考主軸圖】

　　所得和教育程度、社會階層都有密切的關係，例如無論所得為何，高教育程度的人對書籍、音樂、藝文活動可能有較高的需求，所以所得也未必能精確的預測特定產品的消費者。

　　除此之外，職業型態對消費行為也有很大的影響，例如計程車和貨車司機、勞力工人會大量消費檳榔和「提神飲料」，公教人員則不太會消費這一類商品。家庭大小、宗教信仰等，都是可用來區隔市場的變數。大多數的公司是以多個變數進行市場區隔，而非僅採一個變數，例如所得與職業並用，或年齡與性別與所得並用等。

二、地理統計變數

　　消費者常因居住在不同的地區，而表現出不同的消費型態，食品和服飾尤其明顯，亞洲人、美洲人、非洲人各自偏好不同的食品與服飾。在亞洲國家裡，日

本人對品質特別挑剔，泰國人的消費行為則反映出宗教的影響，越南人則對價格特別敏感，當然也各自發展出不同品味的食物和服飾。

以臺灣來講，臺北、臺中和高雄都會區的民眾和苗栗、雲林、花蓮等地區都市化程度較低的民眾，在旅遊保險、自我成長課程、資訊電腦產品也有很大的不同。中國大陸的沿海地區和內陸，人們對各種商品的接受程度和消費有著非常大的差異；華北、華中、華南對許多公司而言，也是截然不同的市場區隔。一般企業用來區隔市場的地理統計變數，包括國家別、區域別（如州、省）、都市的大小、人口密度、都市化程度、氣候等。

三、心理統計變數

心理統計 (psychographics) 通常是根據人們對各種事物的態度、意見與興趣，將人們的生活型態劃分的一種研究方法。兩個在人口統計特性完全相同的人，很可能有完全不同的生活型態，而對商品的消費完全不同。

許多商品針對不同生活型態的消費訴求，例如汽車公司可以訴求「全員尊重」或是「像爸爸肩膀一樣可靠」，當然也有些公司強調「我是當了爸爸之後才學當爸爸的」，甚或「你愛她」，當然也有些是針對「成功男人」或是「都會新貴族」。除了汽車以外，化妝品、酒、傢俱、房屋、手錶、飲料等，都是以追求特定生活型態的市場區隔。

消費者的生活型態，基本上可以四類變數來描述：(1)支配時間的活動，如工作、嗜好、旅遊購物等，(2)對周遭環境的興趣，如家庭、社區、食物、成就等，(3)對自己所處世界的意見，如社會、政治、經濟、未來等，(4)人口統計。以生活型態作為描述市場區隔的工具，可以達成四項利益：(1)定義關鍵性的目標市場，(2)提供一個多層面市場結構的觀點，(3)協助產品定位，(4)幫助行銷溝通，尤其是廣告策略的制定。

歐美國家在 1980 年代，許多公司利用生活型態來區隔市場者，常以雅痞 (yuppie) 為目標市場，也就是受過高等教育的白領階級，講求生活品味，中上所得水準的一群年輕男女。這一群人常為高級汽車、服飾、旅遊業者所訴求的對象，也是帶動消費潮流的主力。在 1990 年代，此種生活型態的族群，也逐漸在許多亞洲國家出現，例如臺灣、南韓、香港、泰國等。

用來區隔消費者市場的心理統計變數，除了生活型態以外，還有社會階層與性格 (personality)。由於一個人的社會階層主要是由他的職業、教育程度和所得水準共同決定，而這些個別的人口統計變項雖都可作為區隔市場的變數，但區隔的效果往往都不如綜合運用的「社會階層」來得好。

四、行為統計變數

市場也可以用消費者的行為類型（外顯性行為）加以區隔，常見的變數包括產品使用率、品牌忠誠度、追求的利益、消費的情境等。

(一)產品使用率

幾乎在每一項產品的消費行為中都可以發現，行銷人員根據產品使用率，可將消費者分為「非使用者」、「輕度使用者」、「中度使用者」和「重度使用者」，再將主要的行銷力量集中火力於重度使用者，以收事半功倍之效。許多產品的消費情形，常有 80/20 原則的現象，也就是 80% 的產品為 20% 的人們所消費掉。

以啤酒市場而言，有 59% 的家庭是完全不消費任何啤酒的，而在 41% 的啤酒消費家庭中，有一半的家庭消費了 87%，我們稱他們為「重度消費群」，另外一半的家庭則只消費了 13%，我們稱為「輕度消費群」。很明顯的，如果行銷人員可以找出重度消費區隔的特性，並加以確認的話，則事半功倍的效果將很明顯。

(二)品牌忠誠度

消費者可能對品牌、商店或其他個體保有忠誠度。一般而言，分類為四種：

(1)從一而終型：這類消費者只購買固定品牌的產品；其購買型態是 A、A、A、A、A。

(2)左右逢源型：這類消費者對兩三個品牌忠誠；A、A、B、B、A、B 的購買型態。

(3)移情別戀型：指消費者由原先偏好的品牌改變至另一個品牌；其購買型態為 A、A、A、B、B、B。

(4)變幻莫測型（水性楊花型）：這類消費者不會對任何品牌忠誠；其購買型態可能是 A、C、E、B、D。

他們可能是促銷傾向者（購買特價或促銷商品），或是傾向尋求變化（每次都來點不同的）。廠商可藉此獲得許多資訊：研究核心忠誠者的特性，公司可研判產

品的優勢。檢視左右逢源型的顧客，廠商可以瞭解哪個品牌是其主要的競爭對手。分析顧客為何改變品牌的原因，可以使廠商發現本身行銷的弱點，並謀求改進之道。

(三)追求的利益

由於任何的產品或服務，都是由一組利益構成，而互相競爭的品牌，則代表不同的利益組合。因此，由消費者購買產品時所追求的不同利益為出發點，而將市場劃分，似乎也是一件自然而然的事。利益區隔基本是想達成三個目的：決定顧客在一項產品上所追求的利益類別、決定追求各項利益的顧客類別、決定現有產品在這些利益需求上的近似性。

牙膏消費者的市場分析，是最早被用來從事利益區隔的研究，結果如表7.3所示。根據消費者追求的利益，牙膏市場可以分為感官者區隔（追求口味與產品外觀）、社交者區隔（追求牙齒的潔白）、憂慮者區隔（追求防止蛀牙）和獨立者區隔（追求廉價）。利益區隔是利用顧客消費產品的真正原因來做區隔，而非使用人口統計特性所顯示的購買可能。人口統計特性建議可能的某些購買行為，確認產品購買利益則找出購買行為的決定因素。

【表7.3　牙膏市場的利益區隔】

區隔名稱	感官者	社交者	憂慮者	獨立者
主要追求的利益	口味、產品外觀	牙齒的潔白	防止蛀牙	廉價
特殊的行為特徵	有薄荷口味的使用者	抽菸者	重度使用者	重度使用者
偏好的品牌	高露潔 (Colgate)	Macleans, Stripe	Crest Plus White, Ultra Brite	促銷的品牌
個性特徵	高度自我涉入	高社交性	高憂鬱性	高自主性
生活型態特徵	享樂主義	積極	保守	價值導向

許多產品的市場可根據消費者不同的使用情境或時機加以劃分，例如自行車可為一交通工具或運動器材，糖果和糕餅可為日常點心或是餽贈禮品，與其說消費者因追求不同利益，不如說是因為使用情境不同，而導致顧客對產品需求的異質性。而且一般產品的銷售訴求，都以特定對象在特定情境為目標，在電視上也經常可以看到這類情境的訴求。

(四)消費的情境

以最近這幾年來非常受歡迎的冷凍調理食品而言，研究發現消費的情境可以分為七大類，(1)簡餐：準備簡便的午餐或晚餐、宵夜等，(2)傳統節慶：如除夕圍爐、冬至吃湯圓等，(3)不方便做飯：如趕時間、主婦不在家、從事戶外活動等，(4)社交場合：與朋友聚會、招待客人等，(5)吃點心：兩餐之間暫時充飢、看電視聊天等，(6)變換口味，(7)早餐。產品別則可分為五大類，(1)中式點心：包子、港式點心、湯圓等，(2)火鍋料：魚餃、蝦餃、蛋餃等，(3)主食類：水餃、炒飯等，(4)菜餚類：魚丸、餛飩、高麗菜捲等，(5)西式點心：炸雞塊、薯條等。

消費者在不同的消費情境下食用不同的食品，就構成情境區隔。例如，在準備簡餐的情境下，主食類食品最為消費者喜愛，其次是中式點心；在傳統節慶的情況下，火鍋料則一枝獨秀；在不便做飯的情境下，消費者最偏好中式點心；在社交場合的情境下，似乎火鍋料最能培養親友的情誼；在吃點心的情境下，人們最喜歡西式點心；在早餐的情境下，中式點心的消費頻率最高；在變換口味的情境下，西式點心最能滿足消費者需要。

第四節

組織市場的區隔變數

行銷人員區隔組織市場的目的，和區隔消費者市場的任務是相同的，都是想將同質性的購買者劃分，並以差異行銷的方式來服務市場，以取得競爭優勢。如同消費者市場，選擇適當的區隔變數，決定於產品與購買者。例如銷售混凝土的公司，恐得考慮忠誠度的問題；因為源源不斷的重複購買是很重要的。但是混凝土的最終產品，例如高速公路、橋樑、大樓建築等，如果所需的混凝土等級或行銷通路有所差異的話，則也可作為區隔市場的變數。組織市場的區隔方式，可以用產品用途、人口統計、心理統計和行為變數等（表 7.4）。

一、產品用途變數

許多產品，特別是原料類的產品，都有不同的用途。顧客最終如何使用這類

【表 7.4 組織市場的區隔變數】

產品用途變數	人口統計變數	心理統計變數	行為變數
1.最終使用	1.公司規模大小	1.企業文化	1.使用技術
2.購買者目的	2.地理位置	2.決策型態	2.使用率
3.忠誠度	3.顧客業種	3.對風險的態度	3.顧客能力
			4.追求利益

產品，會導致其購買數量的不同，進而所要求的條件會不同，所選擇的供應商也可能會有所不同。因此，以產品用途來區隔市場，產品最終使用、購買者目的、忠誠度等都是主要的變數。

產品用途區隔對於消費品和工業品都是一樣的重要，例如電腦市場就可以用工作本質和利益加以區隔，大型主機速度快、容量大，適合處理大量資料；迷你級電腦和工作站適合中小企業處理終端機網路；個人電腦則適合個人和家庭的文書、遊樂器和網際網路的使用；電腦輔助設計 (computer-aided design) 系統適合工程師和建築師使用。

二、人口統計變數

組織市場的人口統計特性包括產業別、公司的規模大小、地理位置等。電腦公司將市場區隔為製造業與服務業，服務業又可區分為教育、金融、旅遊、醫療等，不同的服務業組織對電腦軟硬體的需求亦有所不同。以企業規模的大小作為市場區隔的標準，也是一種常見的方式，有些公司在內部也會採取市場別的事業部組織，負責處理規模大小不同的顧客。

工業產品的需求區域有時會分散得相當廣，不同區域的需求情形也會有所不同。以地理位置來區隔，主要是因為可以取得地域上的方便性，廠商在節省運費和就近提供服務上可得到優勢。另外，顧客業種的區隔方式也能得到市場的回應，因為不同業種的顧客有其不同的習慣的思考模式、交易型態或業界慣例等，所以有區隔必要性。行銷人員可以針對組織市場中不同業種顧客的需要，來設計發展不同的行銷組合。

三、心理統計變數

公司的心理統計變數包括企業文化、決策型態和風險態度等。有些公司創新性較高，願意嘗試各種新事物，有些公司則心態保守；有些公司的採購很彈性，有些組織（如政府單位）則嚴格遵守採購原則；有些公司願意承擔風險，有些則是風險規避型。

四、行為變數

行為變數方面，公司可依使用技術的不同加以區分，例如電腦軟體市場可分為文書處理、試算表、資料庫程式和圖形等；或是使用者狀況，如重度使用者、中度使用者、輕度使用者和非使用者等。顧客能力的高低，也就是所需技術服務的多寡，也是區隔組織市場的一種方式。

組織市場的行銷人員，在決定要服務區隔與顧客時應該瞭解的主要問題。因此，以輪胎公司為例，其決定要服務哪一個產業，差異在於雖然顧客都是汽車廠商，但對於輪胎的需求卻有極大的差異，豪華車製造商所要的輪胎就比一般廠商來得高級。而供應給飛機製造商的輪胎則必須比供農業曳引機用的輪胎能夠符合更高的標準。

在選定的目標產業中，廠商可以用顧客規模作為進一步區隔市場的標準，可對不同規模的客戶制定行銷計畫。有了目標產業和顧客規模，廠商還可用顧客的採購標準來區隔，例如，政府實驗室會要求低價和售後服務合約；大學實驗室需要低維修服務的設備；至於企業研究室重視的是精確度和可靠性。

企業購買者也可能尋求不同的利益組合，根據購買決策程序階段為劃分標準，可以確認出三個企業市場區隔：

(1)新鮮人市場 (first-time prospects)：這種顧客尚未買過產品，會向能夠瞭解其公司、可以細心說明、而且值得信賴的銷售員做出首次的購買。

(2)修業生市場 (novices)：這些顧客已經買過產品，需要簡單易懂的操作手冊、顧客服務熱線和受過專業訓練的業務代表。

(3)老油條市場 (sophisticates)：這類顧客重視維修的時效、產品訂製化及高度技術支援。

　　這些區隔可能有不同偏好的通路，新鮮人市場較適合以銷售員直接接觸，而不宜採取郵購目錄通路，因為後者提供的資訊較少。但是隨著市場日漸成熟，消費者逐漸熟悉產品之後，就會改變通路的偏好。因此堅持採取適合新鮮人市場通路的公司，將無法滿足老油條市場客戶的需要。已進入成熟期的產品市場有四個企業區隔：

(1)程式化購買者 (programmed buyers)：這類購買者認為產品對營運並不重要，採購只是例行性的作業，支付價格且不會要求太多服務。這對賣方是最有利潤的區隔。

(2)關係型購買者 (relationship buyers)：這類購買者認為產品有點重要，也清楚市場狀況，他們會獲得少許的折價和適度的服務；只要價格不至於太高，會向固定的供應商採購。此為利潤次高的區隔。

(3)交易型購買者 (transaction buyers)：這類型購買者很重視該產品，對價格與服務非常敏感，通常可以得到 10% 的折扣和良好的服務。對市場狀況十分瞭解，隨時轉換至較低的價格，犧牲點服務亦無所謂。

(4)便宜貨獵尋者 (bargain hunters)：這類購買者認為產品非常重要，爭取最多的折扣與最佳的服務；同時熟悉市場的替代廠商，爭取最有利的產品，稍有不滿即更換採購對象。廠商會為了業績爭取這類顧客，但利潤微薄。

　　當你確認了一個區隔市場後，接下來的問題是，這個市場應該由既有的組織來經營，還是應該成立另一個單位來經營？若是後者，瑞士的庫馬爾 (Nirmalya Kumar) 教授稱其為策略性的區隔市場。舉例來說，卡拉弗特及聯合利華這些食品公司經營的重點為零售業務，他們將食品服務相關業務視為次要的業務。但食品服務業需要有不同的產能、包裝及配銷系統，因此它是一個策略性的區隔市場，必須由不同的食品零售業務單位來經營，以便管理其獨立的策略及需求。

自我評量

1. 若你是王品台塑牛排的行銷經理，你會以哪一種或哪些變數來區隔市場？
2. 如果用「追求的利益」來區隔手機市場，你會提出哪些利益變數？
3. 如果你經營一家觀光旅館，你覺得有沒有區隔顧客市場的必要性？如果有的話，其原因為何？你將以哪些變數來做區隔？

4. 在臺灣啤酒市場的競爭非常激烈，如果你是臺灣菸酒公司的行銷主管，你會以哪一種或哪些變數來區隔市場？

5. 假定你是一家醫療器供應廠商（組織市場），你會以哪一種或哪些變數來區隔市場？

參考文獻

1. 沈華榮、黃深勳、陳光榮、李正文 (2002)，《服務業行銷》，國立空中大學，頁 95-96。

2. 張振明譯、Philip Kotler 著 (2004)，《行銷是什麼?》，商周出版，頁 128。

3. 黃彥憲譯、Cliff Allen, Deborah Kania, and Beth Yaeckel 著 (1998)，《行銷 Any Time 1 對 1 網際網路行銷》，跨世紀電子商務出版社。

4. 謝文雀編譯 (2000)，《行銷管理: 亞洲實例》，第二版，華泰書局，頁 216-229。

5. 戴國良 (2003)，〈顧客情報再生術的挑戰秘笈〉，《突破雜誌》，第 220 期，頁 68-69。

6. Anderson, James C. and James A. Narus (1995), "Capturing the Value of Supplementary Services," *Harvard Business Review*, Jan.–Feb., pp. 75–83.

7. Blattberg, Robert and John Deighton, "Interactive Marketing: Exploiting the Age of Addressibility," *Sloan Management Review*, January, pp. 5–14.

8. Dalgic, Tevfik and Maarten Leeuw (1994), "Niche Marketing Revisited: Concept, Applications, and Some European Cases," *European Journal of Marketing*, Vol. 28, No. 4, pp. 39–55.

9. Dickson, Peter R. and James L. Ginter (1987), "Market Segmentation, Production Differentiation, and Marketing Strategy," *Journal of Marketing*, April, pp. 1–10.

10. Haley, Russell I. (1963), "Benefit Segmentation: A Decision Oriented Research Tool," *Journal of Marketing,* July, pp. 30–35.

11. Kotler, Philip (1997), *Marketing Management: Analysis, Planning, Implementation, and Control*, 9th ed., Prentice Hall.

12. Linneman, Robert E. and John L. Stanton, Jr. (1991), *Making Niche Marketing Work: How to Grow Bigger by Acting Smaller*, New York: McGraw-Hill.

13. McCarthy, Jerome E. (1960), *Basic Marketing: A Managerial Approach*, IL: Richard D. Irwin.

14. McKenna, Regis (1995), "Real-Time Marketing," *Harvard Business Review*, July–Aug., pp. 87–95.

15. Smith, Wendell (1956), "Product Differentiation and Market Segmentation as Alternative Marketing Strategies," *Journal of Marketing*, July, pp. 3–8.

16. Wind, Yoram J. (1978), "Issues and Advances in Segmentation Research," *Journal of Marketing Research*, August, pp. 405–412.

17. Young, Shirley, Leland Ott and Barbara Feigin (1978), "Some Practical Considerations in Market Segmentation," *Journal of Marketing Research*, August, pp. 405–412.

第八章

目標市場與定位

學習目標:

1. 目標市場策略與選擇
2. 市場定位的內涵
3. 動態定位策略
4. 塑造形象的關鍵因素

以往，市場領導者可以抓住消費者的注意力，成為顧客重要的考慮因素。現今，幾乎每一個市場區隔都有一個以上的領導者，例如在技術上、在市場上、在售價上，或者是前途看好的新公司。如果提到「彩色電視」，人們就會想到新力、松下或是日立公司；如果提到「準時交貨」，人們自然會想到聯邦快遞 (Fedex) 公司；如果提到「個人電腦」，人們必然會想到蘋果、IBM、微軟 (Microsoft)、蓮花 (Lotus)、康柏、東芝和戴爾公司；如果提到「三度空間繪圖工作站」，人們會想到矽圖公司 (Silicon Graphics, Inc.)，這些都是在市場上具有獨特定位的公司。最近崛起的 GO 公司和摩曼塔公司 (Momenta)，為了能和電腦的主流一爭長短，目前正在開發新一代的筆記型電腦軟體。

由於市場的分割越來越細，許多公司即使資源不若新力、蘋果、聯邦快遞公司那樣雄厚，仍能打出一片天地，別忘記這些巨型跨國公司也是由沒沒無聞的小公司而成功的。每一個行業都有許多可以讓新加入者占有一席之地的機會，就連擁擠的市場也不例外，正如同班傑 (Ben & Jerry's) 冰淇淋和戴爾電腦公司一樣，能在巨型公司雲集的市場中，靠著產品差異化站穩腳步。

第一節

目標市場策略與選擇

在市場區隔之後，接著行銷人員要考量本身和競爭者的條件，決定所要採取的目標市場策略，並選擇所要爭取和服務的特定目標市場。例如，百貨公司之目標市場，可能選擇以都會區、收入在一定範圍內（中高所得）、以服務人員的知識程度來評價服務水準、並且對價格不是很敏感的消費者。而且為了創造與競爭者不同的吸引力，凸顯本身的特色，提供豐富的商品類別、多樣化的選擇、專家諮詢與運送到家的服務等。當行銷人員洞察出不同市場區隔的顧客特性後，選擇正確的目標市場，才能訂出有效的定位策略。有些目標市場為女性的產品，經常希

望和顧客建立「戀人」的關係，例如統一雞精在多年以前，以「統一把雞精變好喝了」訴求不喜歡有雞精藥味的消費者，而遭遇嚴重挫敗，在經過市場調查之後，重新與女性顧客建立關係，並且訴求「統一雞精讓妳有戀愛般的好臉色」，終於拿下可觀的市場占有率。

選定一特定目標市場的理由，在於能針對一些潛在顧客群進行行銷組合的微調，並提供更佳的價值，藉以更加迎合顧客需要，建立公司的競爭優勢。若能如此，不但顧客心目中對於公司在市場上有一特殊的定位之外，公司內部的每一成員也將更清楚自己應該與顧客共臻何種境界，產品、推廣和其他的行銷組合決策也可得到較佳的搭配，來達成公司的理想目標。

一、目標市場策略類型

目標市場策略所考慮的是要選擇多少個市場區隔的問題。行銷者的目標市場策略有五種可能的選擇，即無差異行銷 (undifferentiated marketing)、差異行銷 (differentiated marketing)、集中行銷、產品專業化 (product specialization) 和市場專業化 (market specialization) 等五種策略（圖 8.1）。

(一)無差異行銷策略

行銷管理者可能採取無差異行銷策略，忽視不同市場區隔的差異性，而將整個市場視為一個同質性市場，提供單一的行銷方案。此策略強調的是購買者共同的需要，而非差異性，提供單一的行銷方案。行銷者只設計一種產品／服務和一套行銷方案，依賴大量的配銷通路與大量的廣告，期能吸引最多的購買者。可口可樂公司在早期採用無差異行銷策略，僅產製一種口味和一種瓶裝的單一飲料，希望能適合所有人的需要。

採行無差異行銷策略的最主要的理由係在於成本的經濟性。由於只有狹窄的產品線，故能降低研究發展、存貨、運輸、行銷研究、廣告和產品管理的成本；無差異的廣告方案能降低廣告成本。較低的成本可轉化成較低的價格，以贏得價格敏感的區隔市場。

但是，由於不同購買者的需要往往有所不同，所以採取無差異行銷策略其實只是迎合某一個最大的區隔市場的需要而已。因此，如果同時有若干個行銷者選擇同樣的策略，則結果將增強在此最大區隔市場內的競爭程度，而較小之區隔市

【圖 8.1　目標市場策略類型】

場的需要則未能獲得滿足。有人把這種追逐最大區隔市場的傾向稱之為「多數謬誤」(majority fallacy)。美國的汽車工業曾經有一段時間都只生產大型轎車，造成大型轎車市場的激烈競爭，卻忽略了小型轎車有強烈需求的另一個區隔市場，而使日本的小型汽車有機可乘。通常，在較大區隔市場內的競爭日益激烈之後，許多行銷者會轉而追逐市場中其他被忽略的較小的區隔市場，不再繼續採行無差異的行銷策略。

(二)差異行銷策略

　　差異行銷策略是指行銷者決定在兩個或兩個以上的區隔市場內營運，而且分別為各自不同的區隔市場開發不同的產品／服務和設計不同的行銷方案。例如，巨大機械以捷安特 (Giant) 的品牌，利用自行車專賣店的通路爭取高所得市場，以斯伯丁 (Spalding) 的品牌，利用連鎖量販店來爭取中低所得市場。採行差異行銷

的行銷者希望能透過不同產品／服務和不同的行銷方案來達成更高的銷售額，並在每一區隔市場中占據更有利的競爭地位。

在差異行銷策略下，因為有多樣的產品／服務，透過多種的銷售管道，通常能較無差異行銷策略創造更高的銷售額。不過，這種行銷策略也往往會增加生產成本、推廣成本等。

(三)集中行銷策略

當行銷者的資源較少時，可考慮採行集中行銷策略。行銷者與其在若干個不同的區隔市場中追求較小的占有率，還不如只選一個區隔市場作為目標市場，並在一區隔市場中以一種無差異的產品／服務和行銷方案來爭取有利的競爭優勢。例如，福斯汽車的金龜車曾成功的專注於小型車市場；臺灣的三布居專賣店專注於肥胖女性市場，以「胖姐胖妹的專屬設計師」自詡；都是採用集中行銷策略的作法。

透過集中行銷策略，行銷者可在其選定的區隔市場達成強而有力的市場定位，對此一區隔市場的需要有較深入的認識，更能建立特殊的聲譽。且由於生產、配銷及推廣的專業化，行銷者能享有許多營運上的經濟性。只要目標市場選擇適當，常獲得較高的投資報酬率。但是，單一市場的集中行銷策略所冒的風險也較高。行銷者所選定的目標市場可能一夜之間發生突然的變化，或是突然興起一家新的競爭對手，打進同一區隔市場。因為有這些風險，許多行銷者傾向採取差異行銷策略，同時在幾個區隔市場中經營，以分散風險。

(四)產品專業化策略

行銷者只專注在某一特定的產品／服務，並供應給若干個不同的區隔或利基市場。例如，某出版公司只專注於進口和銷售外文管理教科書籍，供應大學管理系所的師生以及管理顧問公司這兩個不同的區隔市場。採用此種策略可在其專業的產品／服務領域建立良好聲譽，但一旦競爭者推出更好的產品／服務時，行銷者將面臨銷售萎縮的風險。

(五)市場專業化策略

行銷者只選擇某一區隔或利基市場作為目標市場，並提供不同產品／服務來滿足該目標市場的各種需要。例如，清潔公司可專注於提供某一地區各大學所需的各種清潔服務，包括一般教室的清潔、實驗室的清潔、校園環境的清潔、學生

宿舍的清潔和餐廳的清潔等。採用此種策略可以建立目標市場提供專業服務的良好聲譽，但如目標市場預算減少時將有銷售下降的風險。

二、目標市場策略的考慮因素

前述之無差異行銷、差異行銷、集中行銷、產品專業化和市場專業化等五種目標市場策略，都有其適用的狀況。行銷者要選擇哪一種目標市場策略，需考慮本身的資源、產品的差異性、產品的生命週期階段、市場的差異性和競爭者的行銷策略等因素。

首先，要考慮本身的資源。當本身的資源較少時，採取集中行銷或專業化策略較具意義。單一市場的集中行銷和市場專業化策略可集中有限的力量在單一的目標市場上，以獲取競爭優勢。如果本身的資源較寬裕，則可視資源的多寡採用差異行銷策略，同時針對二個或以上的目標市場提供不同的行銷組合方案。

其次，要考慮產品和市場的差異性。無差異行銷策略較適合於標準化產品，如鋼鐵或葡萄柚；而設計變化較大的產品，例如照相機和汽車等，較適合採用差異行銷或集中行銷。又如果大多數購買者的嗜好相同，購買同樣的數量，對行銷努力也都有相同的反應，則可選擇無差異行銷策略，否則就應考慮和選擇其他的目標市場策略。

產品的生命週期階段也需要考慮。當行銷者推出一項新產品時，由於產品在市場上係屬產品生命週期 (product life cycle) 的導入期，面對的只是產品的基本需求，而不是產品差異的選擇性需求，通常只要推出一種款式即可，因此可選擇無差異行銷、集中行銷或產品專業化策略。但如果產品已屬於產品生命週期的成熟期時，則宜採行差異行銷策略。

最後也要考慮競爭者的行銷策略。如果競爭對手採取差異行銷或集中行銷的區隔策略，行銷者如果仍採取無差異行銷策略，將易遭致失敗。反過來說，如果競爭對手採取無差異行銷策略，而行銷者採用區隔化策略時則易獲得競爭優勢。

三、特定目標市場的選擇

行銷者在決定目標市場策略之後，接著要進一步選定一個或幾個特定的區隔市場或利基市場作為全力爭取的目標市場。確認哪一個或哪些市場區隔可為公司

帶來較佳的機會，是項重要的行銷議題。公司在決定進入哪一個或哪些目標市場之前，必須先評估各市場區隔的吸引力。其評估因素包括：(1)組織的長期目標和策略；(2)市場的整體吸引力；(3)競爭情勢；(4)組織的核心專長與資源等因素。

(一)組織的長期目標和策略

行銷者是否要去爭取某一區隔市場或利基市場，首先要考慮這個市場是否與組織的長期目標和策略相契合。如果與長期目標和策略不相契合，即使這個市場有相當大的吸引力，通常也只有捨棄一途。

(二)市場的整體吸引力

市場的整體吸引力是指其規模、成長率、利潤潛力、風險程度等，根據該市場銷售與獲利的潛力。一個整體吸引力不佳的市場通常不適宜選為目標市場。評估市場區隔的結構吸引力因素包括：現有競爭者、潛在競爭者、替代品的威脅、購買者議價力及供應商議價力等，即第六章所述之麥可波特提出影響市場五種力量，可用來確認出一市場長期利潤吸引力。

(三)競爭情勢

行銷者在選擇要進入哪一個特定的區隔或利基市場時，應考慮該市場內的競爭情勢。一個已經有多個競爭者的市場，除非行銷者擁有獨特的競爭優勢，通常不適宜選為目標市場。不論公司採取何種競爭策略來創造競爭優勢，其首要之務是將自己從競爭者中區隔出來，而且必須確認並提升自己成為目標市場中，消費者所認為產品屬性的最佳提供者。

(四)組織的核心專長與資源

在選擇特定的目標市場時，亦應考量行銷者是否擁有要在該特定市場獲得成功，所須具備的核心專長與資源，並衡量公司的資源和能力是否能符合或超越相同市場區隔中，競爭者所提供的產品及服務。如果行銷者本身欠缺這些資源和專長，也未能以合理的價格從外界取得這些資源和專長，往往也只有放棄一途。

目標市場的選擇是一項策略性的決策，將決定組織長期的興衰成敗。因此，行銷者應考慮上述四個因素，審慎選擇合適的區隔或利基市場作為目標市場。目標市場一旦選定之後，固然不能隨意改變，但也非一成不變，由於外在環境、競爭情勢和組織本身的策略和資源不斷在改變中，原先選定的目標顧客群體可能已不再是合適的目標市場。因此，行銷者應定期評估目標市場的合適性，必要時也

要加以調整或改變。例如，7-ELEVEN 統一超商於 1979 年在臺灣創立時，原係以家庭主婦為目標市場，營業並不理想，1983 年改以青少年和上班族為目標市場，營業開始蒸蒸日上，2000 年以後更以「你的好鄰居」為訴求，將目標市場擴大到社區消費大眾。

第二節

市場定位的內涵

許多公司都有能力替其產品與服務建立起獨特的市場地位，這種能力在行銷上相當重要。事實上，行銷策略的核心就是定位策略。然而，這種定位不是取決於你對自己的產品或公司的想法，而是取決於顧客對你的想法。根據美國行銷協會的定義，「市場定位」則是指顧客對某產品或品牌在某市場區隔中所處位置的認知。Trout 與 Rivkin 率先提出定位觀念，將其定義為「集中在一個意念（甚或一個字）上，來為自己的品牌在消費者心中下定義」。

「定位」(positioning) 一詞受到 Rise 與 Trout (1982) 的大力倡導而日益普及，他們將定位視為現有產品的重要競爭工具，認為任何產品都需要予以定位，不論是商品、服務、公司、機構或是個人。所謂的定位並不是指你要對產品本身做些什麼，而是要影響目標顧客的觀感，在目標顧客的心目中建立起產品的地位。在選定的目標市場區隔中進行強勢的市場定位，建立品牌形象，並溝通產品的關鍵利益。美國西南航空 (SOUTHWEST Airlines) 將自身定位為：對通勤搭機者提供「精打細算的搭機服務」(Just Plane Smart) 及沒有額外服務的廉價短程航線；即以短程航線及廉價的機票為營運利基，旅客在自動販賣機購票，飛機上也不提供餐點。麗嘉酒店 (The Ritz-Carlton Hotel) 將自身定位為提供一個難以忘懷的經驗，「使感官活化、灌注健康幸福、甚至實現顧客未曾表明的願望與需求」為其訴求目標。因此，如果要讓顧客滿意，自己公司的市場定位一定要明確清楚。

一、市場定位與地理區域

市場定位的內涵主要是反映顧客類型及其所屬地理區域。舉例而言，以前高雄的大統公司與臺南的丹比喜餅分別享有百貨業和糕餅業「南霸天」之名，其主要顧客群集中於南部地區。而遠東百貨、新光三越、SOGO百貨公司以及郭元益、義美喜餅因陸續在全臺各地廣設據點，且經常出現於全國性媒體中，因而享有全國性的知名度，其擁有的顧客群較廣。

在《突破雜誌》「最佳連鎖咖啡店」調查中（2000年7月）也發現，北區主要環繞在統一星巴克、伊是咖啡、西雅圖極品咖啡三大品牌，中南部則以羅多倫、丹堤及KOHIKAN為三巨頭，這種地區性品牌排行榜顯示出各公司市場定位的差異性。表8.1的不動產仲介業之例，亦可說明地理區域的抉擇對於市場定位的影響。

【表8.1　以地理區域來定位示例】

地理區域層次	不動產仲介業者	營業區域
地方性	東友房屋	大板橋地區
地區性	永慶房屋	大臺北地區
全國性	太平洋房屋	全臺灣
全球性	ERA不動產	許多國家

二、市場定位與通路

即使是屬於服務業的通路品牌，其定位大都是由「商品組合」所決定，如B&Q特力屋的定位是DIY居家修繕專賣店，衣蝶百貨的定位是女性專門店，其商品組合主要是針對年輕女性為主，有別於其他全客層的百貨公司。除此之外，店內的商品陳列、動線設計、賣場氣氛塑造等，也都是影響品牌定位的元素。

零售通路與一般消費性產品不同，產品品牌所販賣的是背後所代表的產品，但零售通路品牌卻不是賣通路，而是服務和產品，因為通路本身並非產品而是一個媒介。雖然如此，通路仍然可以與其他通路作市場的區隔，尋求本身的特色，形成差異化的品牌。

因此，零售通路要變成強勢品牌定位，必須賦予消費者商品以外的價值，這種價值可以從「服務」著手，舉例說明，衣蝶百貨為了加強服務，把廁所升級，還擺放衛生棉等，連內衣試穿間都設計成宮殿一般，讓消費者有如置身五星級套房。另外一項重要差異化因素則是人員服務，例如在星巴克咖啡店內，透過工作人員的殷切服務，消費者享用到的不只是一杯咖啡而已，還有周遭環境所營造的氣氛。關於差異化的變數彙整於表 8.2。

【表 8.2　差異化的變數】

產　品	服　務	人　員	通　路	形　象
特色	訂貨容易	能力	涵蓋面	識別與形象
績效	運送	禮貌	經驗	象徵
一致性	安裝	信用	績效	書面與視覺媒體
耐用性	訓練課程	可靠性		氣氛
可靠性	顧客諮詢	反應		活動
修復性	維修	溝通		
款式	其他服務			
設計				

三、基本的定位策略

行銷人員有數種定位策略可以遵循，如產品屬性、利益、時機、使用者等，然而一旦選好定位策略，公司必須努力地將此定位傳達給消費者，而且所有的行銷組合（產品、價格、通路及推廣）和戰術細節必須完全配合此一定位策略作設計。擬定良好的定位策略很容易，但要付諸實行就很困難，由於建立或改變一個定位通常需要花費很長的時間，因此公司若已建立好定位，就必須要小心地加以維持其產品績效和溝通，並隨時監控競爭者策略，配合消費者需求的變化而作適當的調整。以下將基本的定位策略逐一說明。

(一)產品差異定位

係指公司利用產品差異的特徵作為定位。本公司所提供的產品／服務，究竟有什麼顯著的差異性？這些差異性是否值得企業追求，必須符合七項標準：

⑴重要性：產品差異化應能為多數消費者帶來高度的價值利益。

(2)獨特性：競爭者沒有提供類似的差異性；或是可以用更明顯的方式來擴大差異性。

(3)優越性：此差異性優於競爭者的其他類似差異。

(4)可溝通性：差異性可讓購買者看到並溝通。

(5)先占性：競爭者無法輕易模仿這種差異。

(6)可負擔性：購買者願意且有能力購買此差異性。

(7)獲利性：增加這項差異，可為公司創造更多利潤。

行銷人員並應慎思應推廣哪些差異性或者是推廣多少種差異性。定位始於產品差異性，而這些差異性對目標市場都是有意義的，廠商應該發展集中定位策略，亦即運用最能吸引目標顧客的差異來作為宣傳訴求重點。

Famous Fixtures 公司是生產及裝設零售店用的商店設備，把自己定位為「零售業所擁有、零售業所創設，並經由零售業測試過的公司」，該公司的產品差異不只是在於產品，同時也擴及其服務，該公司知道如何佈置零售店才能提高銷售，同時也瞭解迅速完成零售店裝置、早日開始營業的重要性。另外，也有些公司則認為應該採取一種以上的產品差異因素作為定位，例如美國 Steelcase 辦公室傢俱系統公司提供兩種與競爭者不同的利益，即最準時的送貨及最佳的安裝服務。

(二)屬性／利益定位

係指公司利用產品所提供的屬性及利益作為定位，該屬性及利益必須是目標市場認為很重要的利益點。例如某一家醫院因強調個人保健的重要性，而受到病人的喜愛，排名竄升為第二位。

在零售業中，最重要的屬性及利益，莫過於品質、選擇性、價格、服務及地點，若能率先塑造價值，並確實掌握，將是一種絕佳的競爭利器，也是定位策略的重要考量。某一家鞋子零售業曾經成功地將其低價位連鎖店形象，重新定位為富有價值的連鎖店，以「物美價廉的好鞋子」廣告主題，避開過分強調價格，而轉換為強調品質。另外，美國零售業中較為出名的尼曼百貨 (Neiman-Marcus)、威名百貨 (Wal-mart)、K-mart 等，都是以低價的滲透策略攻占市場，但是在低價滲透之餘，卻也不能忽略商品和服務的品質，也就是「物美價廉、物超所值」的原則。

(三)使用者定位

找出產品的正確使用者／購買者，會使定位在目標市場顯得更突出，在此目標組群中，為他們的地點、產品、服務等，特別塑造一種服務形象。一家紡織品連鎖店為自己定位為：以其過人的創意為縫紉業者服務的零售店，即為喜愛縫紉的婦女提供「更多構想的商店」。

(四)使用／應用定位

公司以消費者如何及何時使用產品，作為定位的考量。酷爾斯 (Coors) 啤酒公司舉辦年輕成年人夏季都市活動，將公司定位為夏季歡樂時光、團體活動時所飲用的啤酒。北京的紫禁城是著名的觀光地點，尤其在「末代皇帝」上映後，更是吸引了大批慕名而來的西方遊客。

(五)產品類別定位

這是非常普遍的一種定位法，其目的並不是要和某一特定競爭者競爭，而是要和某同類產品相互競爭。不論是推出新產品、開發新市場，或是為既有產品進行市場深耕時，此法都非常有效。新加坡的香格里拉飯店，自我定位為「另一個植物園」，其比較的對象並非其他飯店業者，而是新加坡國立植物園。某一家地方性大眾運輸公司，以「搭乘大眾運輸工具最經濟」作為其公司的定位。

(六)競爭者定位

這種定位法是直接針對某一特定競爭者，而不是針對某一產品類別。最知名的例子為百事可樂經常針對可口可樂推出對比式廣告。速食零售業中，漢堡王把自己定位為漢堡口味遠勝於麥當勞；溫娣 (Wendy) 則以「牛肉在哪裡?」向麥當勞挑戰；哈帝 (Hardee's) 則指出這三家競爭者的潛在弱點，為自己尋求更有利的定位。

如果公司未能明確的定位本身的企業識別系統，在產品或服務的銷售上，可能因在消費者心中造成混亂而遭遇困難。因此一個公司要成功，必須尋找其對手的定位弱點，並訂定有效的行銷策略攻擊對方的弱點。

(七)關係定位

當產品沒有明顯差異，或競爭者的定位和公司產品有關時，這種定位方法非常有效，利用形象及感性廣告手法，可以成功地為公司定位。例如美國威斯康辛州 Madison 市一家小規模的銀行，由於所擁有的資源有限，所以試圖以分行遍佈

各地及提供更多的服務項目，和大規模的金融機構競爭，該銀行以城市歷史引以自豪之心與當地建立一種關係，將銀行定位為「社區古蹟的守護者」，並在銀行原來毫無生氣的牆壁上，裝上當地巨幅的歷史照片，結果是魔術般的大獲成功。

(八)問題定位

係指公司為了要涵蓋目標市場，需要針對某一特定問題加以定位，或在某些情況下，為產品建立市場地位。採用這種定位時，產品的差異性就顯得不重要，而且競爭者的存在也不多。例如 1970 年代美國公用事業雖然幾近獨占，沒有直接的競爭者，但由於石油能源危機、成本提高、通貨膨脹加劇，造成人們的不信任感，因此提出「只要我們攜手合作，就能克服」作為自己的定位。

四、錯誤的定位

由於服務的無形性和經驗取向特質，因此明確的定位策略較能協助潛在的顧客對於產品產生信心，而不是模糊的感覺。但是常常因為廠商在增加品牌特性的訴求時，同時也提高了定位模糊的風險，一般來說，公司應該設法避免下述四種常見的錯誤定位：

(1)低定位 (underpositioning)：購買者對品牌只有模糊的概念，不瞭解該產品究竟有何特別之處。

(2)過度定位 (overpositioning)：消費者對於該品牌的印象過於狹隘，例如一般人也許會認為卡迪爾 (Cartier) 出售的鑽石戒指，至少要 5,000 美元，但實際上最便宜的戒指訂價只有 900 美元。

(3)模糊定位 (confused positioning)：由於廠商強調的訴求太多，導致消費者對品牌的印象改變或是混淆不清。

(4)不實定位 (doubtful positioning)：因為產品特性、價格或製造商形象的不協調，使得消費者不相信品牌的訴求。

行銷組合要素——產品、價格、通路和推廣，基本上就是定位策略的細部執行結果。因此追求「高品質定位」的廠商必須生產高品質的產品，採取高價位訂價，透過高級的通路銷售，並在高級雜誌中廣告宣傳，藉以傳遞高級品質形象的一致性，以期能在目標顧客心目中留下鮮明及良好的印象。

五、重新定位

所謂「重新定位」包括改變現有的地位，這樣的策略可能是變更服務特性或重新定義目標市場區隔，在公司層次上的重新定位可能需要放棄某些產品或刪減某些服務，並且從某些市場區隔中完全撤出，例如美國信孚銀行 **(Bankers Trust)**，一家以紐約為基礎的大銀行，嘗試將焦點放在企業理財服務及私人金融時，為重新定位所作的努力，包括將分行網路賣給全國威斯敏斯特銀行 **(National West-minster Bank)**，並使用媒體廣告向潛在顧客強調本身的專業能力。

重新定位的另一個作法是尋找消費者重視的處女地定位，稱之為利基策略，尋找市場上被忽略的特殊顧客群，並滿足其需求。例如南韓的某銀行發現一般的銀行只重視大型集團企業客戶，忽略對中小企業提供服務，因此決定開發中小企業市場，當企業規模擴大後，其金融服務業務也隨之增加。

六、強化市場定位

公司為本身建立起堅強的市場定位後，仍必須利用口碑，與顧客培養持久的關係，維持顧客的忠誠度，使新產品和服務迅速被接受，在狹窄的市場區隔中領先同業。公司只要瞭解市場的運作方式，就可以影響市場對其產品的觀感，替自己創造出一個有利的形象，採取各種必要的步驟，使公司和產品都變得聲譽卓著，聲譽將是市場定位過程中的重要關鍵。

(一)建立聲譽

由於市面上有太多令人眼花撩亂的新產品和新服務，顧客在做購買決定時往往心存恐懼，因而處在瞬息萬變行業中的公司，若要建立強固的市場定位，必須要設法克服顧客的恐懼心理，以「安心」來取代「恐懼」，以「穩定」來取代「不確定」，以「信心」來取代「疑慮」。換言之，必須建立起卓越聲譽、領先地位和優異品質之形象，提供顧客絕對安全和一流的信心。而在建立聲譽的過程中，最重要的有推論 (inference)、推薦 (reference)，以及證據 (evidence) 三方式。

⑴推論：如果一家新創立公司的出資者聲譽卓著、財力雄厚，或是該公司與聲譽卓著的大公司有密切的關係，人們會據此推論該公司應該是可靠的。

⑵推薦：人們在購買複雜或昂貴的產品或服務時，經常會採用別人的推薦，

會詢問朋友、家人或同事購買這種產品或服務的滿意程度，任何一位用過某產品或從事交易的人，如分析師、零售商、新聞記者和顧客，都可能成為推薦人，藉由口耳相傳建立口碑。然而這一過程也會逆向進行，根據統計，對某一產品感到滿意的人，會告訴另外三個人；而對某一產品感到不滿意的人，則會告訴另外十個人。

⑶證據：在市場中成功的公司，會因為良性作用更成功，因為人們會尋找該公司經營良好的具體證據，例如市場占有率提高、利潤增加、販賣該公司產品或服務的零售商增多、新事業的拓展、產品的不斷創新、股價盤升以及策略聯盟等，也因為這些證據更提升了該公司的信譽和形象。

有時提供多元服務的公司，某些服務的形象可能會擴及到其他服務，所以同一地區不同的服務定位，還是需要某些程度的一致性。舉例來說，當一家醫院在婦產科的服務有不錯的名聲時，就可以使其小兒科及外科等也有較好的名聲。

(二)強化廣告

公司要在顧客之間建立起聲譽，廣告也扮演著重要的角色。多數的行銷人員會將定位與行銷組合中的溝通要素聯想在一起，如醒目的廣告、促銷、宣傳等。藉著廣告的大量使用，創造相似品牌與產品的形象與聯想，使產品在顧客心目中有特別獨特的形象，這就是廣告強化定位的方法。典型的例子是粗獷的西部牛仔形象成為香菸品牌萬寶路 **(Marlboro)** 的象徵，麥當勞叔叔成為麥當勞的象徵，這些形象與其產品（菸草、漢堡）的品質並無直接的關係，其目的只是在增加其差異化與商品魅力。

服務業藉由廣告形象來強化定位的例子，包括美商美林證券 **(Merrill Lynch)** 以特殊的公牛造型作為象徵符號，保德信 **(Prudential)** 保險公司以直布羅陀山的輪廓作為註冊商標。也有些公司是利用口號來承諾特定利益，使公司相較於其他競爭者顯得鶴立雞群，例如聯合航空 **(United Airlines)**「在友善的空中遨遊」**(fly the friendly sky)**，荷蘭皇家航空 **(KLM Royal Dutch Airlines)**「可信賴的航空公司」**(the reliable airline)**。

然而，廣告並非核心，廣告能強化產品地位，但不能創造產品地位。由於廣告的氾濫，有時反而變成「折扣因素」，人們日漸懷疑廣告的真實性，因此在做購買決策時，往往比較依賴別人的推薦，包括朋友、專家，甚至推銷人員。服務業

努力追求的是創造聲譽，特別是專業性服務業，相當依賴正面的口耳相傳，聲譽是其重要的資產。因此，聲譽可以被視為是一種員工招募、服務作業、行銷及銷售、服務品質等卓越的競爭性策略的集體表現結果。

第三節

動態定位策略

在資訊時代，我們已經不可能再創造虛擬的完美形象，因為「觀感」與「現實」之間的分別已經愈來愈小。現今的顧客由於面對著更多的選擇，也就變得更容易善變。現代的行銷實際上就是如何爭取顧客的忠誠度。定位並非只是讓顧客意識到各種品牌和公司名稱的等級，更重要的是，你必須跟顧客和市場基礎架構建立起特殊關係。一家公司若想培養出適合現今這個瞬息萬變時代的行銷作風，首先就要採用新的定位方法。

一、由顧客觀點出發

定位應以顧客為起點；意指顧客如何看待市場中現有產品或品牌，顧客在想到你的公司與你的各種產品時，會連帶想到你的競爭者與他們的各種產品，而且會相互比較。從顧客的角度來看，「差異化」不僅與產品或服務有關，與你做生意的方式也有關。顧客會利用各種實證資料，參酌別人的意見和口碑，以及自己以往使用各種產品和服務的經驗，來訂出自己的價值與需求層級，然後做出購買決定。因此，一位行銷人員應清楚瞭解顧客對公司產品的真正看法，否則無法呈現差異化。同時，行銷人員還需明白自己究竟要讓目標顧客如何來看待公司的行銷組合。當市場競爭者與公司極為類似時，定位的議題自是更形重要。如何替公司做一明確的定位，則是最重要的課題。例如當前大多數消費者認為各品牌電視機之間並無多大差異，但新力公司強調 Trinitron 品牌電視能提供真正最佳的畫質。

一旦廠商能掌握消費者的想法後，可以堅持現有產品及行銷組合，或重新加以定位，這也意味著公司可能改變商品的實體外形，或只是調整推廣策略或改變形象。例如在一項口味的測試中，大多數消費者並無法從所有產品中辨識出他們

平日所喜好的可樂品牌；依此測試結果可知，沒有必要改變產品來替代可樂重新定位，而且這種策略實際上也可能是無效的。因此，百事可樂公司就在推廣時，以刺激情境來塑造其愛用者形象，將產品重新定位為「新生代的選擇」。例如，最近可口可樂推出香草新口味，以「年輕人，你好奇嗎?」來做訴求口號。定位攸關行銷之成敗。行銷的所有構成要件，如競爭策略、訂價、包裝、配銷、服務、支援、通訊──都與定位策略關連密切。一家公司的產品如果定位不當，產品的設計、製造或行銷都可能出現問題。

二、動態定位與傳統定位的差異

傳統的定位策略，常忽略了科技和市場變化的因素，有時也疏於建立和維持顧客關係。在傳統的定位所依據的前提是：有一個靜態的，科技、產品和顧客觀感變化緩慢的市場。然而，在現今的多變市場中，行銷人員需要「動態定位」(dynamic positioning) 模式（圖 8.2）。

湯姆彼得斯 (Tom Peters) 提出的「動態定位策略」與傳統的定位策略大異其趣。在傳統的模式中，一家公司首先要決定定位在什麼地方。他可能希望被視為一家售價低廉的公司，或是一家品質優異的公司。然後，利用一句口號或標籤語 (slogan) 來扼述想要傳達的訊息，透過廣告宣傳和各種促銷活動，把口號或標籤語深植社會大眾腦中。傳統模式是以操縱顧客的想法為基礎，也就是利用一整套的行銷花招，誘使顧客意識到他想要的定位。這種定位理論是以公司為中心，而非以顧客為中心。它是靜態的，根本無法適應現今的動態市場。

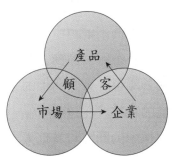

【圖 8.2　動態定位】

艾維斯 (Avis) 與赫茲 (Hertz) 租車公司之間的競爭，就是採用傳統定位的典型

例子。艾維斯將自己定位為租車業中急起直追的第二大公司，口號是：「我們比別家公司更努力。」然後，投入巨資做廣告宣傳，讓人們相信該公司確實比別人更努力。這種作法之所以奏效，完全是因為租車市場基本上是靜態的，汽車與服務多年來並無多大改變，各家租車公司大致上並無差異。處在靜態市場中的公司，為了使自己與別家公司有所差異，一向是靠廣告宣傳，以及提供折扣優待和贈品。但即使是在這種行業，情況也發生了變化。今天，屬於這種行業的公司，若想與別人有所差異，不但要規模最大，而且要提供最佳的服務。

在瞬息萬變的複雜行業中，情況截然不同。這種行業每天都有急遽的變化，各種產品不斷演進，市場不時在變，新科技頻頻出現，競爭情勢也跟著改變。新成立的公司，以及來自其他行業實力雄厚的公司，都想在這個市場分一杯羹。所有這些變化都會影響到市場定位。在今天排名第一的公司，並不能保證明天也排名第一。新科技的出現，往往會在一夕之間，把公司穩若磐石的地位變得十分脆弱。在這種情況下，再多的廣告也無濟於事。一家公司即使提出響亮又動聽的口號，也無法阻止市場地位每下愈況的趨勢。

市場意識 (marketing awareness) 已不足以把公司帶往成功之途。有位學者曾分析在 1973 年發生石油危機期間，聯邦政府能源部所大力宣傳的「節省能源，人人有責」這句口號。在所有接受調查的人當中，80% 都知道這句口號，但社會大眾卻把它當作耳邊風。然而，當政府立法規定行車速度不能超過 55 英里時，耗油量立刻大減。此代表行動要比言辭有效得多，有許多產品和服務，消費者「意識」到，但從未考慮購買。

要在動態的市場中生存，業者所採取的策略顯然必須禁得起市場各種動盪的考驗，建立起穩若泰山的基礎。他們不能把重點僅放在廣告與促銷上，而必須深入瞭解市場的結構。然後，他們必須跟供應商、配銷商、投資人、顧客，以及市場中的其他主要公司與人士培養關係。這些關係的重要性絕不遜於低廉售價、華而不實的促銷活動，甚或先進的科技。在這些關係中，回饋環 (feedback loop) 扮演著關鍵性角色。納入這些關係中的顧客和其他人士，可以透過回饋環影響到公司產品與服務的調整。

定位是逐漸發展出來的。公司或產品的定位，有若一個人的人格發展過程。嬰兒在出生時並無人格，但他們會在成長中逐漸培養出自己的個性。他們會受到

父母、朋友，然後受到教育的影響。他們的人格會隨著環境和各種人際關係而改變、成長和調整。類似地，處在嬰兒期的產品或公司並無實質的意義，但它會逐漸從本身所處的環境中取得意義，並隨著環境而改變。公司在成長時，依然是同一個公司；正如小孩在成長時，依然是同一個小孩。然而，人格與定位卻一直在變。也就是說，動態定位與傳統的定位不一樣的是，它涉及許多層面的過程，包含三個相互依賴和影響的階段：產品定位、市場定位及公司定位。

(一)產品定位

在「產品定位」的階段，公司必須決定自己的產品要靠哪些「差異化」跟別人競爭，如售價低廉？品質優異？科技領先？要攻入哪一個市場區隔？以及要爭取的第一個顧客是誰？管理顧問或行銷專家總是提醒公司，要特別留意一些非實質性的定位因素，例如科技領先地位與產品品質。非實質性因素是以顧客的觀感，而非各種統計數字為基礎。行銷並非一個理性的過程，價格低廉和產品規格較高，並不一定能爭取到生意。培養顧客關係和建立起堅強的產品定位，主要是靠各種非實質性的因素。

(二)市場定位

在「市場定位」階段，產品必須得到顧客的認同。麥可波特在《競爭策略》一書中指出：「每一個行業都隱藏著一個架構，也就是一整套經濟與技術特徵，來帶動各種競爭力量。擬定策略的人如果希望公司在經營環境中取得最佳定位，或是把這個環境變得對公司有利，他就必須知道這個環境是靠哪些力量在運作。」

要建立堅強的市場定位，公司必須瞭解本身所屬行業的基礎架構的各個參與者——顧客、配銷商、供應商、分析師、權威人士及新聞界——並與之密切合作。大多行銷專家一直認為，某一行業中 10% 的人，能影響其他 90% 的人。因此，只要公司得到這 10% 有力人士的認同，市場地位就可確保。

(三)公司定位

在最後的「公司定位」階段，公司所定位的不是產品，而是公司本身，主要是透過公司的財務績效。當公司賺錢時，他犯的許多錯誤會得到人們的諒解；而當公司的獲利滑落時，他的市場地位就會黯然失色。顧客不太願意向財務陷入困境的公司購買產品，尤其是價格昂貴或複雜的產品。當公司發現自己處於這種情況時，則必須重新進行產品定位，並重新建立自己的市場定位。

定位過程是企業規劃的基礎，應得到全公司所有管理者的支持。動態定位可以把公司各個不同的部門連成一體，然後連接到市場上。動態定位必須是整個市場當中的一部分，從而能影響組織的每一層面，其中包括：

1.公司形象

定位會影響到員工的工作態度，因為人們喜歡在一家自己認同的公司做事，尤其是當這家公司居於市場領先地位時，領先的公司顯然比較容易招募到人才。定位還會影響到與金融界的關係，華爾街最中意的是形象良好的公司。

2.產品規劃

從事產品規劃的人，要不斷跟各種變動搏鬥，但只要經常做定位分析，就可以知道如何克服本身的弱點，或設下障礙，防止競爭者的入侵。在產品規劃時，最好的方式莫過於跟顧客對話，充分瞭解整個競爭環境。從事產品規劃的人，必須擺脫以奪占市場占有率為著眼點的傳統行銷，改採以創造全新市場為著眼點的新行銷方法。

3.行　銷

行銷主要是建立各種關係，並透過這些關係導引公司的未來發展。行銷經理必須在公司定位的過程中，扮演整合者的角色。他要透過教育活動，以及跟基礎架構各個參與分子建立的關係，把公司的定位投入市場中。強有力的定位可以協助公司跟各主要利害攸關人士建立起強有力的關係；這些關係又能使公司的定位更加穩固。

4.財務實力

定位與財務實力互依互賴。一家市場定位很好的公司，可以輕易籌到資金；而一家財力雄厚的公司，則有足夠的資金替產品打出天下。

第四節

塑造形象的關鍵因素

要想建立品牌價值，創造企業獲利，就要從顧客和員工身上著手。一個重視顧客和員工的企業，才能在市場競爭中立於不敗之地。長久以來，有關企業的調

查，不外乎哪家企業是員工最希望服務的公司，以及品牌價值、知名度調查。能夠獲得最高評價者，總是不出幾家耳熟能詳的公司；不過，這並不意味著模仿西南航空公司或迪士尼即可達到同樣境界。事實上，有一些企業不去模仿別人，而是有自己特殊的作法，完全不按傳統的企業智慧出牌，到底他們成功的關鍵要素為何？其實套句理查布蘭森的話說，他們只是使用看似平常的作法，而這些作法造就不平凡的成就。史祥恩 (2003) 提出塑造形象的關鍵因素（圖 8.3），分述如下六項要點。

資料來源：史祥恩 (2003)，《突破雜誌》，第 220 期，頁 45。

【圖 8.3　塑造形象的關鍵因素】

一、高度以顧客的價值觀為中心

許多企業的領導者知道顧客的重要性，但事實上，很多企業卻未付諸實行。首先，以英國零售業特易購為例，1987 年特易購在市場落居第四名，聲譽差，賣的東西不是太高級，品質又不好；但十年後，執行長泰瑞利希 **(Terry Leahy)** 在短短幾年之內，使其從第四名躍升為市場領導品牌，其成功秘訣為：「特易購的核心使命是要維持顧客一生的忠誠度，不是只做一次交易，而是要做一生的交易。更重要的關鍵是，不去盲從跟隨市場領導者，而是滿足顧客要什麼，為了凸顯本身的獨特性，特易購是英國第一家推行會員卡的連鎖量販店，從顧客資訊中得知其需求，以及購買習慣，然後就可以依照其需求作為產品服務及革新的方向。

二、重視顧客經驗

傳統的行銷法總是教導行銷人員花大筆錢建立品牌、標誌、店面的佈置，卻未見在服務上有任何的改變，然而，顧客的經驗和品牌策略卻是密不可分的。亞馬遜網站 (amazon.com)，這家公司在短短六年內，從草創時期的一無所有，一躍而達到 30 億美元的營業額，成為達康公司的先驅者。贏得龐大營業額的原因之一，主要是結合優質的產品、良好的價值，還有提供線上最佳的購物經驗。他們提出 "One click" 點選一次即可完成顧客想要的東西，而並非如一般購物網頁需要一頁一頁的點閱，喝上一杯咖啡後，才能達到需要的頁面。

儘管經營網站不需要面對顧客，大部分屬於幕後工作，如盤點、財務等，但亞馬遜網站深知，要擴大市占率，培養顧客忠誠度是線上銷售是否成功的關鍵，於是為了讓員工更瞭解顧客的需求與問題，每年 10 至 11 月時會將所有員工調至物流中心，親身體驗幕後處理訂單的流程，讓所有員工知道「顧客為中心」的重要，清楚明瞭顧客需求與問題所在。亞馬遜網站執行長傑夫貝佐說：「我一向覺得，構成品牌的主要因素，不是公司自己的自吹自擂，而是公司實際上所做的一切。」

三、與顧客建立親密關係

要有卓越的經營運用手法，以及推出先導性產品，才能縮小與顧客之間的距離。以悅榕飯店 (Banyan Tree Phuket) 為例，這是一家在東南亞地區的連鎖飯店，遍及馬爾地夫、泰國等國家，這家飯店在 1975 年，因為普吉島受到化學污染，海生動物都死光，原本被世界衛生組織認定普吉島不適合人居住，悅榕飯店執行長何光平卻利用二十年時間，栽種植物、清除所有有害物質，把普吉島重新鑄造，建立新的社區，現在已經成為旅遊專業雜誌評選為全世界最優質的飯店。不僅如此，他們不同於一般飯店，他們在每位顧客進入房間之前，就準備好 50 支已經點燃的蠟燭，以及床鋪上鋪滿花瓣，而非只是巧克力，空氣中還瀰漫著紓解壓力的薰香精油，讓顧客踏入房間的每一刻都有不同的體驗。他們成功的關鍵就是：和顧客建立親密關係，並有卓越的營運手法與推出先導性產品。悅榕飯店執行長何光平說：「經營重點在於創造一個十分特別的環境與氣氛，然後扮演後勤支援的角色，協助客人獲得超出尋常的經驗。」悅榕飯店以服務及環境營造與顧客建立親密關係。

四、重視員工激勵

應該把員工放第一位？還是顧客呢？其實，兩者都重要。從 1999 年 Conference Board 研究指出，調查全球 650 位 CEO，什麼是他最大的挑戰？結果是顧客忠誠度及留存率是最難，其次是員工認同企業遠景、價值觀，可見顧客與員工是同等重要。

瑞契音響（主要銷售音樂相關用品），這家公司曾創下六年全球零售商中，平均每平方英尺最高營業額的紀錄（坪效），瑞契音響董事長朱利安瑞契 (Julian Richer) 說道：「我並不光是想創造高銷售營業額，而是重視員工與顧客。」在瑞契音響購買商品時，銷售員不如一般商店一昧的推銷商品的好處，只為了促成交易的目的，相反的，他們會建議顧客回家後與家人商量，不急於將商品強迫賣出，並於完成交易後打電話詢問，問其使用上是否滿意。並設計滿意度笑臉量表，衡量每一位銷售員的滿意程度的高低，到了每一週最後一天，統計誰獲得最多的笑臉，凡是得到顧客滿意最高的銷售員，就可將朱利安瑞契提供的勞斯萊斯汽車開回家度週末，這對年輕員工更是有莫大的鼓舞作用。除此之外，朱利安瑞契擁有一架噴射客機，每次出差都會帶七位表現優異的第一線服務人員一起坐飛機；此外，成立急難基金，讓臨時有急用的員工無後顧之憂。朱利安瑞契認為：「這不需要花很多錢，對減少流動率有很大的幫助，因為牢騷滿腹、士氣低落的員工所帶來的負面成本，則要更深遠而巨大，那會造成缺席率、員工流動率、偷竊以及劣質的顧客服務。」

五、締造品牌的顧客經驗

企業提供獨特的服務，而這個獨特的服務就是品牌特質，將其品牌特質轉化為品牌承諾，最後成為顧客的品牌經驗（圖 8.4）。維珍集團 (Virgin Group) 是一個很特殊的例子，大家知道維珍集團為何會跨入航空業嗎？原來是因為維珍集團董事長理察布蘭森 (Richard Branson) 搭飛機時感到無聊，他希望讓顧客不同於傳統只是坐飛機，而是要把搭飛機的過程變得好玩。選擇當時英國航空 (British Airways) 與國泰航空 (Cathay Pacific Airline) 競爭激烈的香港航線作為開端，為了與競爭者區隔，走出自己的一條路，在飛機上加了吧臺、遊樂設施、按摩椅，使得

原本一些爭取時效的商務客，即使維珍航空 **(Virgin Atlantic Airlines)** 途中在杜拜 **(Dubai)** 加油，需要多一點時間，都還是選擇搭維珍航空，因為他提供了不同的搭機體驗。維珍集團試圖為客戶締造品牌獨特的顧客經驗，以及更上一層樓的價值。

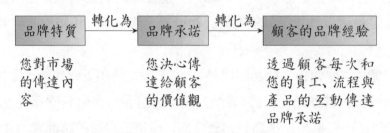

資料來源：《突破雜誌》(2003)，11 月號，頁 45。

【圖 8.4　品牌體驗的過程】

六、累積並運用顧客相關的知識

　　一般企業都擁有市場調查報告，從中瞭解顧客，進而對他們做行銷。哈雷機車正值一百週年，大家都知道哈雷機車不只是一部可以騎乘的機車，它擁有很好的品牌體驗，可是在 1983 年左右，哈雷機車被日本機車搶占許多市占率，也被收購部分股權，面臨岌岌可危的經營困境，於是思考如何起死回生。經過哈雷機車內部主管與哈雷機車車主接觸溝通，問他們喜歡與不喜歡哈雷品牌的哪個地方，並從這個問題加以改進，並提升服務品質，才得以穩住市場銷售。不難發現，哈雷機車能夠從頹勢中起死回生的原因，就是「顧客接觸」。勤於耕耘會員聯繫與活動，真正與顧客有交情，而不只是一本會員資料，管理階層要真正走出去瞭解顧客需要，這樣才能做出與眾不同的行銷策略。

　　還有什麼品牌的顧客願意把產品商標刺青在身上？哈雷車主卻以此為傲，這是一種品牌社區的概念，是一種表現品牌忠誠度的最佳證明，隨時讓人知道他對該品牌的忠誠度。哈雷機車歐洲地區總裁約翰羅素 **(John Russell)** 曾說：「每家公司的品牌可能都有一群追隨者，一群死忠的顧客，但我想哈雷機車真正把這點作得非常透徹。」

　　談到品牌對經濟的衝擊，以全錄 **(XEROX)** 為例，有時業績並不理想，但因為

其品牌力強，93% 的市值是來自其品牌價值，所以，因為品牌創造 93% 的市值，而非企業本身的經營表現，可見品牌的重要。戴爾電腦主管 Jerry Gregoire 說：「顧客的感動經驗是未來競爭的戰場。」有些公司創造吸引消費者的承諾與願景，例如有一家公司無法從產品導向公司轉型成顧客導向的公司，最後終究導致其失敗關門。

　　但許多企業不做顧客滿意度調查，認為是浪費時間，因為 80% 的顧客是對品牌不忠誠的，他們隨時會變換品牌，他們並未達到百分之百的滿意程度，所以他們並不會是該品牌的死忠使用者，可能因為價格因素被其他品牌所吸引，但要注意，即使把這些顧客提升至非常滿意的擁戴者，可是他們並不是企業最有價值的顧客。所以，根據研究顯示，只有完全滿意的顧客，才會持續對企業忠誠（圖 8.5）。

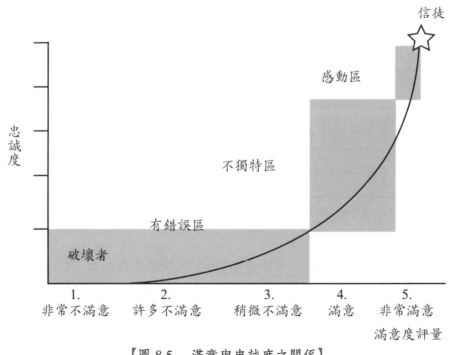

【圖 8.5　滿意與忠誠度之關係】

　　擁有好的顧客品牌經驗可以將公司獲利目標提高 2 倍，所以企業應該重視顧客的品牌經驗。顧客願意花更多的錢來滿足體驗，以咖啡為例，還是咖啡豆階段，只值 12 元，將它磨成粉狀以後，加上雀巢品牌而成商品，如果進入麥當勞後，咖啡不單純只是商品的販售，還要加上服務，如果進入統一星巴克 **(Starbucks)** 咖啡

連鎖店後，咖啡又多加了不同的體驗，它的售價變成將躍升 10 倍，也就是說，咖啡在不斷演進中，加入體驗之後，產品的價值可能立刻翻倍，這也顯示著體驗經濟時代的來臨。

自我評量

1. Swatch 手錶的市場地位為何？它選擇的目標市場在哪？

2. 照相手機將是下一波的市場主流，臺灣市場上目前有許多品牌，可否舉兩個品牌來比較，說明其定位的不同？

3. 顧客經驗對於品牌形象是相當重要的，可否舉你自己的消費經驗，為何由原來的嘗試者變成該品牌的忠誠使用者？

4. 現在流行的拍賣網站，它選擇的目標市場在哪？根據你所知道的拍賣網站做其定位上的比較。

5. 就你的消費發現，哪些品牌的產品或服務有錯誤定位的情況？

6. 就你所讀的學校進行定位，你會考慮哪些因素？而你採取定位的訴求為何？

7. 差異化是競爭優勢的關鍵，如果你是一家披薩店的老闆，你會採取何種差異化，來營造與其他同業者的不同？

參考文獻

1. 史祥恩 (2003)，〈強化品牌價值：創造企業最高市值〉，《突破雜誌》，第 220 期，頁 45。

2. 沈華榮、黃深勳、陳光榮、李正文 (2002)，《服務業行銷》，國立空中大學，頁 82–103。

3. 唐清蓉譯、Jack Trout and Steve Rivkin 著 (1996)，《全新定位行銷》，美商麥格羅·希爾，頁 91。

4. 尉騰蛟譯、Regis McKenna 著 (1997)，《關係行銷：顛覆傳統的新行銷學》，長河出版社，頁 65–73。

5. Aaler, David A. and J. Gary Shansby, "Positioning Your Product," *Business Horizons*, May–June, pp. 56–62.

6. Armstrong, G. and D. Kotler (2003), *Marketing: An Introduction*, New Jersey:

Prentice Hall.

7. Aaker, David A. (1991), *Managing Brand Equity: Capitalizing on the Value of Brand Name*, New York: The Free Press.

8. Parasuraman, A., Valarie A. Zeithaml and Leonard L. Berry (1985), "A Conceptual Model of Service Quality and Its Implications for Future Research," *Journal of Marketing*, Fall, pp. 41–50.

9. Plummer, Joseph T. (1979), "The Concept and Application of Life Style Segmentation," *Journal of Consumer Research*, June, pp. 12–22.

10. Pride, William M. and O. C. Ferrell (2000), *Marketing: Concepts and Strategies*, Boston: Houghton Mifflin.

11. Ries, A. L. and Jack Trout (1982), *Positioning: The Battle for Your Mind*, New York: Warner Books.

12. Wind, Yoram J. (1982), *Product Policy: Concepts, Methods and Strategies*, MA: Addison-Wesley, pp. 79–81.

第九章

新產品開發和產品生命週期

學習目標：

1. 新產品的涵義
2. 新產品的開發過程
3. 產品生命週期管理
4. 事業週期的行銷規劃

其實，企業經常犯下的毛病是：醉心於產品的優異性，而忽略了消費者究竟需不需要它。經常只是一昧的埋首苦幹，乃至於孤芳自賞，而忘了從消費者的角度去思考，則很可能開發出來的產品是企業敝帚自珍，消費者則棄如敝屣；不懂消費者的心，就如同關在象牙塔的企業，終究難獲得消費者的眷顧。巨大機械過去曾經一度著眼於新技術、新產品的開發，忽略了消費者對腳踏車實際的需求；美國超微 (Supermicro) 也批評對手英代爾只追求速度，卻沒有真正瞭解消費者的需求。

陷入這種迷思的企業會傾向於相信，好品質的產品會「自動銷售」，問題是品質是相對的比較，而非絕對的判斷。消費者會拿你的產品與競爭對手相比，也會做價格的比較，唯有在物有所值，消費者能負擔的能力下，比較之後，發現確實你的產品有優於競爭者時，才算是跨過消費者這道門檻。因此，一昧地追求更高技術的產品，未必是正確的行銷之道，因為消費者未必需要你提供更好的「產品功能」。

以目前已進入成熟期的手機為例，各家業者紛紛在商品改良上推陳出新，並陸續推出許多附加功能，這種愈來愈別出心裁的產品，由於增加太多的功能，而這些功能未必是消費者所需要或經常使用的，未來是不是會受到消費者的青睞，或者導致「中看不中用」的結果，都還有待觀察。

第一節

新產品的涵義

在多數的市場中，必須保持進步，一公司若沒有積極的新產品開發程序，則可能代表著該公司由現在的產品上榨取利潤之後，就必須面臨退出市場的命運。新產品規劃不是公司的一個選擇，是在今日動盪的市場中，公司生存的必行之道。

新產品 (new product) 是指從公司的任何角度而言都是新的東西，一項產品

可以經由許多方式而成為「新」的產品，一個新奇的概念轉換為一項新產品後，新的產品生命週期就開始了，例如，美國生化大廠 Alza 公司的表皮貼劑取代一些藥丸和注射液。新產品來自創新，創新可分為連續性創新 (continuous innovation)、動態連續性創新 (dynamically continuous innovation) 與非連續性創新 (discontinuous innovation)。連續性創新係指基於現存產品上所作之改進，例如針對汽車的性能提升所做的汽車引擎改進；動態連續性創新是指現有產品上的重大創新，例如按鍵式電話或自動對焦的 35 釐米照相機；非連續性創新則為全新的產品，例如世界上第一次出現電腦和電視。

另外，依據創新的動力來源，可以將創新分為技術驅動的創新和顧客驅動的創新。技術驅動的創新 (technology-driven innovation) 係指創新來自科技本身的進步與發展，例如真空管進展到電晶體，再進化至數位的 IC，而顧客驅動的創新 (customers-driven innovation) 則指創新來自顧客的需要，例如顧客對汽車內部裝潢的要求。

通常技術和生產人員眼中的新產品和行銷人員眼中的新產品往往有很大的差異。技術和生產人員眼中的新產品是指技術上或市場上全新的產品，而行銷人員眼中的新產品則不一定全然必須在技術上有所突破，或是在市面上第一次上市。基本上，依據 Booz, Allen and Hamilton (1982) 的定義，新產品分為六大類：

1.新問世產品

通常是非連續性創新的結果，這類創新創造了一個全新的產品，進而導致一個全新的市場。例如電話、電視、電腦及傳真機都是屬於全新的產品。

2.新產品線

公司首次進入既有市場的新產品。這些產品是公司過去所不曾提供而現在才首次進入現有市場的。對市場而言，這些產品並不算新發明；但對公司而言，這些產品則是首次提供給市場。例如明碁公司研發新手機進入大哥大通訊器材市場，對明碁公司而言雖是新產品，但市場早已有此種產品的存在。

3.現有產品線延伸

公司現有產品線的新增產品，主要是產品線延伸或產品線填補的結果，包括新包裝、新口味和不同尺寸容量等。例如惠普 (Hewlett-Packard; HP) 公司推出新型的印表機，已增補其印表機產品線的不足。

4.現有產品的改良品

改良性能、提高價值取代現有產品的新產品。可能僅是針對現有產品作顯著或輕微的改變。例如台塑王品牛排針對其台塑牛排選材進行改善，以增加其美味。

5.重新定位

將現存產品導入新市場、新市場區隔或新用途，以創造一個新的定位。例如嬌生公司將其嬰兒洗髮精重新定位於少女市場；或是房地產廠商將銷售不佳的舊個案，予以重新命名和包裝來重新上市。

6.降低成本

以較低的成本提供具有相同功能的產品。對於那些和競爭者的品牌表現類似的產品採取降價的手段。例如惠普公司引進具備彩色列印和複製功能的 CopeJet，其價格約為傳統彩色印表機的十分之一。

現有產品概念的一些改變也能產生新的產品。例如，Oral-B 公司推出全新電動米奇牙刷（兒童用），在其傳統牙刷中加入一排有顏色的刷毛，牙刷的使用次數愈多，刷毛的顏色愈淡，藉此提醒消費者更換新牙刷的時間到了。高露潔則重新設計其牙刷，以軟式的握把和有角度的刷毛，使牙刷的清潔效用更好。甚至只是對現有產品的小幅改變也能使其轉變成一項新產品。

一間公司只能在一定的期限之內，自稱其產品為新產品。根據美國聯邦貿易委員會 (Federal Trade Commission; FTC) 的規定，除非是嶄新的產品、或是在「功能上有顯著改良的產品」，才能在上市六個月以內自稱為新產品，該委員會是聯邦政府機構，主要負責反獨占的法律。

開發新產品以及放棄舊產品的決策，通常都涉及道德問題。例如有些公司（包括生產藥物治療愛滋病的藥廠）曾經廣受批評，被認為蓄意擱置重大的新產品，直到現有產品的專利權即將到期，或是銷售業績走下坡時，才推出新產品。另外，一些公司指責新／舊產品的汰換速度太快，往往新產品才上市沒多久，下一代改良版就緊接著推出，導致通路消化不良，而許多中間商更指責廠商的新產品上市策略密而不宣，導致舊產品的存貨必須賤價出售，造成他們虧損慘重。

在完全成熟的市場中，廠商經常小幅度的修改或改變產品，這種作法也常受到許多批評。以紙尿褲為例，行銷經理認為透過男／女生專用的設計，並提供不同尺寸、顏色及形狀的紙尿褲，將可以更加滿足消費者的需求。但許多零售商認

為這類新產品只是為了搶占更多陳列空間而已。此外，消費者則抱怨款式太多，反而令人無所適從。

　　不同的行銷經理對於這些批評可能會有不同的反應，然而，產品管理決策通常對顧客及中間商會造成顯著的影響，一項草率的決策可能會導致負面的反彈，且會影響到公司的策略和聲譽。

第二節

新產品的開發過程

　　公司成功與生存的關鍵，在於能確認創意與開發新產品的概念，且利用有效的策略來執行。新產品的開發必須具備天分、努力及時間，而其成本及風險依然很高。依據專家的估計，美國消費性罐裝食品的廠商平均推出一項新品牌的花費為 2,000 萬美元，但其中有 80% 的新品牌可能會失敗，這時龐大的花費就成了浪費。在服務業方面，雖然推出新服務的表面成本不像製造業那麼的高昂，一旦服務不盡理想，當不滿意的消費者轉向他處購買，該廠商將流失顧客的終生價值。

　　新產品失敗原因有很多，大部分是因為公司無法為新產品提供獨特的利益，或是低估了競爭情勢。有時候，新產品的概念相當優秀，但是設計上卻有問題，或是實際生產成本遠比預期高出太多。有些公司在還沒有發展出一套完整的行銷計畫前，就已經迫不及待的將產品上市了。

　　新產品開發過慢也同樣會造成問題，由於許多產品汰換速度很快，能快速進入市場推出新產品將是獲得競爭優勢的重要關鍵。全錄公司的行銷經理曾經歷慘痛的教訓，日本的競爭廠商以創新的新型影印機，掠奪全錄的市場占有率，這些競爭廠商發展新機型的速度是全錄公司的兩倍，但是成本卻只有全錄的一半，為了因應競爭壓力，全錄公司必須盡量縮短原先長達五年的新產品研發期。如製造商的克萊斯勒汽車公司，到網路服務的 E*TRADE 公司都致力於加速新產品的開發。為了快速開發新產品，且避免新產品的失敗，許多公司都建構一套井然有序的新產品開發過程，可區分為五個步驟（圖 9.1）。

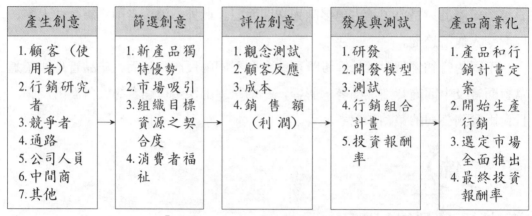

【圖 9.1　新產品開發過程的步驟】

一、產生創意

新產品源於新產品構想。每一項成功的新產品背後需要有大量的新產品創意或構想，因此組織必須產生許多的新產品構想，以便作為新產品開發的基礎。新產品構想來自各方面，如顧客、員工、通路成員、競爭者、外界的機構、高階管理當局等。其他的來源如發明家、專利律師、學術性與專業性實驗室、產業顧問、廣告代理商、行銷研究公司、專門性刊物等。

激發創意的技巧包括屬性列舉法 (attribute listing)、強迫關係法 (forced relationships)、型態分析法 (morphological analysis)、需求／問題辨識法 (need/problem identification)、腦力激盪法 (brainstorming) 和綜合隱喻法 (synectics)。

1. 屬性列舉法

屬性列舉法是將現有產品的所有主要屬性列出，然後逐一修正屬性來找出新的產品。例如桌子的屬性有材質、形狀、顏色與桌腳數目等，我們可針對每種屬性，盡可能地提出替代選擇，然後將各種屬性下的選擇，加以隨意組合成新產品的概念。

2. 強迫關係法

強迫關係法是將兩個或兩個以上的無關產品強迫結合起來，而產生新的產品構想。例如鉛筆與橡皮擦的結合；電視機與錄放影機的結合；輪子與椅子的結合。

3. 型態分析法

型態分析法是透過調整產品既有的關係結構，發展出新的產品型態和新的產品樣式。例如傳真機基本上是將影印機的結構重新思考後的產物。將影印機的輸入系統與輸出系統分開後，中間再以電話線連接，便是傳真機的概念。

4.需求／問題辨識法

需求／問題辨識法是以消費者為起點，詢問其需求、問題和想法，例如採訪消費者對特定產品的看法、具體的感受以及產品的缺點。如果消費者指出包裝的尺寸過大，廠商就必須考慮提供小包裝的產品來滿足消費者的需求。

5.腦力激盪法

腦力激盪法的目的是透過激發群體無限的思考來解決問題，這是一種「量中求質」的方法。透過腦力激盪會議，會產生大量的想法。進行腦力激盪法時，不論構想多麼荒謬，所有參與腦力激盪會議的成員都不能批評其他成員所提出的任何想法，因為害怕被批評是阻礙創造力的一項重要因素。腦力激盪會議通常參與的人數為六到九人，時間為一小時左右。腦力激盪法是最常用於激發群體創造力的工具。依照 Osborn (1963) 的觀點，必須具有幾點特色：(1)避免批評：必須保留負面評論。(2)天馬行空：想法越瘋狂越好，冷卻可比加溫容易。(3)數大是美：想法的數目越多越有可能找到好創意。(4)鼓勵綜合延伸：參與者可以先以他人的意見作為起始點。

6.綜合隱喻法

William J. J. Gordon 認為 Osborn 的腦力激盪法缺乏全面性的考量，因此提議先模糊問題的焦點，讓大家暢所欲言，再逐漸導入主題，以獲得更廣泛的討論，即所謂的綜合隱喻法，又稱戈登法。腦力激盪法由於執行的時間只有一小時左右，因此比較適合非技術性的問題（例如新產品的命名）。至於技術性的問題，則可由綜合隱喻法來解決。綜合隱喻法通常執行的時間在二到三小時，主持人負有規劃整個會議進度的職責。它也有五項原則：(1)延遲：先選擇觀點，再找答案。(2)主題自主：讓討論的問題自生自滅。(3)老生常談：利用大家都熟悉的事物作為跳板。(4)涉入／分離：選擇性探討特定問題，再跳出主題，以看看是否能找出不屬於一般性中的特例。(5)使用隱喻：運用毫不相關的事物作比喻，以刺激新的觀點，讓明顯無關或偶發的事情類推出全新的觀點 (Lincoln, 1962)。

二、篩選創意

經過新產品構想產生的階段後,開始步入新產品開發過程的第一個過濾機制,亦即創意篩選。篩選的目的在於必須捨棄那些和組織新產品策略不一致的創意;避免採用的錯誤 (go-error) 與摒棄的錯誤 (drop-error)。採用的錯誤是指將不適合的創意予以接納;而摒棄的錯誤是指將適合的創意錯誤的加以摒棄。在篩選創意時,可以考慮以下幾個構面:

1. 新產品的獨特優勢

新產品所具有的設計、特性、品質或其他獨特的優點,可以帶給消費者經濟上和非經濟上利益的程度。

2. 市場的吸引力

新產品所擬進入的市場之相對規模、成長的潛力與市場內的競爭程度,以及市場趨勢的研判。

3. 組織目標和資源的契合度

新產品與組織現有舊產品在管理上、策略上、行銷上、技術上、研發上與生產上的綜效,亦即彼此相輔相成的程度,並考慮到投資報酬率和組織資源的優劣勢。

4. 消費者福祉

進行篩選也必須考慮到一項新產品對消費者的長期影響,事實上,產品應該增進消費者的福祉,而非只是滿足消費者一時的興致。

圖 9.2 展示出不同類型的新產品機會。有些消費者會只著眼於眼前的享受,卻很少會去關心自己長期的福祉,而有些競爭廠商只顧著去討好消費者,提供他們想要購買的產品。但有社會責任感的廠商,會試著發掘理想的機會而非不良的機會,在篩選新產品創意時,會考慮到產品的安全性及產品責任的問題。

1. 產品的安全性

真正符合行銷觀念的產品,必定也是一項安全的產品。1972 年美國通過了消費品安全法案 (Consumer Product Safety Act),並設立了消費品安全委員會,鼓勵廠商設計安全的產品及落實更好的品質管制。該委員會擁有很大的權力,不但可以為各種產品訂定安全的標準,還可以命令廠商回收或修理不安全的產品,對

立即的滿足

	高	低
高	合乎理想產品	有益產品
低	討喜產品	不全產品

長遠的
消費福利

【圖 9.2　新產品機會的類型】

於違反規範的廠商，委員會也有權課以罰金或處以刑責。美國的食品及藥物管理局在食品和藥物管理上也有相似的權力。

產品的安全規範使得策略更形複雜，並非所有的顧客都願意以更高的代價去換取較安全的產品。有時候為了產品的安全性著想，使得生產成本不得不大幅提升，並反映在售價上。公司在篩選階段就必需考量到這些安全性問題，以免公司在日後會為了不安全的產品付出很大的代價。

2.產品責任

產品責任 (product liability) 是指當個別的購買者因使用有瑕疵或不安全的產品而導致傷害時，則廠商必須負起法律義務，賠償購買者的損失，產品責任是一項相當重大的事，責任的設定可能超過公司的保險範圍，甚至必須賠上公司所有的資產。

相對於大多數的國家，美國的法律對於廠商的產品則認定有一套極為嚴格的標準，無論產品使用方式是否恰當或是產品的設計是否優良，廠商都必須負起傷害的責任。如專事生產美式足球頭盔的 Riddell 公司，就曾經因為一名高中足球員戴著 Riddell 的頭盔在比賽時扭斷脖子，而被法院判決賠償 1,200 萬美元，其原因是因為 Riddell 公司沒有在產品上貼上標籤，警告球員在互相撞擊時可能造成的危險。

也許有些批評者認為，美國法律所制定的產品責任過於嚴苛，將會打擊創新和阻礙經濟成長。但反觀日本的制度，並不鼓勵消費者提出訴訟，因為只要消費者控告廠商並要求賠償損失時，不管是勝訴或是敗訴，法院都會要求消費者（原告）支付一百分比的現金作為法庭訴訟的成本。產品責任是很嚴肅的道德與法律問題，很多國家正著手修改法律，希望能兼顧企業的利益及消費者的福祉保護，

故行銷經理在篩選新產品概念時必須注意。

三、評估創意

新產品開發過程中重要項目之一，是持續地評估新概念的獲利性及投資報酬率。創意要想通過檢驗，必須不斷地證明開發成產品後的獲利能力，否則將遭到淘汰。大多數的創意往往有一些瑕疵，行銷人員必須儘早發現這些瑕疵，並找出解決之道，或是毅然刪除不夠完美的想法。公司在運作這套程序時，必須在投入資金於開發和行銷新產品之前，先對新產品概念展開許多分析，此與生產導向有很大的不同，使用生產導向的公司會先開發出新產品，後來遇到銷售不良問題後才加以「放棄」。

新產品創意的發覺並非純屬偶然，公司必須建立一套尋找新構想的正式程序。雖然在後續的步驟中，公司往往會刪除許多的創意，但是也必然會留下一些較為看好的想法。新概念的產生可能來自公司本身的銷售人員或生產人員、中間商、競爭者、消費者調查以及其他諸如同業公會、廣告代理商或政府機關等來源。經由各種不同的角度來分析公司的目標市場，且研究目前消費者的行為後，行銷經理可能會發現尚未受到任何競爭者，甚至是潛在顧客等注意到的行銷機會。例如，新服務的概念產生往往源自於顧客投訴的分析。

公司在尋找最佳新產品概念時，也應密切注意競爭者的行動。例如，微軟必須隨時留意網景在網路瀏覽器和視窗軟體上的各種變動。有公司使用逆向工程(reverse engineering)，例如福特汽車公司的新產品開發專家會盡快地購買一些競爭對手的上市新車加以解體研究，試圖從中獲得一些新的概念。

目前很多公司會到國際市場中去四處觀察以找尋新概念。例如，歐洲的食品公司正在實驗由日本引入一種透明的、無味的、天然的包裝食品薄膜，當消費者將產品放在沸騰的水中或微波爐中，並不需要先將薄膜拿掉，因為薄膜會自動消失。研究顯示，在商業市場中的許多創意往往源自於顧客本身的需求，他們會對供應商表達自己的想法，甚至大略描述出特殊的設計或規格。這些顧客往往會成為產品的早期使用者，但供應商也可以追求其他市場的機會。

有關如何發現新屬性的產品，一般而言，可利用以下四種方法：

⑴顧客調查法 (customer survey)：詢問顧客最希望增加哪些新屬性，及其期

望水準，而後調查增加新屬性所需要的成本、競爭者可能的反應，再選擇獲利可能最高的新屬性。

⑵直覺法 **(intuitive process)**：創業者的創意可憑直覺，而不用行銷研究。

⑶辯證法 **(dialectical process)**：不應該一窩蜂追隨，而要找尋正被忽略的市場區隔。

⑷需要層級理論 **(needs-hierarchy process)**：依照馬斯洛所提出的需要層級理論，尋求滿足消費者需要的創意。

評估時也可運用前述 SWOT 分析類型，和產品市場篩選準則來評估新構想，這些準則包括了資源（優／劣勢）分析、長期趨勢分析，以及對公司目標的完全理解所組成，一個「好」的新創意有助於產品（或行銷組合）的形成，並帶給公司持續性的競爭優勢，因此產品構想和產品創意要隨時做評估（表 9.1 和表 9.2）。產品構想 **(product idea)** 是指從製造商的角度，提供市場一種可能產品的構想。這種構想可能來自於新技術的發展、舊有技術的突破，或是產品製造過程所產生的副產品。這種構想只是反映了製造商的期望，並不表示消費者就能接受。

【表 9.1　A 產品構想的評估】

產品成功要件	相對權重	產品得分	產品評分
產品獨特性	.40	.8	.32
高績效成本比	.30	.7	.18
高行銷費用	.20	.6	.14
缺乏強大競爭	.10	.5	.05
合　計	1.00		.69*

＊成功機率＝技術完成的機率×商品化的可能性×商品化後獲利機率

然而，消費者買的並非是產品構想，而是產品概念。產品概念是從消費者的觀點出發，將產品構想由消費者利益的角度形成一種較為精細的面貌；產品概念的清楚界定則形成定位基礎。產品概念的定位是指本公司的產品在概念上和其他競爭產品的差異。因此，當一創意通過篩選階段後，仍須經過更嚴謹的評估，這時公司可以估計約略的成本、收益以及獲利率等表現，而市場研究將有助於辨認出潛在市場的規模。由於產品尚未真正的開發，所以並不容易獲得消費者的確切反應，為了使評估工作更加順利，公司可以利用觀念測試 **(concept testing)** 來協

【表9.2　A 產品創意的評估】

產品成功條件	相對權重	公司能力	評　分
公司形象及商譽	0.20	0.6	0.12
行　銷	0.20	0.9	0.18
研　發	0.20	0.7	0.14
人　才	0.15	0.6	0.09
財　務	0.10	0.9	0.09
生　產	0.05	0.8	0.04
地點與設備	0.05	0.3	0.015
採　購	0.05	0.9	0.045
合　計	1.00		0.72*

＊評分量表：0–0.40 差；0.41–0.75 普通；0.76–1 極佳；最低接受水準：0.7

助瞭解新產品創意是否能符合消費者的需求。觀念測試可以利用市場研究的方法，從非正式的焦點群體訪談，到針對潛在顧客的正式調查。例如，台糖在製糖的過程中，除了產生糖蜜以外，還產生酵母、酒精與蔗糖渣等副產品。台糖將酵母製成健素糖，這是一種產品構想。然而，健素糖到底應定位為糖果，抑或是健康食品，這是產品概念抉擇的問題。一個錯誤的產品概念可能導致全盤錯誤的行銷策略。因此在產品發展的過程中，如何找到一個正確的產品概念，具有相當關鍵性的意義。

　　不論使用何種研究方法，在概念評估階段應該收集足夠的資訊，以便判斷是否存在著機會，是否能與公司現有的資源配合，以及是否有市場優勢的基礎，有了這些資訊，公司就可以估算出不同市場區隔的投資報酬率，並決定是否要繼續開發此新產品。

四、發展與測試

　　產品創意經過篩選及評估階段後，必須再作更進一步的分析，這時涉及了新產品的研究發展 (Research and Development; R&D) 和工程，以便設計與開發產品的實體部分。在新服務提供前，公司必須完成傳遞概念所需的訓練、設備和人力等細節。

　　新的電腦輔助設計 (CAD) 系統為新產品設計工作帶來革命性的改進，設計者

可透過電腦繪製包裝和實體產品的三度空間的彩色圖樣，經理人可由電腦中看到實際產品的描繪，可從不同的角度來觀察產品，也可透過電子郵件將這些圖樣傳給分佈全球的經理人員，甚至可用來進行對消費者的行銷研究，在設計完成之後，設計者甚至可以直接透過電腦來控制製造系統。例如，摩托羅拉公司及天美時 **(TIMEX)** 公司都發現，新的電腦輔助設計系統能夠將新產品的開發時間縮短至一半，使他們更有能力去對抗外國競爭者。

對於真正的產品或服務，潛在顧客能反映出這些產品滿足其需求的程度。小組座談會、固定樣本及大樣本調查都可以用來瞭解他們對特定的功能和整個產品創意的反應。有時候，這種反應將會扼殺創意。例如，可口可樂公司曾經信心滿滿的想要推出新型的濃縮柳橙汁，可裝在擠壓式瓶中出售，然而市場測試的結果卻令人失望。消費者喜愛這樣的創意，但卻厭惡這項產品使用上太過麻煩。

在其他案例中，測試可以促使廠商針對不同的市場進行產品規格的修正。有時候，複雜的修正程序是必要的，為了精確地掌握住不同目標市場可接受的產品，有必要經年累月的研究。例如，吉利 **(Gillette)** 公司 Mach3 品牌的刮鬍刀片共花費了超過十年和 7 億 5,000 萬美元的開發與工具成本，此外，該公司也花費了 3 億美元來進行導入期的推廣活動。

廠商通常利用全面的市場測試來瞭解市場上的實際反應，或試驗各種可能的行銷組合。例如，廠商可能在不同的測試城市中測試不同品牌、價格或廣告文案等的效果。值得注意的是，公司測試的是整體行銷組合，而不只是產品本身而已。例如，一家連鎖旅館可能在某一地點測試新的服務，以觀察該服務是否成功。一個產品在某城市試銷很成功，並不代表在其他地區也會如此，所以選定用來作為測試的城市，必須在位置、人口統計與購買習性上，都可以反映全部市場的狀況。試銷根據其測試目的可分為下列幾種：

1. 控制下的試銷 (controlled test marketing)

廠商安排某些特約商店，根據行銷計畫，在特定貨架上擺上新產品，並加以布置、陳列及訂價，然後根據其銷售量來觀察新產品的接受度。廠商也可以派人觀察或訪問消費者，以瞭解其對新產品的印象和看法。控制下的試銷對通路的決策有很大的參考價值。

2. 模擬試銷 (simulated test marketing)

首先讓目標顧客看一段影片，影片中夾雜著許多的廣告與節目。廣告中除了包含新產品的上市廣告外，也包含一些競爭產品的廣告。當目標顧客看了影片後，會給目標顧客一筆購物點券，請他到特約商店去選購商品，然後根據回收的點券來瞭解有多少人買了新產品，有多少人買了競爭者的產品。如此，便可以測試新產品上市廣告的效果。

3. 標準試銷 (test market)

在全國市場中，選定某些代表性的區域作為進行測試的市場，然後按照行銷計畫上市新產品，並在該區域內進行新產品的廣告或促銷。接著藉由觀察該區域的銷售狀況及對行銷計畫的反應，來判斷新產品的全國性上市計畫是否可行。

市場測試的成本可能相當昂貴，但是不作市場測試有時會付出更大的代價。Frito-Lay 公司自認為非常瞭解消費者偏好，當該公司發展出三種變化的薄餅乾時，沒有做市場測試，就將產品正式上市，雖然在無線電視中大力廣告促銷，Max-Snax 品牌的薄餅乾在市場銷售上仍未有起色，最後 Frito-Lay 公司只好停止銷售這項新產品，由零售店下架，此舉造成了該公司虧損 5,200 萬美元。

五、產品商業化

經過重重考驗之後的新產品概念，終於可以正式上市。新產品上市是很昂貴的，這包含了完整的生產設備或服務設施的建構，必須生產出足夠的貨品，且在配銷通路上完成鋪貨，或是雇用及訓練人員來提供服務。此外，假如廠商要進入一個競爭非常激烈的市場，則將得花費高昂的導入推廣成本。

由於產品上市茲事體大，有些公司以漸進式方式，由一個城市接一個城市、一個地區接一個地區按順序「推出」產品，直到涵蓋全部的市場為止。以這種方式進入市場也可以進行市場測試，但是行銷經理也必須投注心力在控制上，以確保有效的執行努力，且使得策略能命中目標。若新產品試銷沒問題，廠商便會將新產品上市。在新產品發展過程中，最後一個階段即是「上市」，亦即決定將一個新產品正式在市場上銷售。對產品上市而言，所必須進行的活動包括採購生產原料及機器、開始生產、儲備存貨、分配產品至銷售點、訓練銷售人員、對經銷體系宣布新產品的引進及潛在顧客施行行銷計畫。

新產品上市的時程可急可緩，可由幾週到幾年，主要是考慮市場消費者接受

度及競爭者的可能反應。例如產品有淡、旺季之分時，上市季節的考慮便非常重要，以旺季上市較能趁勢而為。另外，若競爭者也計畫在相近時間推出相似產品時，廠商就必須慎選上市時機。一般而言，有下列三種選擇：

1. 領先上市

領先在競爭者之前推出新產品。此舉主要是在搶先爭取顧客心目中的地位，以確定第一品牌的地位。此外，領先上市往往也能獲得在關鍵資源上的優勢地位，如通路。例如葡萄王的「解酒液」，在解酒飲料產品類便採領先上市。市場先驅者因為先進入市場者得到相對較高的利潤，然而往往風險大且所費不貲。先驅者優勢來源是以消費者為基礎，消費者通常較偏好先驅者的品牌。早期採用者是因試用過且滿意，而偏好先驅者的品牌。因此，先驅者也建立了此產品類所應有的屬性、規模經濟性、科技領先、稀有資產的所有權及其他進入障礙等都可為生產者帶來優勢。

2. 同步上市

選擇與競爭者同時上市，主要是可以和競爭者共同炒熱市場，以創造消費者的需求，同時也可和競爭者共同分擔昂貴的消費者促銷與教育的成本。有些原物料供應商在研發出新物料時，會同時提供給許多使用廠商，因而促成這些使用廠商利用該原物料同時推出新產品。例如纖維飲料和滑板車的推出便呈現一窩蜂的現象，造成一種流行，這便是同步上市。

3. 延遲上市

選擇在競爭者之後進入市場，主要目的是讓競爭者負擔昂貴的消費者教育成本，等到確定市場接受該新產品後，再上場接收該市場。例如「泰山仙草蜜」便是在「信榮仙草蜜」推出後才上市；而低卡可樂是由美國的皇冠可樂 **(Royal Crown Cola)** 先推出，但卻是由可口可樂和百事可樂獲得最大利益。另外，EMI 先推出電腦斷層掃描器，最後卻是奇異電器搶得這個市場；Bownman 發明了口袋型計算機，德州儀器 **(Texas Instruments; TI)** 公司卻成了最大贏家。以臺灣的大哥大預付卡市場來看，和信首先推出輕鬆打，但是遠傳電信的易付卡卻後來居上，取得領導地位。但是，Joseph T. Vesey 發現延遲上市會造成利潤的減少（表 9.3）。

【表 9.3　延遲上市的利潤減少】

延遲上市的時間	六個月	五個月	四個月	三個月	兩個月	一個月
潛在毛利減少百分比	−35%	−25%	−18%	−12%	−7%	−3%
如果提前一個月上市，毛利增加的百分比	11.9%	9.3%	7.3%	5.7%	4.3%	3.1%
兩千五百萬美元的收入，每年毛利將會增加	$400,000	$350,000	$300,000	$250,000	$200,000	$150,000
一億美元的收入，每年的毛利將會增加	$1,600,000	$1,400,000	$1,200,000	$1,000,000	$800,000	$600,000

資料來源：Vesey (1991), "The New Competitors: They Think in Terms of 'Speed-to-Market'," *Academy of Management Executive*, p. 25.

第三節

產品生命週期管理

在掌上型電腦個案中，產品的生命循環在全世界各地的產品市場中一再地出現。行動電話取代了微波電臺，也使得人們能夠無遠弗屆地溝通，而透過網路進行溝通也愈來愈成熟。唱片被錄音帶所取代，CD 又取代了錄音帶，CD 受到了DVD 的挑戰，電話總機的操作員也不可避免的被電話答錄機所取代，到了現在，電話答錄機又被電話公司和網路公司提供的語音傳送服務所取代。

革命性產品創新的產品市場，而競爭者一直不斷投入開發及模仿新的概念和產品，以取代既有產品。產品如同消費者般也有生命週期。因此，開發新產品和管理現有產品，以因應變化的情勢，對一家公司的成功都是同等重要。

一、產品生命週期的意義

產品生命週期是一種產品擬人化的觀念，也就是將產品看成和人一樣，有生、老、病、死等階段。產品生命週期是將整個產品在其銷售歷史過程中的銷售與利

潤狀況，加以描述的一種觀念，也是一種追溯產品從導入期進入市場到衰退期退出市場的過程。一項產品的一生通常經歷四個主要階段：導入期 (introduction)、成長期 (growth)、成熟期 (maturity) 及衰退期 (decline)（圖 9.3）。不同的產品生命週期階段隱含著不同的機會與威脅。在每一階段中，產品的總銷售量（包括產業內所有競爭對手）都不盡相同，從導入期的低潮開始，一直邁向成熟期的顛峰，然後再步入衰退期的低落，更重要的是，利潤也將因此而起伏不定。

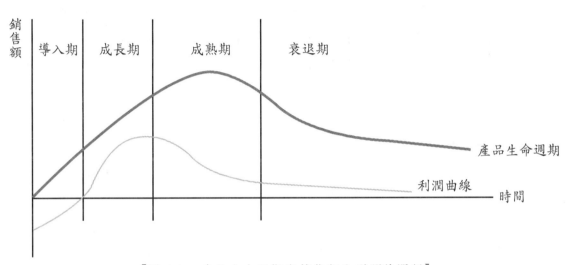

【圖 9.3　產品生命週期與銷售額和利潤的關係】

(一)市場導入期

在市場導入期階段，新概念剛被引介到一市場，其銷售往往很低。即使產品有優異的價值，由於顧客並不知道有這項產品，故顧客並不會去搜尋這項產品。此時，資訊告知式的推廣是有必要的，公司可以藉此來告訴潛在顧客，有關這項新產品的優點和用途。

儘管公司不遺餘力的促銷新產品，還是必須要花上一段時間才能讓消費者學習接受該產品的價值。大部分的公司在產品上市初期時，都會因為花費太多金額在推廣、產品及通路上而造成虧損。當然，這些公司的投資都是著眼於未來的利潤。

(二)市場成長期

在市場成長期階段，產業的銷售量將快速成長，而利潤會先攀升，但不久即開始下降。創新者會因為顧客的不斷購買而獲得很大的利潤，但也使得競爭者發現此商機而紛紛加入該市場。有些競爭者靠著抄襲最成功的新產品，或將新產品加以改良來進行競爭行為，有些競爭者則試著提供更好的產品來吸引不同的目標市場。這些新競爭廠商的加入，導致更多樣化的產品。

在此階段中，產業的利潤達到顛峰，但隨著競爭和消費者價格敏感的增加，整個產業的利潤也隨即萎縮。有些公司因為不瞭解產品的生命週期，往往在行銷策略上犯了很大的錯誤。他們只看到市場成長階段初期之銷售額與利潤的快速成長，卻忽略了市場的競爭情勢也日趨激烈，等到他們發覺所犯的錯誤時可能為時已晚。

(三)市場成熟期

在市場成熟期時，產業的整體銷售量達到顛峰，成長趨緩，競爭更為激烈。除了寡占情勢外，許多積極的競爭者都投入利潤的競逐之中，各廠商莫不為了爭奪市場而紛紛削價競爭，並積極進行推廣活動，導致產業的整體利潤下降，有些缺乏效率的廠商因為無法因應競爭而退出市場。

在此階段中，仍有新廠商不斷地進入市場，市場的競爭更為激烈。值得注意的是，這些後進的廠商已經錯過銷售及利潤的高峰，而且在市場趨於飽和狀態的情況下，這些新加入者必須設法從既存廠商手中奪取飽和市場的占有率，但這將是非常困難且需要高昂的代價。市場領導廠商也處在危急關頭，他們將致力於保護他們的市場地位。對目前的關係感到滿意的顧客將不會轉換到新的品牌。

市場趨於成熟時，行銷人員必須採用更具說服力的推廣活動，方能應付激烈的競爭情勢。由於各廠牌的產品之間沒有太大的差別，模仿市場領導者遂成為最有效的方法。到那時價格敏感將是真正的因素。

以美國市場為例，大部分的汽車、船、電視機及家電用品都是處於市場成熟期階段，此一階段可能將維持多年，直到有一天出現一套嶄新的產品觀念為止。例如，高畫質數位電視已經問世，在一段時間後，舊的電視機種和傳播系統也將落伍而面臨淘汰的命運。

(四)銷售衰退期

在銷售衰退期中，新產品即將取代舊產品，此時價格競爭顯得更加激烈。雖然銷售量及利潤持續下降，但擁有產品差異性的強勢品牌依然能繼續獲取利潤。廠商藉著吸引最忠誠的顧客或排斥新產品的消費族群而可能保有相當的銷售額，一旦這些顧客也開始漸漸接受新產品時，則銷售情形將持續地下降。

產品生命週期所描述的並非僅是針對單一產品品項，可以是產品形式，也可以是產品類。產品類是指包含某種特殊需要的品牌集合，如大哥大、自行車及咖啡等。產品形式則是指產品類中的形式，例如大哥大手機的形式（例如雙頻機）、自行車的形式（例如越野車）及咖啡的形式（例如藍山咖啡）。單一產品品項則如手機中的諾基亞 **(Nokia)** 品牌的某一手機品項、捷安特品牌的某一自行車品項及摩卡品牌的某一即溶咖啡品項。

雖然大部分產品生命週期的曲線呈現鐘型的狀態，但並非全然如此，圖9.4列示一些常見的生命週期形式。

(A)固定量型是指產品本身的需求維持一定，例如某些獨特疾病由於占人口的某一定百分比，因此該藥品的需求量維持一穩定水準。

(B)雙峰型是指產品在第一波的需求衰退後，再展開另一波的需求，例如自行車的需求。

(C)持續上升型是指產品一上市即廣受歡迎，需求呈現持續性增加，但最後則因某些因素（例如政府禁止或產品有重大瑕疵）下市，例如有一陣子大為流行的減肥菜。

(D)持續下降型是指產品沒有被目標顧客接納，需求呈持續性減少，最後產品下市。

(E)扇貝型則指產品的需求成一波又一波上升的趨勢，後一波都比前一波的量大，例如尼龍的需求。

(F)曇花一現型則指產品很快起來，也很快下市或衰退，例如一些短暫流行的產品。以臺灣市場來看，以前流行的魔術方塊、滑板車和番茄減肥都是一種流行產品。

(G)高原型是指產品到達需求的高峰後，停滯在高原階段，例如可口可樂。

(H)低原型是指產品在過了需求的高峰後，停滯在衰退的低原階段，通常這是指產品雖已走入衰退期，但卻仍維持一個穩定的低原期。

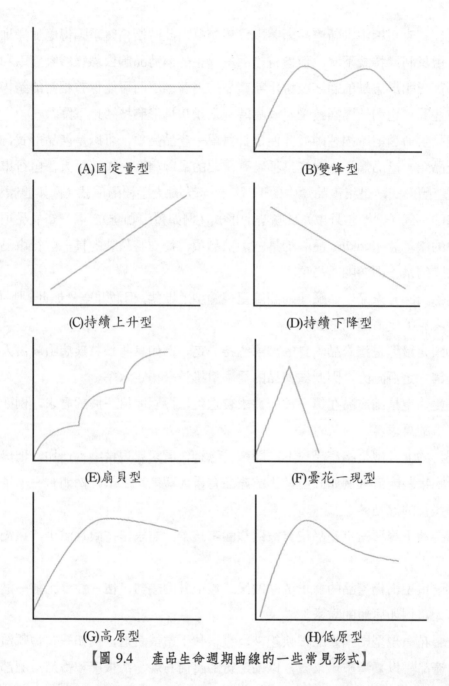

【圖 9.4　產品生命週期曲線的一些常見形式】

　　產品生命週期各階段的停留時間不一。時尚產品的完整生命週期可能僅維持數個月，例如臺灣的紅酒、巨蛋麵包、葡式蛋塔、蘆薈、腳底按摩；而洗衣機、電視機、收音機等產品在成熟期停留的時間都超過十年之久。改變產品的使用方

法、形象及定位，皆可延伸其產品生命週期。

　　產品生命週期所注重的不僅是個別品牌，而是新的產品類別的發展情形。一特定公司的行銷組合通常必須隨著產品生命週期來調整，其理由為：顧客的態度和需求可能會隨著產品生命週期有所變化，在不同的階段，產品可能針對不同的目標市場，且競爭的態勢也可能轉變為完全競爭或寡占。

二、產品生命週期的行銷組合

　　產品生命週期是用來幫助行銷管理人員預測產品未來可能的發展狀況與可能面臨的問題，並建議應採用的適當行銷策略工具（表 9.4）。產品在產品生命週期各階段的移動速度，將影響到行銷策略的規劃，行銷經理必須為後續的階段做好計畫。

(一)市場導入期策略

　　產品生命週期的導入期表示新產品初次在市場上出現。導入期的銷售量很小，競爭者也很少（有時幾乎沒有競爭者）。這時的顧客大多是創新追求者，其需要大多為初級需求 (primary demand)，也就是對產品本身的需求，而非對品牌的需求。例如微波爐剛導入時，顧客所關切的只是微波爐有何用途？微波爐能帶給他什麼利益？可能並不在乎微波爐的品牌。

　　由於導入期需分攤研究發展的高額費用，再加上昂貴的推廣與通路費用，因此利潤是負的。導入期的行銷成本一般來說都比較高，因為需要爭取較佳的通路；為使消費者瞭解使用產品的好處，需投入鉅額的消費者教育費用。另外，導入期因銷售數量有限，生產數量距量產還有一段距離，規模經濟無法發揮，因此生產成本比較高。

　　導入期的產品形式通常很少，大多是陽春型產品，也就是僅擁有基本功能的產品。導入期的產品價格通常較高，一方面由於生產成本原本就高，另一方面是創新者的顧客對價格並不敏感。另外，因為產品是否能被接受尚未確知，故部分通路成員的接受度不高，再加上早期顧客集中於創新者，因此通路選擇是針對創新者的有限通路為主，所以導入期的通路涵蓋面較為有限。在導入期的推廣活動，則以引起潛在顧客的興趣及需要為重點。

　　導入期的銷貨收入增加較緩慢。產品特性會決定導入階段的時間長短，例如

【表 9.4　產品生命週期與行銷組合變數的關係】

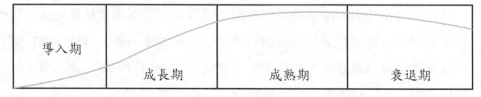

特　徵

特徵	導入期	成長期	成熟期	衰退期
銷售額	低	快速成長	高峰	遞減
成　本	每人成本高	每人成本中等	每人成本低	每人成本低
利　潤	負	上升	高	遞減
顧　客	創新者	早期採用者	中期大眾	落後者
競爭者	少	增加	數目穩定並漸減	遞減

行銷目標

	導入期	成長期	成熟期	衰退期
	創造產品知曉與適用	市場占有率極大化	利潤極大化並防禦市場占有率	減少支出並搜括品牌利得

策　略

策略	導入期	成長期	成熟期	衰退期
產　品	提供基本產品	提供產品延伸、服務、保證	品牌與服務多樣化	汰弱留強
價　格	成本加成	滲透市場的價格	盯住最佳競爭者的訂價	削價
配　銷	選擇式配銷	密集式配銷	更密集式配銷	選擇式：剔除無利可圖的通路
廣　告	在早期採用者與經銷商間建立產品知曉	在大量市場中建立知曉與利益	強調品牌差異與利益	減少支出水準至維持住死忠顧客
促銷活動	大量促銷活動來吸引試用	減少以利用大量顧客需求	增加，以鼓勵品牌轉換	減至最低水準

產品優點是否很明顯，對於消費者所花的告知成本和努力，以及管理者對新產品資源分配的承諾高低等，都很可能影響導入期間的長短。導入期最大的挑戰在於是否有足夠的資金，以撐過這個期間。行銷經理在推介一項全新產品上市時，必須執行許多工作。首先，公司必須投注一大筆資金來開發新產品，建立廣泛的配銷通路，且可能需要提供一些誘因，以獲得合作。推廣活動的重點，在於建立市

場對產品概念的接受和需求上，而不只是銷售一個特定的品牌。由於所有活動的成本很昂貴，行銷經理往往會採取「吸脂策略」，即以高價位來補償市場導入期的成本。一般而言，市場導入期之行銷策略如下：

(1)快速榨取策略 (rapid-skimming strategy)：以高價及密集促銷來推廣新產品。主要在提高毛利率，加速市場接受率，建立品牌。

(2)低速榨取策略 (slow-skimming strategy)：以高價及低促銷來推廣新產品。主要在提高毛利率，降低行銷費用。產品為大家所熟悉，競爭對手不會馬上反擊。

(3)快速滲透策略 (rapid-penetration strategy)：以低價及大量預算來推廣新產品。旨在最短期間內，得到最大市場占有率。

(4)低速滲透策略 (slow-penetration strategy)：以低價及低促銷來推廣新產品。市場大、市場對價格敏感、有潛在競爭者。

(二)市場成長期策略

一項產品若導入成功，則開始步入產品生命週期的成長期。在這個階段，銷售量會急遽攀升，許多競爭者會先後進入市場。這時期的顧客大多是早期採納者。顧客的需要則轉為以次級需要 (secondary demand) 為主（也就是對品牌的需要，而非對產品本身的需要），初級需求為輔。強調的重點自促銷初級需求轉變成具侵略性的品牌廣告，並凸顯出品牌間的差異性。

成長期的利潤會開始出現正值並快速攀升，在碰到利潤的頂峰後，開始下降。因為競爭者增多的關係，成長期的產品形式開始增多。產品價格雖然下降，但下降有限，主要是由於顧客的需求仍在增加。隨著客層的擴張及產品被市場接受，通路也快速增多。推廣活動開始強調品牌差異，但仍以擴展整個市場為主，保衛市場占有率為輔。市場成長期的行銷策略可歸納為：(1)改進品質，增加產品新特色與樣式。(2)增加新型產品與衍生種類。(3)進入新的市場區隔。(4)增加配銷範圍，和進入新的行銷通路。(5)從產品知曉廣告轉為產品偏好廣告。(6)降低價格，以擴張客層。

(三)市場成熟期策略

成熟期的銷售量在觸及其銷售頂峰後，開始降低，利潤也早在銷售觸及頂峰前開始遞減下滑。另外，因使用者不可能無止盡地增加，所以市場也逐漸到達飽

和狀態。一般來說，成熟期是產品生命週期歷時最久的一個階段。許多主要的家電產品的生命週期多半處於成熟期，因此很多成熟期產品的銷售是來自於重複購買。例如超過半數以上的洗衣機、電視機及電冰箱的購買者，多非第一次購買該產品。

成熟期的銷售量很大，競爭者很多，競爭也很激烈。這時的顧客大多是早期大眾與晚期大眾。需求大多為次級需求，也就是對產品本身已經很瞭解。主要著重品牌間的差異。因競爭的關係，成熟期的產品形式很多。產品價格也因競爭激烈和供給過多的關係而殺到最低，對某些產品而言，價格的最低點可能是出現在成熟期。成熟期的通路最廣，幾乎所有可能的通路都用上了。推廣活動則以保衛和搶占競爭者的市場占有率為主，不再著重於擴展整個市場的新顧客。

成熟期可依銷售量頂峰為中心，分為成長成熟期、穩定成熟期及衰退成熟期。成長成熟期是指成熟期靠近成長期的一段，其銷售量雖然繼續成長，但成長速度已日益趨緩。穩定成熟期是指成熟期銷售量頂峰的周圍，此時期是銷售量開始下降的一期。衰退成熟期是指成熟期靠近衰退期的一段，此期又稱為震盪期 (shake)，因為有不少產業內的廠商在此期退出市場，通常此期的銷售量會快速下降。市場成熟期的行銷策略可歸納為：

(1)市場修正：向非消費者推廣、進入新市場區隔、搶奪競爭者的顧客、增加使用頻率、增加每次的使用量、新的或多樣化使用法等。

(2)產品改良：品質改進策略、特色改進策略、樣式改進策略等。

(3)修正行銷組合：價格、行銷通路、廣告、促銷、銷售人員、服務等作調整。

(四)銷售衰退期策略

銷售量趨於下降表示開始進入衰退期。衰退期衰退的速度決定於消費者偏好改變或替代品採用的迅速程度。許多便利性產品及時尚產品在一夕之間喪失其市場，並使廠商留下大量尚未出售的存貨。衰退期的競爭者減少（因為震盪期已淘汰一些廠商），這時的顧客大多是落後者與忠誠者。需求又回到初級需求，也就是對產品本身的需求，而非對品牌的需求（因為所留下來的品牌大多為知名且歷史悠久的大品牌）。

衰退期的策略以減縮經營為主。衰退期的產品形式很少，大多是常銷型產品，也就是過去銷售較佳的產品形式。產品價格通常維持一定水準，一方面由於生產

成本提高；另一方面忠誠者的顧客對價格並不敏感，通路也只剩下一些獲利較佳的管道，推廣活動以告知落後者與忠誠者產品的存在與購買地點為主，所有的促銷與推廣活動都減到最低。依據 Harrigan (1980) 的研究，銷售衰退期的行銷策略歸納為：(1)確認找出弱勢的產品。(2)決定行銷策略：增加投資，以加強競爭力或主導地位。維持公司的投資水平，直到產業的不確定性解決為止。選擇性地降低公司的投資水平，淘汰不賺錢的產品，並同時增加賺錢產品的投資。儘快從公司的投資中取得現金回報。儘快有利地處理資產，撤出事業。(3)退出的決定。

　　產品過了成熟期，不一定就要走入衰退期。對一個產品經營者而言，我們會希望產品有第二春、能開展第二個高峰，或是延緩產品進入衰退期的時間。以下提供行銷管理人員幾個維持成熟期，甚至再創第二春銷售高峰的策略：

(1)對現有消費者進行推廣，使其量更多。例如黑人牙膏鼓勵消費者多刷牙，若能將平均刷牙次數由二次提升至三次，市場將會增加 50%。

(2)為該產品找尋新的目標市場，加入新的顧客。例如嬌生的嬰兒洗髮精打入成人少女的市場。

(3)為該產品找尋新用途。例如可果美番茄汁加入啤酒飲用，開展了番茄汁的新用途。

(4)為該產品找尋新的使用時機。例如義美將冰棒定位為火鍋的甜點，開展了冰棒在食用火鍋時的新消費時機。

(5)建立新的配銷通路。例如開拓網路上的銷售機會。

(6)修改產品。例如增加新成分或推出新的形式。將舊有產品進行改良，企圖使產品能重新取得顧客喜愛，例如可口可樂的新配方。

(7)進行產品重新定位。例如將日漸消退的自行車從交通工具重新定位為一種休閒的工具。

　　然而，正確的行銷策略有賴於顧客接受新產品的速度，以及其他競爭廠商進入該市場的速度而定。如果產品生命週期早期階段移動得很快速，則採用低（滲透）的價格可能有助於建立顧客的忠誠度，且可以阻礙其他競爭廠商的加入。

　　當然，並非所有新產品概念都是如此，顧客可能認為此一行銷組合不能滿足他們的需求，或是其他新產品更能夠滿足他們相同的需求。有時候，公司只要調整原來的策略就可以成功。VIDEO CD 在上市初期顯得笨重，因而消費者無法感

受到它比便宜的錄放影機有著什麼優點，但隨著許多公司為其業務人員添購此產品以作為多媒體展示說明後，該產品的銷售情況有著顯著的改變，如今 DVD VIDEO 已較 VIDEO CD 有著更多用途，且也成為電腦的基本配備了。

產品一旦進入了市場成熟期後，獨特的競爭優勢將更為重要，甚至只是小小的優點也會有很大的不同。以全麥餅乾為例，該產品已進入市場成熟期，銷售量已達成長極限，Nabisco 公司以相同的原料，設計出卡通熊 Teddy 的造型，製成可以一口吞下的小餅乾，然後該公司大力促銷，而這些變化使得 Nabisco 公司獲得新的銷售業績及利潤。

在市場成熟期中，產業整體的利潤都在持續下降之中。高層管理者必須認清這個事實，或者他們可能對利潤存著不可能的過度期望。他們可能會為行銷部門設定出一些不可能的目標，而導致行銷經理利用誇大不實的廣告或其他極端的手段，企圖達到這些不可能的目標。

產品生命週期總是不斷地在變動中，但這並不表示個別公司只能一籌莫展的坐視銷售量的下降。廠商可以為現有市場改良其產品或發展新產品，或者為新市場提供稍加修改的產品。例如，廠商可以尋找處於不同階段的市場，或是有新需求的市場等，或者廠商也可以選擇在生命週期結束前，拋棄原有的產品，將焦點聚集在更好的市場機會。

當一公司的產品擁有忠誠的顧客時，即使處在成熟或衰退的市場中，該公司仍能維持著長時期的成功。然而，為了維繫著顧客的滿意度，尤其是當顧客的需求出現轉變時，持續的改良是有必要的。寶鹼公司的汰漬就是一個例子，從 1947 年進入市場起，汰漬就成為新一代清潔劑的領導者，其只需較少的泡沫就能達成更好的清潔效果，但汰漬仍因應新型洗衣機和布料來進行產品的改變，汰漬銷售至今已經進行了 50 次以上的改良。

在成熟的市場中，廠商通常致力於維持或增加市場占有率，假如公司從產品身上發覺出新的使用方式，其可能會試著刺激整體需求量。杜邦公司在五十多年前就已經研發出鐵氟龍之氟碳樹脂化合物，並將它應用到廚房的不沾鍋、飛機上電線的絕緣體及抗化學設備的襯裡，且獲得銷售的成長。但是鐵氟龍的行銷經理可不願坐視產品步入市場成熟期的利潤衰退狀態，他們不斷地針對新市場來發展策略。例如，杜邦公司最近就將鐵氟龍應用在電腦高速傳訊的線路包覆上。

假如產品市場前景很不樂觀，廠商應採行退出市場的策略，當進入銷售衰退期，退出市場是很明顯的抉擇。不過退出市場也可以算是一種策略，且應該藉由行銷導向的方式將損失降到最低。事實上，如果競爭者相繼退出，且雖然需求正在下降但仍有著一定的水準時，廠商還是可以從這個正趨向死亡的產品上榨取到現金，有些顧客可能願意支付更具吸引力的價格來取得這些舊式的產品。

第四節

事業週期的行銷規劃

一、評估策略事業單位

公司必須確認事業以便進行管理，這些即所謂的「策略事業單位」，一個 SBU 應有三個特徵：(1)是一個單一事業或相關事業的結合，可以和公司其他部分分開，單獨規劃。(2)有其自己的競爭者。(3)有專責的管理者負責策略規劃和利潤績效，且此管理者也控制影響績效的所有因素。

波士頓顧問公司 (The Boston Consulting Group) 是一個著名的顧問公司，其發展了普遍被行銷業界所採用的「成長—占有率矩陣」(Growth-Share Matrix)，用以衡量每個事業單位的市場成長率和相對市場占有率，以俾做進一步的行銷規劃。他們將公司的 SBU 分成四種類型（圖 9.5）：

(1)問題事業 (question marks)：問題事業是在高成長市場中，但公司所占的相對市場占有率低。

(2)明星事業 (stars)：若問題事業成功，就成為明星。明星事業是高成長事業中的領導者，但未必為公司產生正的現金流入。

(3)金牛事業 (cash cows)：當市場每年的成長率低於 10%，若能有最大的相對市場占有率，則明星事業就成為金牛事業。

(4)落水狗事業 (dogs)：落水狗是指公司在低成長的市場中有低占有率的事業。通常是低利潤或虧損狀態，有時還得投入資金。

公司應慎選策略以決定每一個 SBU 的目標和預算，四個可行策略如下：

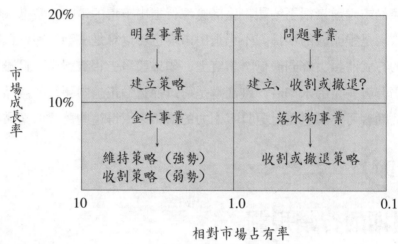

【圖 9.5　BCG 模式簡圖】

⑴建立 **(build)**：此時目標是增進此 SBU 的市場占有率，甚至要放棄短期目標來達成。使問題事業占有率增加，而成為明星事業。

⑵維持 **(hold)**：此時目標是保持此 SBU 的市場占有率。如強勢金牛事業。

⑶收割 **(harvest)**：以增進該 SBU 短期的現金流入為目標，不管其長期影響。可適用於弱勢金牛事業、問題事業及落水狗事業。

⑷撤退 **(divest)**：將該事業銷售或變現，因為資源可更有效地運用到他處。可適用於問題事業及落水狗事業。

二、創新策略讓商品起死回生

戴國良 (2002) 在《突破雜誌》中，對於「讓商品起死回生的撇步」，以日本市場的三個成功行銷案例來舉例說明。這些新商品的改革創新，使公司某一系列商品日趨沉淪的營業額，有效地帶向新的銷售高峰。對任何一個行銷企劃人員或是高階主管而言，都是值得深思與啟發的。

1. 麒麟公司「天才氨基酸 (amino acid)」健康飲料水

日本麒麟啤酒公司在 1998 年推出 Kirin Supli 加味水，當年度銷售了 1,200 萬箱，為麒麟公司飲料部門帶進豐厚的業績。其他飲料廠商見此商機也一窩蜂搶入加味水市場，由於眾多競爭者的加入，使得麒麟 Kirin Supli 加味水在 2000 年時銷售量遽降到 550 萬箱，2001 年時更降至 400 萬箱。

因此，麒麟總公司行銷業務部於是展開市場動向、賣場調查與資料分析研究，並與公司的商品開發部商品企劃人員共同組成專案小組，展開商品的創新改良工作。基於消費者重視低糖、低熱量和健康的趨勢，因而提出「氨基酸」的醫學創意；即人體內約有 60% 的水分，另外有 20% 為氨基酸所構成，氨基酸是人體組成重要的成分。2002 年 2 月份，麒麟公司推出 Amino Supli 健康營養水上市，作為夏季主打的品牌。當年度 9 月為止，麒麟 Amino Supli 健康營養水已銷售 1,000 萬箱，成為暢銷的飲品。

2.富士相紙公司 "Fine pix401" 數位相機

富士相紙公司在 1998 年發售 Fine pix 700 及 2000 年發售 Fine pix 400 數位相機，在當時的市場占有率曾高達 40%。然而，到 2001 年因為缺乏強力明星產品的推出，喪失了第一品牌的寶座，但經過商品開發部門力圖振作後，終於在 2002 年 6 月份，正式上市銷售 Fine pix 401 新商品，以輕量、小型設計，並有三倍光學焦距為功能訴求，在配合強力廣告宣傳下，使市場占有率提升至原有水準，由此可見，產品創新開發的重要性。

3.三菱自動車工業「ek 系列輕型車」

三菱自動車工業公司自 1990 年代即率先發售 TOTSUPO 的輕型轎車，在低價的汽車市場中，曾經引起輕型車的風潮，受到女性車主的歡迎。但在 1998 年到 2000 年三年之內，由於沒有吸引人的特色新型車推出，因此陷入銷售苦境，使其在輕型轎車市場的占有率縮減許多。於是，該公司將研究設計、生產及銷售三個單位合為一體，於 2001 年初推出 "ek・WAGON" 新品牌輕型車，幾週內就賣了 10,000 臺，挽回輕型車第三名的地位，後來又陸續推出 "ek・Sport" 第二款系列新車。三菱宣傳部門大量推出「ek 情報新聞」，加速 ek 輕型車的品牌印象。三菱 ek 輕型車系列行銷的成功，是結合了「商品力」與「營業力」的最佳例子。

由以上三個行銷案例後，戴國良提出了如下之七項重點：⑴行銷應重視市場科學數據與資料分析，並深入探討滯銷的原因；⑵激勵啟動產品開發「創意動腦小組」會議的機制；⑶發揮研發、生產、宣傳企劃、業務督導、現場銷售等五個連環戰力的組合團隊；⑷不斷創新商品上市；⑸掌握社會與消費環境變化的主流趨勢；⑹行銷知識與產品知識相互結合；⑺對於品牌展開全力宣傳。

三、競爭週期

在競爭週期方面，第一階段先驅者開始時是市場唯一的供給者 (sole supplier)，產能和占有率為100%。第二階段為競爭滲透期 (competitive penetration)，新競爭者開始產能和促銷，其他競爭者也紛紛加入，先驅者的產能和銷售量下降，後來者會以較低價來行銷，使先驅者被迫降價。到了快速成長期時，產量會過多。因此當週期性停滯產生時，產業的產能過剩使毛利率降至正常水平，新競爭者不再加入，現有競爭者會努力鞏固市場占有率。進入第三階段，占有率穩定期 (share stability)，此時產能占有率和市場占有率均呈穩定狀態。接著進入第四階段商品競爭期 (commodity competition)，產品已被視為一般性商品，消費者不願意付出高價，廠商只能賺取合理利潤，最後便進入第五階段撤退期 (withdraw)，此時因有廠商退出市場，先驅者可決定是否擴大占有率。要經歷不同的競爭循環時，先驅者必須不停地研擬新的訂價和行銷策略。

自我評量

1. 銀行現金卡在臺灣市場正處於產品生命週期的哪一階段？請說明理由。
2. 有人批評行銷人員在新產品開發過程中，太過於強調顧客的需要，而忽略了技術的重要性，你同意這樣的看法嗎？
3. 服務業是否也應經常提出新的創意？如果你經營一家電影院，你會推出哪些新的服務項目？
4. 市場測試對於新產品上市的成功與否有著密切的關係，你覺得哪些產品一定要進行市場測試過程？
5. 以服飾業為例，新產品創意的來源有哪些？
6. 以休閒鞋為例，說明產品生命週期各階段的行銷策略。

參考文獻

1. 〈生技市場分析／生物晶片沒那麼好賺〉，《新浪雜誌》，http://magazine.sina.com.tw（《數位周刊》，第32期，4月10日，2001年）
2. 林建煌 (2002)，《行銷管理》，智勝，頁 276–279。

3. 張振明譯、Philip Kotler 著 (2004)，《行銷是什麼?》，商周出版，頁 120–122。

4. 黃文宏、莊勝雄、伍家德譯、William D. Perreault and E. Jerome McCarthy 著 (2003)，《行銷管理》，美商麥格羅·希爾，滄海書局，頁 262–265。

5. 謝文雀編譯 (2000)，《行銷管理: 亞洲實例》，第二版，華泰書局，頁 272–274。

6. 戴國良 (2002)，〈讓商品起死回生的撇步〉，《突破雜誌》，第 209 期，頁 45–47。

7. Armstrong, G. and D. Kotler (2003), *Marketing: An Introduction*, 7th ed., New Jersey: Prentice Hall, pp. 270–277.

8. Booz, Allen & Hamilton (1982), *New Product Management in the 1980s*, New York: Booz, Allen & Hamilton.

9. Cooper, R. G. (1982), "New Product Success in Industrial Firms," *Industrial Marketing Management*, pp. 215–223.

10. Harrigan, Kathryn Rudie (1980), "The Effect of Exit Barriers upon Strategic Flexibility," *Strategic Management Journal*, No. 1, pp. 165–176.

11. Kotler, P. (1997), *Marketing Management: Analysis, Planning, Implementation, and Control*, 9th ed., Upper Saddle River, NJ: Prentice Hall.

12. Kotler, P., S. Ang, S. Leong and C. Tan (1999), *Marketing Management: An Asian Perspective*, 2nd ed., Singapore: Prentice Hall, pp. 328–329.

13. Larson, Eric W. and David H. Gobeli (1988), "Organizing for Product Development Projects," *Journal of Product Innovation Management*, September, pp. 180–190.

14. Osborn, Alex E. (1963), *Applied Imagination*, 3rd ed., New York: Scribner's, pp. 186–187.

15. Rogers, Everett M. (1983), *Diffusion of Innovations*, 3rd ed., New York: The Free Press.

16. Vesey, Joseph T. (1991), "The New Competitors: They Think in Terms of 'Speed-to-Market'," *Academy of Management Executive*, May.

17. Wind, Yoram J. (1982), *Product Policy: Concepts, Methods and Strategies*, MA: Addison-Wesley, pp. 79–81.

第十章

產品管理

學習目標：

1. 產品的定義
2. 產品的種類
3. 新產品發展的影響因素
4. 產品管理的層次
5. 產品定位

很多人吃過披薩，也吃過蔥油餅，吃披薩時，會在餅皮上加入各式各樣的餡料，趁著「買大送大」的促銷期間，打電話給離家最近的店家外送到家裡來。披薩發源於義大利，是義大利人的傳統食品。後來流傳到美國後，廣受美國人的喜愛。美國人稱為「派」，後來為了增加派的美味與多樣化，於是在派上面加上起司和各式各樣絞碎的餡料，原是居家的餐點，後來拿來宴請賓客，在大受歡迎後，於是開店銷售，並發展成具「品牌」的披薩店，至今在各國都有各種「品牌的連鎖店」。

蔥油餅與披薩一樣是烤餅類，但命運顯然大不相同，現在市面上雖然有各式各樣的蔥油餅，但是沒有品牌，產品幾乎沒有變化，而且也只限於臺灣才買得到，可以說是非常「本土化」的商品。沒有品牌的蔥油餅很容易因為新的競爭者出現而被取代，因為對消費者來說沒有差別，在這種情況下，也只限於小規模的經營型態。本土化的產品之所以無法銷售到世界各地，是因為長久以來只有當地人會有興趣，已成為當地人文化、飲食習慣的一部分，如果沒有經過國際化的改良過程與包裝，甚至以跨國企業經營，大力擴展至海外市場，很難跳出本土化的框架。

在 1970 年代以來，阿瘦皮鞋始終以深耕本土市場為主，品牌形象始終維持本土色彩，但是隨著國際品牌的鞋子大舉進入臺灣市場後，阿瘦開始建立品牌在消費者心目中的時尚形象，朝年輕化、流行設計風格走。2003 年，阿瘦跳出本土化的框架，發展 "LOVE & JOY" 國際化品牌，在澳洲等地陸續成立分店。本土化不僅有礙於市場的擴展，面對國際商品的大舉壓境，本土化商品的生存空間受到威脅，不得不調整自己的策略，從本土化走向國際化。

第一節

產品的定義

產品是指在交易的過程中，對交換的對手而言具有價值，並可用來在市場上

進行交換的任何東西。產品的提供是組織行銷活動的核心，也是行銷組合的始點。產品策略是 4P's 之首，沒有了產品，其他的訂價、通路及推廣策略也就沒有著力的對象。

　　產品也許是有形的實體物品（如電腦），也可以是一種服務（如電影），觀念亦是產品的一種，如「請大家一起來撲滅病媒蚊」。產品的形式很多，包括實體產品（例如鉛筆、鞋子）、無形的服務（例如美容、瘦身、看病的醫療服務）、人物（例如選舉中的候選人）、地點（例如泰國觀光局對泰國的推廣）、活動（例如世界盃足球賽、奧運會）、觀念（例如勵馨基金會的「重要他人」），以及主張（例如反核四建廠）。Kotler (2000) 提出產品的概念時，指出通常可以分為五個層次來思考（圖 10.1）。

一、核心利益

　　任何產品都是提供一種解決問題的方法，因此所有產品對其目標顧客都有一種根本利益存在，這種根本利益就是核心利益 (core interest)。例如空調冷氣機的利益是調整室內溫度的功能，因此調整室內溫度是空調冷氣機的核心利益，核心利益為顧客真正要購買的基本服務或利益。

二、基本產品

　　將核心利益轉換為基本產品。所謂基本產品 (basic product) 是指產品的基本型態，產品只需具有能達到核心利益基本功能的產品屬性，也就是所謂的陽春型產品。例如空調冷氣機只有調整室內溫度的功能，沒有其他額外附屬的功能。通常基本功能的產品屬性是指此產品若不具有這些屬性，就不能配稱這個產品名稱。例如空調冷氣機若不能調整室內溫度，那這個產品就不是空調冷氣機。但空調冷氣機若沒有定時舒眠裝置，並不影響其作為空調冷氣機的功能。

三、期望產品

　　期望產品 (expected product) 是代表目標顧客心中對這個產品類別，所期望其應具有的產品屬性，這些期望屬性往往超出基本屬性的要求。然而，隨著時間的經過，消費者對產品的期望會有所改變。例如消費者可能會希望空調冷氣機不

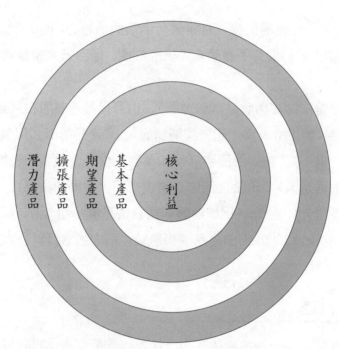

資料來源：Philip Kotler (2000), *Marketing Management*, p. 395.

【圖 10.1　產品層次】

但能夠調整室內溫度，同時也能夠有除濕和定時舒眠的功能。換言之，指買方購買產品時，預期可得到的一組屬性和狀態。

四、擴張產品

擴張產品 (augmented product) 是指為了與競爭者做有效競爭，所發展出來的產品屬性，在產品屬性上作修改或新增，以便和競爭者有所區分。例如有些空調冷氣機強調有奈米除菌功能，以達到殺菌的效果；或有 FUZZY 功能，強調容易調整使用。這些屬性不但是在消費者心目中所期望的產品屬性，同時也是其他競爭者所沒有的差異化服務或利益。

五、潛力產品

潛力產品 (potential product) 是指這個產品未來所可能發產出來的新形式，或是所可能添加的新屬性，目前這些屬性雖然還沒有發展出來，但是未來確有可能發展出來。這些潛力產品就是未來可能出現的新產品。例如空調冷氣機可加入

紅外線偵測裝置，能偵測到陌生人的侵入，使其兼具防盜的功能。由於擴張產品經過一段時間將可能被模仿而失去利基，因此，企業應不斷地創新潛力產品以維持競爭優勢。

多數公司都以產品來為自己定義，如「汽車製造商」、「飲料製造商」等。前任哈佛大學商學院教授李維特多年前指出：過度重視產品，會有忽略潛在需求的危險，即「行銷近視病」。例如鐵路局由於身在運輸行業而不自知，以至於忽視了卡車與飛機的威脅。鋼鐵公司不認為自己是原料公司，而沒有注意到塑膠與鋁的影響。可口可樂過於重視軟性飲料，而錯失開發果汁飲料、機能飲料甚至罐裝水的良機。

由上可歸納出公司對於產品銷售的方向：(1)銷售已經存在的東西。(2)製造有需求的東西。(3)預測有人會要的東西。(4)製造沒有人要求，但卻會帶給購買者樂趣的東西。(5)風險較高，但相對的也可能獲利較多。

公司不僅賣一個產品，而是要賣一個經驗。哈雷機車賣的是車主經驗，象徵了一個團體的會員證，販賣一種冒險行程的生活方式，該產品所提供的經驗遠遠超過了那臺機車本身。幫助顧客學習使用新產品，解釋如何操作，如何安全使用，可讓產品的壽命更長。如果我花 10 萬元買一部車，我會希望向一家讓我覺得物超所值的公司購買。卡爾希維爾 **(Carl Sewell)** 與保羅布朗 **(Paul Brown)** 合著的書《以客為尊》(*Customer for Life*) 中的重要觀念是車商不只是賣車，還要負責維修、清潔和融資等服務。

第二節

產品的種類

產品可依據產品的使用者及其使用產品的目的，將產品分成工業品、消費品和服務業。工業品是指組織購買產品的目的，是為了用來生產其他的產品或服務，或是為了再銷售給消費者或其他組織。而消費品則是指單一的個人或家計單位，其購買產品的目的是為了最終直接消費，主要是用來滿足個人的欲求或家庭的需要。例如食品工廠購買鮪魚是為了生產鮪魚罐頭，此時鮪魚是屬於工業品；如果

家庭主婦在菜市場買入鮪魚供家庭食用，此時鮪魚便屬於消費品。之所以要將同一種產品分為消費品和工業品，是因為其顧客的購買行為有所不同，因此也影響其行銷策略。服務業是提供服務的產業，可能是針對人（如美髮店）或人的所有物（如汽車保養）。

一、消費品的種類

消費品可依其特性分成四種：便利品、選購品、特殊品及忽略品。

(一)便利品

便利品 (convenience goods) 係指那些消費者經常購買、花在購買上的時間很短，不願花費心思與精力去進行比較與選擇的消費品。因此消費者常會定期地購買便利品，而且不會考量太多的因素。通常為了滿足消費者所追求的便利性，便利品要有眾多的零售點。便利商店所銷售的產品中有很多是便利品，但並非便利商店所銷售的產品全部都是便利品。

便利品依照其購買特性又可進一步分為日常用品、衝動品和緊急品。日常用品 (staples) 是指消費者會定期購買的民生必需品，例如牙刷、牙膏、香皂、衛生紙、報紙、糖與鹽等。衝動品 (impulse goods) 是指消費者在購買前並沒有事先計畫，而是到達賣場後，臨時起意才購買的產品。衝動品大多是放在收銀機的附近，藉由顯著的位置來提醒消費者，以引起其購買意圖，例如口香糖、糖果、週刊雜誌等。緊急品 (emergency goods) 是指消費者在緊急需求下所購買的商品，例如下雨天時，路旁會出現一些賣雨傘的流動攤販，這時的雨傘便是緊急品。便利商店所販賣的一些簡便雨衣，也是因應機車騎士在下雨天的緊急需求。不過，醫院附近的便利商店有相當多的東西是屬於緊急品，這些緊急品主要是因應醫院病人的緊急需求。

(二)選購品

選購品 (shopping goods) 是指消費者在選購時需要進行比較後，才會決定購買的商品。相較於便利品，選購品的單價通常比較昂貴，且販售的商店數目也比較少。不過，選購品的商店會呈現同業集中的狀態，以方便消費者進行選購行為，例如汽車、家具、衛浴器材等。

消費者通常會願意多花點時間與心力在選購品的購買過程中，以滿足內在的

需要和達到最大的利益。消費者在購買選購品過程中會進行品質和價格的比較，就合用性、品牌、品質與樣式和價格等方面，經過一番比較後，才會作購買決策。在選購品中又分為兩類：同質品和異質品。同質品是指產品在品質上很相似，如洗衣機、電冰箱、烘衣機等；異質品是指消費者認為產品在本質上有差異性存在，如家具、衣服等。在購買同質品時，消費者通常僅會進行比價。

(三)特殊品

特殊品 (special goods) 係指產品因具有某些獨特的特色或獨特品牌，使消費者願意特別費心去購買該品牌，且比較不願意以其他品牌來代替。例如名牌的商品或某些具有濃厚特色的商品，或是口味獨特的餐廳。對這類的產品，品牌名稱和產品特色是非常重要的。特殊品的行銷管理人員通常會使用能彰顯其地位與獨特性的廣告，來維持其產品的獨特形象。特殊品的零售點也比較有限，由於顧客不願接受替代品或替代品牌，因此比較願意多花時間和精力去尋求該產品，所以零售點不需太多。

(四)忽略品

忽略品 (unsought goods) 係指消費者目前尚不知道，或是知道而尚未有興趣購買的產品。剛上市的產品往往就屬於這一類，一直到其廣告和通路普及，才引起消費者的注意和興趣。這類忽略品，我們稱為新樣忽略品 (new unsought product)。另外，有些產品類是經常被忽略的產品，稱為常態忽略品 (regularly unsought product)。常見的忽略品如保險產品、基地、百科全書等，這類型的產品常需要積極的人員銷售和高度說服性的廣告。

二、工業品的種類

工業品可分成六種：原物料、零組件、物料與耗材、資本設備、輔助設備與商業服務。

(一)原物料

原物料 (raw materials) 是指一些經過加工層次很低的自然產品，最後會變成製成品的一部分，例如農、林、漁、牧、礦等產品。

(二)零組件

零組件 (parts) 是指一些經過基本加工程序的產品，這些產品最終也會變成製

成品的一部分，例如主機板、馬達、連結器等。

(三)物料與耗材

物料與耗材 **(supplies)** 是在製造的過程中所必須使用的一些消耗性產品，例如潤滑油、鐵釘、墊片等。

(四)資本設備

資本設備 **(capital equipment)** 是指一些單價高、購買頻率低、參與購買決策的人數相當多的產品，通常資本設備是不可移動的，例如生產線、廠房土地及高單價的機器設備等。

(五)輔助設備

輔助設備 **(subsidiary equipment)** 是指一些單價較低的生產設備，通常這種生產設備是可以移動的，例如手工具、辦公桌椅等。

(六)商業服務

商業服務 **(business service)** 是指為了維護組織運作所需要購買的一些服務，例如會計的服務、法律的服務、企業管理顧問的服務、專利的服務與技術的服務等。

三、服務業

由於服務具有無形性、不可分割性、異質性和易消逝性等特性，因而大部分購買者的購買決策，係決定於使用該服務的過去經驗，以及服務提供者的口碑、信譽或推廣等，因此服務業的行銷計畫，對於行銷人員更具挑戰性。

「產品」的概念在有形財貨的情況比較容易定義，因為可以用肉眼來判斷，用手來觸摸其每一部分，賣方或買方皆可大致掌握產品的整體情況，然而無形財貨（服務）的情況就困難許多，例如管理顧問公司的產品是什麼呢？飯店、旅館或者旅行社提供顧客的產品又是什麼呢？因此，產品概念的模糊性、內容的複雜性，都是所有無形財貨共通的特性。

(一)服務的意義

服務業也如同製造商一樣，必須找出產品的獨特性，也就是進行「市場區隔」與「產品差異化」。透過這些方式，將「產品能為其使用者做什麼」加以明確化，此正為產品計畫的核心部分。因為通常顧客並非依據製造方法、材料及製造人員

等因素來評價產品，而其所關心的是產品到底能為他們帶來什麼樣的效益。事實上，服務業將不同的產品進行差異化，也就是類似於製造業中的「模組化」(modular) 觀念。以速食產業為例，其生產過程中伴隨著基本附加價值服務的實體產出，其整體的服務包括新鮮食物的快速供應，顧客不用下車的路邊服務區域接受點餐能力，餐廳裡佐料、餐巾紙的充分供應，以及輕鬆愉快的店內用餐氣氛，即使是陳列的產品菜單也是無形服務供應的一部分；服務是由核心服務以及附加價值的互補性產品相結合而成的。

(二)服務過程的類型

公司各種服務的定位為何？應該針對哪些目標市場介紹新服務項目？現有服務項目中，哪些應該持續經營，而哪些應該停止供應？如何利用服務差異化、產品線整合等產品策略取得市場競爭優勢？在省思這些問題之前，必須先清楚瞭解服務過程的類型及其差異性，才能制定適當的產品策略組合。一般而言，服務過程大致分為三種類型：

(1)提供人的服務過程：以顧客為服務對象，其中包括有旅遊服務、健康美容、旅館飯店業、醫療服務等。

(2)提供所有物的服務過程：以顧客的所有物為主的服務，例如維修服務、清潔服務、汽車保養維修、乾洗服務和獸醫等。

(3)提供資訊的服務過程：包括技術的使用或專業知識的傳遞，例如電腦教學、教育訓練、會計、法律和金融服務等。

就以上三種服務過程來看，提供人的服務比提供所有物的服務要來得更需要顧客的參與。前者的行銷策略比較著重生產與消費不可分割性和異質性等議題。並且，由於服務過程的不同，有些公司提供標準性服務，即對所有顧客提供相同服務而收取相同費用，例如洗衣店洗衣收費、銀行存款利率、汽車維修服務、航空郵件收費對所有顧客一視同仁；有些公司則採取差異性服務，所提供的服務因顧客而異，例如律師、醫師、顧問公司等。

四、依購買風險的產品區分

除了工業品、消費品和服務業的區分方法之外，產品還可依顧客購買時所冒的風險程度高低分為以下三種 (Zeithaml, 1981)，包括蒐尋品、經驗品和信賴品 (圖

10.2）。

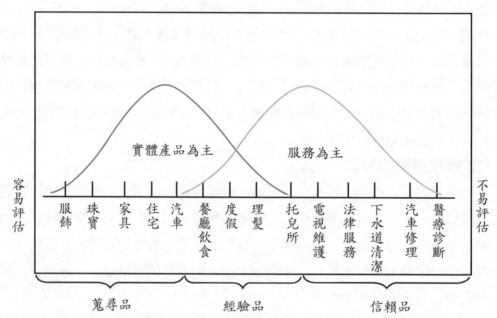

資料來源：Zeithaml (1981), "How Consumer Evaluation Processes Differ between Goods and Services," p. 188.

【圖 10.2　依購買風險來區分產品】

(一)蒐尋品

蒐尋品 (search goods) 是指消費者實際進行購買決策之前，便可以區分產品品質好壞的產品；也就是說，消費者在掏出錢來進行實際購買之前，便已經知道產品品質的好壞，例如衣服、家具等。

(二)經驗品

經驗品 (experience goods) 是消費者必須實際購買該產品並使用過後，才會知道產品品質好壞的產品，例如電影要看了才知道好不好看；牛肉麵要吃了才知道好不好吃。

(三)信賴品

信賴品 (credence goods) 是指消費者在購買並使用過產品後，仍然不知道該產品品質好壞的產品，例如修車服務、醫療服務等。通常信賴品的產品購買風險最高，蒐尋品的購買風險最低。一般而言，無形的服務通常較接近信賴品，而實

體產品會比較接近蒐尋品。

第三節

新產品發展的影響因素

一、開發成功的關鍵因素

由 Booz, Allen 與 Hamilton 在 1982 年共同主持的顧問公司「Booz, Allen & Hamilton」，對新產品發展過程的研究已超過三十年之久。Cooper 與 Kleinschmidt (1995) 也從事成功發展新產品關鍵因素的探討。Cooper (1996) 將其研究做整理後，共提出下列十一項成功因素：

(1)必須發展出優異並具有差異性的產品，對顧客與使用者而言，產品必須具有獨特的利益與優異價值。

(2)在整個產品發展過程中，必須具有強烈的市場導向。

(3)在產品實際發展之前的準備工作必須踏實，例如創意的尋找與市場機會的分析。

(4)在產品發展開始之前，必須先進行嚴格的產品定義。

(5)在整個新產品發展過程中，必須認真且嚴格地執行每一步驟。

(6)必須具有適當的組織結構。

(7)能夠制定嚴謹的新產品專案選取決策，以便能著重優先性較高的新產品發展專案。

(8)有一個周全且資源足夠的上市計畫。

(9)高階管理當局的強烈支持。

(10)快速進入市場。

(11)具有一個詳細的新產品發展計畫。

根據美國的估計，新產品失敗比率約在 80%-90% 之間，而全美國花在新產品的成本每年大約 1,000 億美元 (Bissell, 1994)。另外，平均每三千項原始創意才可能產生一項商業上成功的新產品 (Stevens, Burley and Divine, 1999)。許多產品的失

敗是因為製造商缺乏完整的行銷策略，他們不瞭解產品創意的重要性與其目標顧客的需求。新產品的失敗可分成絕對的失敗與相對的失敗兩種：絕對的失敗是指當公司的損失不能回收其發展、行銷及生產成本；相對的失敗是指公司的新產品雖然產生了利潤，但卻無法達成原先所設定的利潤與相關市場占有率的目標。不過，新產品的失敗也有價值：藉由探討新產品失敗的原因，可以學得避免失敗的教訓。整體而言，公司在新產品上市成功的經驗可歸納成以下幾點：

(1)仔細傾聽顧客過去的經驗。

(2)對生產最佳產品的執著。

(3)對未來市場發展適當的遠景。

(4)強勢的領導。

(5)對新產品發展的高度承諾。

(6)使用團隊方式來發展新產品。

二、研發組織的結構

為了負責新產品的持續發展，將新產品發展任務賦予某一組織結構是必要的。新產品發展的組織方式大約有下列五種 (Hopkins, 1974)：

(一)產品經理

將新產品發展的任務交由舊有產品的負責人，由其「順便」負責新產品的發展，因此產品經理同時也負責舊產品的經營和新產品的開發工作。這種組織方式的優點是節省人力，缺點是產品人或產品經理因須同時負責新產品與舊產品兩項工作，且舊產品又有立即的業績或時間壓力，因此產品經理往往會將精力與時間放在舊產品的經營上，而忽略了新產品的開發工作。

(二)新產品經理

為了避免疏於照顧新產品的開發工作，因此設立專門人員來進行新產品開發工作，新產品經理的組織方式就是這種模式。新產品經理對新產品的發展負全部的職責並投入全部的精力，如此一來，對新產品的照顧與發展便可避免由舊有產品人或產品經理兼職的缺點。

(三)新產品發展委員會

新產品的發展需要利用各種不同的技術與專長，因此新產品經理人雖然具有

專職，但其往往侷限在某一特殊專長，這對新產品的發展來說是不夠的。如果能夠將新產品發展所需不同專長的人聚集在一起，共同參與新產品開發的工作，那麼新產品發展成功的可能性將會大幅提高。新產品發展委員會是將隸屬於各個不同部門的專長人才，以臨時編制的方式成立。這些委員的職缺還是放在原先的專長部門裡，參與委員會是一項臨時性的工作。新產品發展委員會的優點是可以集合各種不同專長的人才，又不需要大量增加組織的編制；最大缺點是可能會產生本位主義，因為委員會分別隸屬於不同的部門，因此對所屬部門的利益會特別著重，這樣的結果容易造成妥協性的決策。

(四)新產品部門

針對委員會容易產生本位主義的缺點，新產品的發展可以使用新產品部門的組織方式。新產品部門是將各種不同專長的人才，調離原先編制的部門，而成立一個新的專職新產品開發部門。這些不同專長的人才由原來的編制部門調到新產品開發部門，可以大幅降低原先的本位主義。

(五)新產品創業小組

新產品部門雖然具有避免本位主義的優點，但新產品部門在新產品開發成功以後，必須將新產品努力開發的結果轉移至另一個部門來經營。這對新產品開發部來說，會產生一些心理上的不平衡，因為他們不能夠享受辛勤努力開發的成果。組織內一些具有新產品創意和善於開發新產品的人，可能會將新產品的創意帶出公司，這種現象在一些以知識與腦力為基礎的產業特別明顯。新產品創業小組便是因應這種缺點而產生的一種新產品發展的組織方式，是一種內部創業的方式，鼓勵員工將創意留在組織內，同時新產品的開發人員和創意人員在新產品上市成功後，透過股權的分享，或是參與新產品的經營管理，可以分享新產品上市成功的成果，可以避免新產品創意的流失和新產品開發團隊的出走。

三、 創新的擴散效果

如果行銷管理人員和產品管理者要能夠瞭解消費者如何接受及採納一項新產品的過程，首先需知道新產品的創新擴散模式。創新擴散 (diffusion of innovation) 是指消費者對新產品從第一個目標顧客的接受和採納，一直到最後一個顧客接納為止的過程。創新擴散又名傳染病模式，意指消費者對新產品的接受過程就如同

傳染病的傳播一樣，有些人會先得病，再慢慢擴散傳染出去，在最後一波的病人得病後，疫情終於獲得控制。產品創新擴散模式便是以時間為橫軸，依據消費者在不同時點上初次接受該產品的人數，繪製成一分配圖（圖10.3）。結果發現，大部分產品的創新擴散呈現常態分配。Rogers (1983) 歸納出有五類的採納者參與擴散過程，分述如下：

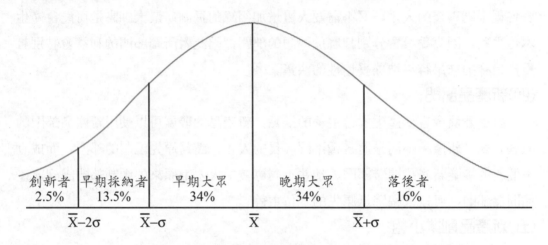

創新接受的時間

資料來源：Rogers (1983), *Diffusion of Innovations*, p. 125

【圖 10.3　創新擴散模式】

1. 創新者 (innovators)

在採納產品的時間上最早，約占全部採納消費者的 2.5%。創新者急於嘗試新鮮的產品，除了擁有高收入外，較具世界觀及個性主動積極，並富有冒險精神。他們較少依賴團體規範，相當具有自信，良好的教育背景使他們容易取得資訊。

2. 早期採納者 (early adopters)

有 13.5% 的採納者屬於此類。相對於創新者，他們較依賴團體規範及價值觀，通常對當地社會較為關切。這些人通常會成為意見領袖，受他人尊重為其特徵。

3. 早期大眾 (early majority)

此類採納者占 34%。早期大眾會衡量採用新產品的優、缺點，他們會蒐集較多的資訊，並評估多種品牌。這些人通常是意見領袖的朋友和鄰居，深思熟慮是其特徵。早期大眾對新產品的採用是在一般人之前。

4. 晚期大眾 (late majority)

有 34% 的採納者大多是受到朋友的影響而去使用新產品,他們會受到團體壓力的影響而去接納新產品。晚期大眾對新產品的採用是在一般人之後。

5. 落後者 (laggards)

最後 16% 的採納者。他們受傳統影響比較大,相當保守,當創新已經快成為歷史時,他們才開始接受創新。

四、市場接受的新產品特徵

為什麼有些產品可以很快地被消費者所接受,而有些產品則遲遲未被接受呢?有五項產品特徵可以用來預測及解釋新產品的接受及擴散速度:

1. 複雜度

複雜度是指瞭解與使用新產品的困難程度。產品愈複雜,擴散速度愈慢。例如 35mm 專業照相機在具備自動化功能之前,由於其操作複雜,最初只有專業人士或業餘攝影愛好者會使用。對大多數的一般使用者而言,接受程度並不高。

2. 相容性

新產品與消費者現存的價值觀、知識、過去經驗及目前需求是否一致的程度。不相容的產品擴散速度較相容產品來得慢。例如有些國家的宗教信仰不鼓勵節育,因此避孕藥的引進與該信仰衝突;由於烹調習慣的不同,微波爐引進臺灣後,也只侷限在食物加熱與退冰等功能,遲遲未能發展成為廚房內的主要烹調工具。

3. 相對優點

新產品被認為比現存替代品優秀的程度。例如微波爐可以節省烹調時間,相對於傳統瓦斯爐具有明顯的優勢。

4. 易感受性

使用新產品的好處與結果可以被觀察,或是容易被消費者的五官感受到,因此容易與目標顧客溝通產品的好處。例如時尚商品與汽車比個人保健用品的好處容易觀察;家護牙膏 (Aquafresh) 用三種顏色來強調其三種利益,主要也是著眼於易於溝通性。

5. 可嘗試性

產品被嘗試的便利程度與成本大小。例如大容量的新產品包裝其可嘗試性便

比小包裝差。很多新雜誌將創刊的前幾期雜誌以低廉的特價促銷，來提高顧客對新雜誌的試閱意願。單價低的產品要比單價高的產品可嘗試性高，因此嘗試使用新牙刷或休閒食品要比使用新汽車或電腦容易。

五、網路發展的影響

在網際網路的時代，速度和彈性是新產品發展的成敗關鍵因素。對許多產品，特別是需要講求速度的網路產品的開發，傳統的新產品發展作業往往緩不濟急。因此，行銷者應以更有彈性和更為快速的方法進行新產品的發展，通常利用模組化設計 (modular design) 和顧客回應來增進新產品發展。

(一)模組化設計

模組化設計可用來加速新產品發展的過程，它將新產品分解為許多模組 (modules)，讓研發部門或新產品部門的工作小組可以為每一個模組分別進行設計和試驗。各工作小組可以同步作業，不必等前一個工作小組完成他們的作業後再接續工作。同步作業可以大幅降低推出新產品所需的總時間。

要使模組化設計能發揮功效，研發部門或新產品部門對有關各模組應執行的工作、各模組應有的績效水準、各模組對其他模組的期望、各模組間如何溝通與應遵循什麼標準等事項都應有明確的說明，並透過電子郵件 (e-mail) 等有效溝通，讓各模組都瞭解相關的資訊和規則，如此才能將各模組結合在一起。

(二)顧客回應

高度彈性的新產品發展有賴於快速獲得顧客回應的能力。為使新產品能適合市場的需要，行銷者在新產品發展過程中應能快速取得顧客的意見和建議作為新產品設計的重要投入。許多行銷者利用電子郵件來和顧客互動，收集顧客的意見和反應。電子郵件是一種便宜而且快速的溝通工具，顧客（特別是年輕人和知識工作者）也比較願意利用電子郵件來快速表達他們對現有產品的意見和建議。

透過網際網路的使用，已有許多軟體和網路公司利用一種兩階段的 $\alpha-\beta$ 產品試驗系統來快速取得顧客使用者的意見，加速新產品的發展。在第一個階段——α 試驗 (alpha testing)，先找到一些可靠的主要使用者和公司員工來參加試驗，通常會先要求他們簽署一份保密同意書，要求他們不對外洩露有關產品或服務的任何資訊。α 試驗的目的在形成產品或服務的方向，並瞭解產品有何新的功能性構

想和方法，俾能快速找出新產品或新服務所需擁有的重要特色。在 α 階段，產品或服務的許多功能都是可以改變的，問題是共通的，使用者會被深入地問到有關產品績效和他們想要尋求的產品或服務特色的問題；鼓勵使用者實際去使用產品或服務，可以獲得更深入和更切合實際的回饋意見。參與 α 試驗的使用者雖少，但能提供高品質的資訊，也有助於保護秘密，避免資訊外洩。而且，重要的使用者知道有人正在發展某一產品，他們開始希望此一產品的出現，可能會延緩購買原有的產品，等待新產品。

在第二個階段——β 試驗 (beta testing)，產品或服務已可對外公開，其目的在做廣泛的試驗，並繼續修正產品或服務的特色。β 試驗的重點在可靠性、相容性和確定使用介面的問題。為鼓勵使用者的參與，通常以很低的價格或免費提供服務。β 試驗可以取代大規模的試驗。行銷者依賴顧客去發現問題，可以減少內部試驗，節省金錢。相較於傳統的方法，這種試驗也可大幅加速試驗過程。競爭者已警覺到新產品的出現，擔心產品提早過時和市場提早喪失，將會快速採取行動，因此，行銷者將會面對很大的時間壓力，速度將是成敗的關鍵。

第四節

產品管理的層次

在探討產品管理時，通常可以分三個層次來考慮，首先考慮產品組合，其次探討產品線，最後討論產品品項（圖 10.4）。產品組合 (product mix) 是指某一賣方所銷售的所有產品。而產品線 (product line) 則是指一群相關的產品，其彼此可能在功能上相似，或是賣給同一顧客群，或是經由同一生產程序，抑或透過相同的銷售通路，或是在同一價格範圍之內。應使用哪一準則來作為產品線劃分的基準，則視各個基準在行銷策略上的重要性而定。

一、產品組合管理

產品組合或產品搭配，是指企業銷售給顧客的所有產品項目的集合。是進行產品管理上第一個要考慮的層次。在思考廠商的產品組合是否恰當時，可以考慮

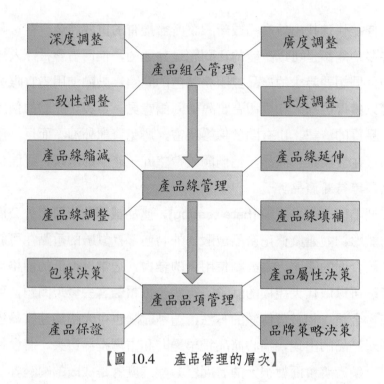

【圖 10.4　產品管理的層次】

以下四個產品組合的指標:

1.產品組合的廣度 (width)

指產品組合內,公司所擁有產品線的數目。如寶鹼,包括美髮產品、護理用品、個人清潔用品、飲料、食品、化妝品等。

2.產品組合的長度 (length)

指產品組合內,公司所擁有產品品項的數目。

3.產品組合的深度 (depth)

指產品組合內,各產品線之產品品項中,可供顧客選擇的樣式種類。如 Crest 有三種規格及兩種配方(一般的和薄荷的)。

4.產品組合的一致性 (consistency)

指產品組合內,各產品線在最終用途、生產需求、行銷通路與其他方面的相關密切程度。表 10.1 是黑松公司的產品組合。依照該公司的產品組合可以發現,其產品組合的廣度為 7,長度為 61,碳酸飲料的黑松汽水深度為 5(350ml 的鋁罐和 2,000ml、1,500ml、1,250 ml,以及 600ml 的寶特瓶共五種包裝形式,以供顧客選擇)。而在一致性上,因為都是飲料,在行銷上也表現出高度一致性,所以產品

組合一致性的程度很高。

【表 10.1　產品組合】

碳酸飲料	果汁飲料	茶飲料	咖啡飲料	酒類產品	其他類	優酪乳
黑松沙士 黑松汽水 吉利果	黑松葡萄柚汁 黑松楊桃汁 黑松柳橙汁 黑松芭樂汁 黑松蘋果汁 黑松蘆筍汁 鮮地葡萄柚汁 鮮地芭樂汁 鮮地柳橙汁 鮮地楊桃汁 鮮地蘋果汁 黑松葡萄柚 C 黑松蘋果 C 黑松綠洲柳橙汁 綠洲芭樂汁	黑松烏龍茶 黑松麥茶 大吉嶺紅茶 黑松大麥紅茶 青檸香茶 黑松菊花茶 黑松檸檬茶 歐香奶茶 黑松泡沫綠茶 黑松泡沫紅茶 黑松泡沫花茶 有氏沒氏非常紅茶 有氏沒氏非常綠茶 茶師傅梅子綠茶 茶師傅百香綠茶 茶師傅綠茶 茶師傅檸檬茶 黑松梅子綠茶 黑松冰萃鮮茶	歐香咖啡 歐香法式咖啡 畢德麥雅研磨咖啡 拿恩咖啡 歐香巧克力咖啡 歐香 Latte 咖啡	協和美酒 貝里威士忌 文森紅葡萄酒 潘尼堡紅葡萄酒 五良玉白酒 五良醇白酒 五良春白酒 酒泉二鍋頭	運動的水 C&C 高維他命 　C 飲料 黑松天霖純水 微妙的水 FIN 深海健康補 　給飲料 黑松薑母茶 黑松五穀米漿 黑松卵磷脂豆漿	美天 LGG 優酪乳

產品組合的廣度、長度、深度與一致性等四個產品組合層次，可以讓我們評估產品組合是否恰當。例如產品組合的廣度是否恰當？產品線是否太多？產品組合平均深度是否不足？產品組合一致性程度是否過低？產品組合長度是否太長等。透過四個產品組合層次的檢討，可以重新思考及調整產品組合。產品組合的四個構面可協助企業在產品組合上的管理：

(1)廣度調整：可增加產品線而拓寬產品組合。

(2)長度調整：可加長產品線。

(3)深度調整：可增加產品項目的樣式變化而加深產品組合。

(4)一致性調整：企業可依是否想在單一領域內獲得盛名或專業於某些領域，
　　而追求高度的產品組合一致性或降低一致性。

產品組合規劃是企業策略規劃者的責任，需利用行銷人員提供的訊息來評估產品線是否需要成長、維持、收穫和刪除。例如公司可以增加其產品組合的廣度，以分散風險。為了能增加銷售與利潤，公司傾向將風險分散在許多的產品線，而非集中於一個或二個產品線。公司也會利用先前已建立的名聲和品牌，來擴張其產品組合的長度，以便享受其品牌權與商譽。此外，公司也可增加產品線的深度，

來提供購買者更多的選擇，如此一來，不但可以充分利用製造與行銷上的經濟規模，並可在市場中提升銷售與利潤，更可以平衡季節性銷售情形。在一致性上，一致性低的產品組合在形象上通常會導致混淆，且各個產品線往往也沒有相輔相成的綜效 **(synergy)** 存在。

二、產品線管理

產品線係指提供給同一個顧客群之相關產品的組合，其功能、價格定位及通路系統相似，而且每一產品線各由不同的主管負責，例如國立臺灣大學，分別設置院長負責醫學院、法學院、管理學院、工學院、理學院等院務。產品線經理必須瞭解產品線每一品目的銷售額和利潤，以及產品定位。廠商會將相似的產品項放在同一個產品線上，主要是想藉由產品線的規劃來得到下列的好處 (Lamb, Hair and McDaniel, 1998)：

(1)廣告較能發揮經濟效益：在同一個產品線下的產品項因較具相似性，所以在推出廣告時，可以使用相同的手法，來達到經濟規模的效果。

(2)包裝具有一致性：在同一產品線下的產品可以有共同的包裝，同時又能保有本身的獨特特色。

(3)標準規格組件：公司可以在產品線上使用標準規格的零件，這樣可以降低製造與存貨成本。

(4)有效率銷售與通路：提供完整的產品線，批發商和零售商會傾向將公司所生產的整個產品線一併進貨，相對於單一產品，產品線的產品在運送與倉儲成本上較為低廉。

(5)同等品質：消費者通常期望且相信在同一個產品線下的產品項具有相同的品質。

(一)產品線延伸

產品線延伸 **(line stretching)** 發生在公司決定增加新產品到現有的產品線，以擴大其產品線的經營範圍，增加其在產業中的競爭力。當公司不滿足於目前產品線的經營範圍時，會試圖將其產品線進行延伸。一般而言，可以運用品質與價位兩個構面來劃分經營範圍，產業中的經營範圍分為高品質高價位、中品質中價位與低品質低價位等三個範圍（圖 10.5）。產品線延伸是指組織將產品線擴展至其他

經營範圍，通常產品線延伸方式有三種：向下延伸、向上延伸和雙向延伸。

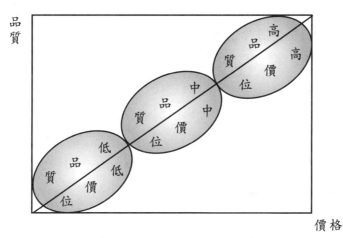

【圖 10.5 產品經營範圍】

1. 向下延伸

公司產品線向市場較低價位或較低品質的產品範圍延伸。例如高價位的機械錶廠也開發低價位的電子錶市場區隔。企業向下延伸的理由包括：⑴企業的高級品市場受到競爭者的攻擊，而轉向回擊競爭者的低級品市場。⑵企業覺得高級品市場成長緩慢。⑶企業原先以進入高級品市場建立品質形象，而再試圖轉進低級品市場。⑷企業增添低級品項目，以便在市場卡位，阻撓新競爭者進入。

2. 向上延伸

公司產品線可能是受高利潤、高成長的誘惑、或只想成為全產品線製造商，向上延伸至較高價位或較高品質的產品範圍。如日本汽車在美國汽車市場上，紛紛攻入原本被歐洲車所占據的高價位汽車市場。

3. 雙向延伸

同時進行向上延伸與向下延伸產品線。

(二)產品線填補

產品線填補 (line filling) 是在現有的產品線範圍，增加更多的產品項目，以提升該產品線的完整性。其動機包括追求額外利潤、防止顧客流失、利用剩餘產能、排除競爭者或是提升其公司聲譽等；但必須避免實行過度，以免導致自相殘殺及顧客混淆。例如金車公司在咖啡產品線上力求其完整，以捍衛其主力產品伯朗咖

啡。

　　不過，採用產品線填補決策必須注意：若是填補不當，則會造成相互蠶食 **(can-nibalization)** 的狀態。相互蠶食是指當在產品線或產品家族中加入一項新產品時，因顧客只是從舊有產品轉移至新產品，因此會造成現在產品銷售的下降。

(三)產品線縮減

　　產品線縮減 **(line pruning)** 通常是來自於產品線擴張過度。產品線如果擴張過度，可能會產生下列弊病：

(1)有些產品線中的產品無法貢獻利潤，因為本身銷售量太低，或是其市場被其他同一產品線的產品所侵蝕。

(2)製造或行銷的資源不適當分配，導致資源被成長遲緩的產品所吸收。

(3)當產品線有新的產品出現，或是競爭者推出了新的產品，有些產品則變成過時不當。

　　縮減產品線可以使管理者不會浪費資源在表現不佳的產品上，而可以將資源集中在最重要的產品。因為有較充裕的財力及人力，新的產品項可以有較好的機會上市成功。美國 RCA 公司便曾透過大幅刪減其電視產品線，來度過其經營的難關。

(四)產品線調整

　　產品線調整 **(line adjusting)** 意指產品線內產品項目的更新。由於市場環境的變化、消費者偏好的轉移，以及競爭者競爭壓力等因素，產品線必須定時加以更新調整，如此，才能掌握市場的先機。否則，若一味沉浸在過去成功的產品線，而忽略了更新，極易帶來失敗。例如統一超商便會定期檢討其店頭各項商品的銷售情況，以便對其產品線進行調整。

　　產品線經理選擇產品線內部分產品，樹立特色，作為號召；有時以產品線低端（低價位）作為「人潮創造者」促銷工具，吸引人潮，例如高島屋百貨以超低價家電用品吸引消費者；但有時則以產品線高端（高價位）提升形象，建立產品線的尊貴特色。

三、產品品項管理

(一)產品屬性決策

產品屬性決策主要包括：⑴決定產品品質：必須達到並超越競爭者的產品品質，才能有競爭優勢。⑵產品功能：包括產品用途、效用、便利性和安全性等。⑶產品款式與設計：廠商常會採取計畫性汰舊 **(planned obsolescence)**，汽車廠商定期推出新的車型，以及⑷產品人格與定位：例如 Swatch 手錶、March 汽車、Smart 汽車都成功對產品塑造獨特的人格。

(二)品牌策略決策

1.產品線延伸

公司在現有產品類別中新增的產品項目，並採用現有的品牌稱之。例如：推出新尺寸、新型式、新色系、成分改變、包裝大小不同等品目。希望獲得零售商更多的貨架空間；以某品牌下特定產品線提供產品給特定零售商或配銷通路（品牌變種策略）；新產品有較高的存活率。

2.品牌延伸

公司可能決定利用現有品牌推廣新產品類別的產品。本田汽車、摩托車、除草機、船舶引擎、掃雪機等。好口碑的品牌讓新產品立即獲得認同和接受，使得公司較輕易進入新領域；可節省相當多的廣告成本。但也有缺點：新產品讓顧客失望，可能連帶折損對公司其他產品的信賴；品牌可能不適用於新產品；過度的延伸讓品牌在消費者心中的特別定位模糊。

3.多品牌策略

公司經常會在相同產品類別內引用新品牌；可樹立不同的特色、或者吸引不同購買動機的顧客。每一個品牌可能只有小部分市場占有率，甚至無利潤可言。

4.新品牌策略

當公司在新類別推出新產品時，可能會覺得現有品牌不適用。

5.共同品牌

現在有愈來愈多的廠商以共同品牌（或稱雙品牌）的方式出現。也就是一產品有兩個以上註明品牌共列，每個品牌擁有者都期待另一個品牌會強化產品的品牌偏好或購買意願。其方式為：

⑴元件共同品牌：如 IBM 電腦中的 Intel 處理器，華航公司提供凱悅飯店的美食等。

⑵相同公司共同品牌：如通用公司旗下的 Trix/Yoplait 優酪乳。

(3)合資共同品牌：如奇異公司與日立合作的燈泡。

(4)多家公司共同品牌：如蘋果電腦、IBM 與摩托羅拉的科技聯盟 Taligent。

6.品牌重定位決策

無論品牌在市場中的定位多好，公司隨後都可能會採取重定位決策，尤其是當競爭者繼該公司品牌之後推出新產品，爭奪市場；或消費者偏好改變，使得該品牌需求減少時。

(三)包裝決策

包裝為產品進行設計及生產容器或包裝物的活動。有基本包裝、次級包裝、運輸包裝三種。包裝是重要的行銷工具：

(1)自助服務：超市和折扣商店，都以自助服務的方式販賣商品，包裝必須執行很多的銷售任務：引起注意、說明產品特色、建立消費者信心和營造整體有利的印象。

(2)消費者富裕：消費者愈富裕，表示願意為較好包裝所帶來的便利、外觀、可靠性和名氣，付出較多的錢。

(3)公司和品牌形象：公司已逐漸認同包裝設計精美，使公司或品牌獲得立即認知的影響力。

(4)創新的機會：創新的包裝，能帶給消費者利益和生產者利潤。

(5)保護智慧財產權：許多大公司在包裝上力求不易被模仿，不尋常的包裝外型與複雜的印製技術有助於不易被仿冒。包裝設計包括工程測試、視覺設計、經銷商測試、消費者測試。標示可辨識產品和品牌，包括產品等級、產品說明、製造地點、日期、內容物、使用時機、方法、注意事項、環保標誌等。

(四)產品保證

產品保證 (product warranties) 是為了保護消費者,確保提供產品的品質或性能，是吸引和維持既有顧客的普遍手段，例如 Giordano 提供退貨三不政策：不論地點、不限時間、不需發票。產品保證分為明確的保障（如產品保證書）和隱含的保證（如便利商店不應有過期商品）兩種。通常服務的保證比實體商品的保證難度更高，如旅遊、醫療服務。

四、產品／市場擴展

　　大部分的消費者都有某些需求處於未臻滿足的狀況，因此敏感的行銷人員都可以找出許多具吸引力的機會。但不幸的是，許多機會似乎總在已為別人所注意時才變得顯而易見。因此，行銷人員有必要在行銷策略的初步階段，建立起一思考架構，以便找出更多更廣的機會。表 10.2 密集成長策略：Ansoff 產品／市場擴展方格顯示了四大類的可能性，分別是市場滲透策略、市場開發策略、產品開發策略和多角化策略。

【表 10.2　密集成長策略：Ansoff 產品／市場擴展方格】

產品 市場	現有產品	新產品
目前市場（現有顧客）	市場滲透策略	產品開發策略
新市場（新顧客）	市場開發策略	多角化策略

資料來源：Ansoff (1957), "Strategies for Diversification", p.144

1. 市場滲透策略 (market penetration)

　　意指在公司現有的市場中試圖增加現有產品的銷售量，有時可能是透過更積極的行銷組合策略來達到市場滲透的目的。公司也可以試圖建立更緊密的顧客關係來增加購買或使用頻率，或試圖拉攏其他競爭廠商的顧客及開發新顧客。例如 VISA 卡就曾利用廣告大肆促銷，強調本身的優點，並企圖爭取美國運通卡 (American Express) 的用戶。

　　但在這個時代，光靠新的廣告訴求方式仍嫌不夠，公司可能要在網路上增設網頁，以便能更迅速地服務顧客，或是在現有市場中增設更多的零售據點以提供更方便的購物服務。

2. 市場開發策略 (market development)

　　公司試圖將現有產品拓展到新市場。他可以運用各種不同的媒體來打動新的目標市場顧客，甚至包括在海外的新市場增加配銷通路或零售據點。例如麥當勞為了擴展新市場，而在機場、辦公大樓、動物園、娛樂場所、醫院或軍事基地等

設立零售據點，另外，積極地擴展俄羅斯、巴西、香港、墨西哥和澳洲等國際市場。

市場開發的方法也包括了為了現有產品發展新的使用方法，例如立頓 **(Lipton)** 公司就曾以食譜來介紹其湯包組合包的新用法。

3. 產品開發策略 **(product development)**

意指在現有市場中，改良或發展出新產品。公司在現有市場的需求水準下，企圖尋找出新產品以滿足現有市場中各種不同的消費需求。例如微軟公司就曾推出各種新產品，包括使用網路的撥接服務軟體等，以滿足顧客需求。

4. 多角化策略 **(diversification)**

是指組織推進到一些與現行營運顯然不大相同的事業領域之成長模式，進入完全不相干的事業另尋發展，其包括了完全不熟悉的產品、市場，或新的生產與行銷體系。例如 Coleman 公司一向是製造露營用裝備的領導品牌廠商，但卻開始生產各項氣壓工具用的空氣壓縮機，因為空氣壓縮機比起原有的露營裝備市場要來得更有利潤。多角化的目的有很多，例如(1)分散風險，以免企業組織完全受制於既有的產品界限。(2)具有高度魅力的成長機會，有時是既有產品類項已屬成熟階段，有時是既有市場已飽和，有時則是新生的利潤展望遠大於既有之利潤。(3)新興的事業領域對企業決策階層者構成極大魔力及挑戰。(4)為了擺脫或調節既有市場之季節性波動或景氣循環。

多角化策略的分類主要包括：

(1)集中多角化 **(concentric diversification strategy)**：公司可找出與現有產品線有科技或行銷綜效的新產品，即使此產品是訴求新的顧客群。

(2)水平多角化策略 **(horizontal diversification strategy)**：該公司可尋求與現有產品線無關的科技，為現有顧客開創新產品。

(3)集團式多角化 **(conglomerate diversification strategy)**：與公司現有科技、產品或市場沒有任何關連的新事業。

大多數公司總想朝本身能駕輕就熟的方向去提升利潤，大抵會率先考慮追求更進一步的市場滲透，因而只是努力去為現有的顧客服務。但另一方面，其他公司可能注重於市場開發的機會，並可率先進軍海外市場，而這也是利用現有優勢創造利潤的方法之一。

第五節

產品定位

一、產品定位圖

　　行銷人員也可由市場調查去詢問消費者對所有品牌的判斷，並要求他們描述出自己的「理想」品牌；透過電腦分析，即可將各競爭者的產品定位情形繪製成「產品定位圖」(product positioning map)（圖 10.6）。以香皂的滋潤和香味兩個變數，來表現出不同品牌香皂的「產品空間」，可看出消費者對於不同品牌香皂對肌膚滋潤和芳香程度的看法。譬如說，消費者認為 Dial 香皂香味濃但滋潤成分低，而 Lifebuoy 和它非常靠近，意謂著它們在這些特徵上，被認為是相當類似的。Dove 這個品牌則是遠在圖的另一方，與它們有明顯的差異存在。雖然，這個定位圖是由顧客的感受所繪製而來的。在圖 10.6 所標示出的圓圈，代表著不同的子市場，當中消費者就聚集在所偏好的理想品牌之旁，將有類似理想品牌的受訪集群圈起來，旨在表現其顧客集中度，而圓圈大小則代表了不同理想品牌的規模。

　　圖中兩個最大的理想集群分別是 1 號圓和 2 號圓，就相當接近非常受人喜愛的 Dial 和 Lever 2000 這二個品牌。選擇 1 號圓的消費者追求「滋潤」成分，似乎要比他們所知的 Dial 和 Lifebuoy 兩個品牌來得高。兩項品牌又該何去何從呢？答案也不太明朗。或許兩種品牌可保留其原有產品，但在推廣上更強調其滋潤性，給予那些想要滋潤的人士更強烈的訴求。亦即，行銷人員可能只要將品牌定位為「優良滋潤品」。當然，此一努力之成敗仍需視整體行銷組合可否傳遞出此一定位溝通所做承諾。請注意到並沒有任何品牌接近 7 號圓，這對公司而言，可能是一個引進略帶香味、高度滋潤新產品的機會，若要選擇此一方向，公司應該在區隔上多加把勁。

　　若是經理人認為他可以針對「綜合市場」中的不同單元，做出幾項一般性的訴求，則產品定位分析可能將公司導向綜合而非區隔。譬如說，Coast 品牌可以藉由變化推廣之方式，以一種產品來吸引 8 號、1 號和 2 號區隔，因為這些區隔所

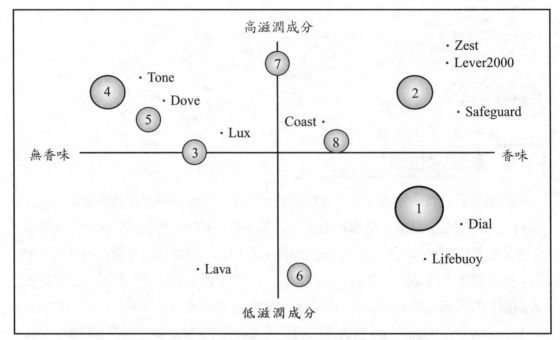

【圖 10.6 消費者對不同品牌香皂的「產品定位圖」】

追求的理想品牌是極為相近的。從另一方面來說，產品定位分析也可能會出現涇渭分明的子市場，幾乎不同品牌各擁山頭自重，這時候，區隔可能較為實用，公司可以將自己的產品轉入一般市場中競爭較不激烈的區隔當中。

定位分析有助於行銷人員更瞭解消費者對市場的認知情形，而且透過定位圖的視覺輔助更可增進其對產品市場的瞭解。公司第一次審視這樣的分析結果時，有時會因消費者對市場的認知與公司所想相距太遠，而大吃一驚。光是有此效果，就可以看出定位的重要性。但是，另一方面，若定位著重於以產品功能或品牌的差異來與產品市場的其他競爭者做比較時，則又流於產品導向的作法，這樣可能會忽略掉消費者需要、態度等相關重要的顧客變數。

太早強調產品功能是很危險的，例如上述的香皂案例中，若是從產品導向的市場定義來下手，只顧著如何與其他肥皂對抗，則可能使公司遺漏掉更多的市場變遷。譬如肥皂可能因為沐浴乳的出現而退流行，其他如淋浴用的潤膚油或洗髮精等也可能是攸關競爭的一分子；光是留意各家肥皂品牌，焦點必定過於狹隘，終令經理人失察前述各項變化。因此，若是顧客視不同產品為替代品，公司也就該針對他們來定位才是。

除此之外，行銷人員也應試圖多方面去瞭解顧客對產品的需要。在上述香皂的範例中，消費者除了重視滋潤性及香味外，或許某些人也重視其是否有除菌的效果。例如，Dial 公司的行銷人員就掌握到此類消費者需求，而在廣告中將其品牌作定位，以提供消費者不同的選擇。

雖然消費者並不定然會完全明白公司行銷組合的差異，但精心的定位有釐清目標市場相關決定變數之功能。因此，產品定位其實也可說是廣義策略規劃過程的一環，以確保整體行銷組合被目標顧客視為可提供卓越價值的一完整行為。產品定位是指行銷管理人員為了要在消費者心目中建立與其他競爭品牌不同的形象，並使消費者瞭解組織的產品與競爭者產品的相對差異而進行的努力。有效的產品定位可使目標消費者在考慮他們所要的產品時，會首先想到這個公司。另外，有效的產品定位是企圖在市場中找到一個合適的位置，使消費者對其產品與競爭者產品產生有利的差異認知，並能指引公司的行銷組合獲致良好的績效，因此產品定位是行銷策略的靈魂，而行銷組合是行銷策略的骨架和血肉。

產品定位策略的基礎在於產品差異化，公司使用此策略是使其產品和其他競爭產品有所區別。這種區別可以是實體的，也可以是無形的差異。實體的差異化像是產品的外觀、設計、功能、特性等；無形的差異化像是產品的服務、品牌、商譽等。重要的是，不管是實體或是無形的差異，主要在於建立本身品牌的特色和核心專長。

可能的定位位置往往不只一處，在尋求可能的定位位置上，行銷人員可以從以下幾個方向來思考：

(1)採取與競爭者相似的定位，但要做得比他們好：提供和競爭者所提供的相同利益，但透過更好的表現來直接挑戰競爭者。

(2)採取與競爭者對抗的定位：直接挑戰競爭者，提供一個能直接替代競爭者的利益，而不只是更佳的類似利益而已。

(3)採取與競爭者遠離的定位：避免與競爭者擠在一起。選擇一個和競爭者不一樣的特殊區隔，然後提供一些具有獨特性的產品。

二、服務的產品定位

服務業必須找出自己的獨特性，以及與競爭對手之間的差異性。以運送服務

機構為例，其產品未必只是「搬運」而已，還必須多方面考慮其差異性和獨特性，例如美國貝金斯公司由於提供以下的幾項服務，而能領先群雄：

(1)運送的正確性：事前明示提取行李及送達的日期和時間，若延遲一天送達，便賠償 100 美元。

(2)價格的信賴性：事前明示貨物的重量與運送距離，以決定運費，當實際重量或距離不同時，亦不再提高價格。

(3)完全保障：使用過的貨物，在運送途中若有破損，則以新品價格賠償。

(4)提供擬遷往地區的資訊：調查各地不動產業者、學校、教會、購物場所及運動設施等狀況，將其數據化並於事前提供給顧客，幫助顧客在遷居地區做生活計畫。

產品定位具有建立品牌形象的力量，目前品牌觀念已被廣泛地應用於服務業，以金融機構為例，Bay 銀行將公司每一項產品命名，例如 Fee-Saver Checking（存款在規定金額以上免收服務費）、Bay Bank Card with X-press Check（自動提款卡）、Checkview（複製每月被取消支票的清單）等，即利用各項產品的定位及特色，來提升公司的品牌形象。

塑造鮮明的企業形象，需要創意和努力兼備，不是一蹴可幾的工作，形象必須持續不斷地透過各種溝通管道向顧客傳達，其訊息內容主要為服務的代表性優點和定位的特殊訊息，傳達的方式必須要十分顯著，同時還應具有足以震撼消費者心靈的情感力量，才不至於與競爭者混淆。就像「IBM 即服務」這個訊息需要同時以符號象徵、媒體、氣氛環境和事件活動等方式來表達。

要建立持續的企業形象，必須要維持並提升服務的品質，所謂高品質服務的首要條件就是滿足特定目標顧客的需求，所訴求的特色及風格必須要能反映所代表的企業品牌，而且要不斷地改造自己，以求配合並超越客戶多變的需求與期望。

(一)建立持續的關係

資料庫的建立和直銷方式的運用是與顧客維持長期關係的好方法，正如美國運通卡公司，隨時觀察顧客的記錄並時時更新，且確定所有不同來源所散發的訊息後，給予適當的溝通，提供給顧客最大的服務價值。

(二)服務標準化

服務難以完全地標準化，例如麵包店可以明確地要求每一片全麥麵包的成分

以及標籤的樣式，然而電器維修人員卻必須依工作的不同而提供不同的服務，並且對於顧客所提出的各種疑問和批評要有禮貌並切實地回應。

　　服務不具實體，使得評估服務的客觀標準較難建立，服務品質的衡量頗為困難。因此，盡量地達到服務標準化是解決問題的最佳辦法，而標準化的方式之一是將所有分店的作業流程統一化。例如，麥當勞就是運用這種方式的箇中翹楚，不僅對所有材料嚴格控制，連服務過程的每一個細節也都絲毫不掉以輕心，顧客到任何一家加盟連鎖店都可以得到相同品質的商品和服務，將是其最大的目標。

(三)謹慎的挑選和訓練員工

　　在關心顧客方面，迪士尼可能是全世界最佳的典範，擁有完善詳盡的招募和篩選方針，並對員工進行全面訓練。另外，全球最大的錄影帶出租連鎖店百視達(Blockbuster)，進軍臺灣滿兩年之後，亦宣佈開放加盟，百視達的加盟金比麥當勞還高，達 1,200 萬元，合約更長達二十年，加盟者還必須具備另開三家分店的能力，門檻雖然如此之高，仍吸引許多店家爭相加入，然而其中被淘汰的為數甚多。以上這兩家世界知名的連鎖服務業，為何都設定如此高門檻的加盟條件？最重要的目的就是為了保護品牌權益。

　　組織如何能確保其員工每次都能提供符合品質要求的服務？其中的方法之一即是設立一個每位員工都能滿足的「內部顧客」標準，使員工在實際工作中重視品質，所謂內部顧客係指組織內的成員而言。另一個改善服務品質的方法則源自全面品質管理 (Total Quality Management; TQM) 的概念，也就是員工授權，授能員工以滿足顧客的需求。

(四)強化服務運作系統

　　由於顧客服務可視為一項重要的行銷工具，許多公司已經建立強力的服務運作系統，以處理顧客訴怨、信用服務、保養服務、技術服務以及顧客資訊等。例如，惠而浦、P&G 以及許多的公司都已經設立免付費熱線電話，藉著保存顧客請求協助及顧客抱怨的種類的紀錄，顧客服務部門能夠在產品設計、品質控制、以及行銷策略上作必要性的修正，一個主動積極的顧客服務作業系統可以協調公司所有的服務、創造顧客的滿意度與忠誠度，並可協助公司找出競爭對手的優勢與劣勢所在。

　　一般商品為了有別於競爭者的商品，均會對新產品申請專利保護，例如在美

國的專利權賦予新產品的製造商十七年享有唯一製造生產的權利；相對地，「服務」則缺乏專利的保護，為彌補這個缺點，服務的行銷人員必須不斷的創新和改進，銷售人員的服務品質乃建立企業形象的有力手段，因此提供服務的人員必須用心地去進行每一筆交易，與顧客建立長期的良好關係。

(五)增加顧客的參與程度

對一個公司而言，瞭解顧客參與程度以及服務本質是項重要的工作，因為顧客的參與程度對公司的服務品質、顧客滿意度和競爭者之間的相對關係等，都有決定性的影響。可藉此提高整體生產力、增加顧客滿意度，同時降低因為顧客不可預期的行動而導致的種種不確定性，公司在提供服務給顧客的過程中，可利用明確界定顧客的職權和招募、教育和獎賞顧客，來增加顧客的參與程度。

自我評量

1. 以筆記型電腦為例，請列出產品概念的五種層次為何。
2. 廣義的產品分為實體的產品和無形的服務，就你的看法，兩者的定位方式有何不同？無形的服務是否也可以「包裝」？
3. 實體的產品和無形的服務均有產品保證，無形的服務的產品保證為何？
4. 統一食品公司所採用的產品品牌決策為何？
5. 新產品比較容易被市場接受的要件有哪些？可否舉例說明？
6. 以豐田汽車為例，請說明該公司的產品線延伸策略，即包括向下延伸、向上延伸和雙向延伸三種。
7. 產品的種類有哪些？可否各舉數例說明？

參考文獻

1. 林建煌 (2002)，《行銷管理》，智勝，頁 232-242。
2. 沈華榮、黃深勳、陳光榮、李正文 (2002)，《服務業行銷》，國立空中大學，頁 156-159。
3. 張國雄 (2004)，《行銷管理》，雙葉書廊，頁 189-193。
4. 黃俊英 (2004)，《行銷管理：策略性的觀點》，第二版，華泰文化事業，頁 207-211。

5. 謝文雀編譯 (2000)，《行銷管理：亞洲實例》，第二版，華泰書局，頁 360–361。

6. Ansoff, Jgor, "Strategies for Diversification," *Harvard Business Review*, Sep.–Oct., p. 114.

7. Booz, Allen & Hamilton (1982), *New Product Management in the 1980s*, New York: Booz, Allen & Hamilton.

8. Cooper, Robert G. and E. J. Kleinschmidt (1995), "Benchmarking Firms: New Product Performance and Practices," *Engineering Management Review*, No. 23, pp. 112–120.

9. Cooper, Robert G. (1996), "Overhauling the New Product Process," *Industrial Marketing Management*, Vol. 25, No. 6, Nov., pp. 465–482.

10. Keegan, Warren J., Sandra E. Moriarty and Thomas R. Duncan (1995), *Marketing*, 2nd ed., Prentice Hall.

11. Kotler, Philip, Swee H. Ang, Siew M. Leong and Chin T. Tan (1999), *Marketing Management: An Asian Perspective*, 2nd ed., Singapore: Prentice Hall, pp. 461–463.

12. Kotler, Philip (2000), *Marketing Management*, The Millennium ed., New Jersey: Prentice Hall.

13. Lamb, Charles W., Joseph F. Hair and Carl McDaniel (1996), *Marketing,* 3rd ed., South-Western College Publishing.

14. Murphy, Patrick E. and William A. Staples (1979), "A Modernized Family Life Cycle," *Journal of Consumer Research*, June, pp. 12–22.

15. Rogers, Everett M. (1983), *Diffusion of Innovations*, 3rd ed., New York: The Free Press.

16. Stevens, Greg, James Burley and Richard Divine (1999), "Creativity+Business Discipline=Higher Profits Faster from New Product Development," *The Journal of Product Innovation Management*, Vol. 16, No. 5, Sep., pp. 455–468.

17. Zeithaml, Valarie A. (1981), "How Consumer Evaluation Processes Differ between Goods and Services," in James H. Donnelly and William R. George (ed.), *Marketing of Services*, American Marketing Association, pp. 186–190.

第十一章

訂價策略

Nichirei 在日本冷凍食品銷售業績排名第一，緊追在後的是第二名的 Kato-kichi。不過 Nichirei 的優勢在於，他是一家冷凍食材的製造廠，在全球各地市場生產及調度魚、肉，然後供應給日本的食品工廠，經營上擁有雄厚的實力，總營業額甚至是第二名的 Katokichi 的 2 倍以上。Nichirei 自 1964 年便投入冷凍食品的開發，可以說是市場的開路先鋒，其他廠商只能跟隨在後急起直追。Nichirei 在好幾項產品類別上保有 No.1 的地位，正因如此，超市賣場為吸引顧客上門，將他們的產品列入低價招攬顧客的折價品，致使公司難以創造利潤。為突破如此困境，Nichirei 在總經理兼董事福田厚司先生的帶領下，推動「擺脫價格競爭的市場行銷策略」。

王爾德 (Oscar Wilde) 認為價格與價值之間的主要差異：「一個玩世不恭的人也許知道每一樣東西的價格，但卻不瞭解任何東西的價值。」一位生意人曾說他的目標就是將他的產品賣得比應得的價格還要高。產品應該如何訂價？一句俄國諺語說：「市集上有兩種傻子：一種賣得太便宜，另一種賣得太貴。」賣得便宜賺到業績卻賺不到利潤，而且還吸引到不對的顧客（為貪便宜而轉換品牌的顧客）。也會導致競爭者以相同或更低的價格與你競爭，而且會降低產品在顧客心目中的價值感。反之，賣得太貴可能失去業績也失去顧客。彼得杜拉克提醒我們另一項顧慮：「對高訂價的崇拜會為競爭者創造一個市場。」

第一節

訂價目標

訂價的標準方式，是確定了成本之後再加上利潤。但是你的成本和顧客認知的價值並無相關性，成本只能幫助你決定該不該生產那樣產品。價格訂好後，不要用價格來銷售，要用產品的價值來銷售。就像美國汽車界巨人福特公司前執行長艾科卡 (Lee Iacocca) 所言：「當產品對了，你不需要是行銷高手就可以把產品賣

出去。」亞馬遜書店 (Amazon) 創始人兼總執行長的傑夫貝左說：「我不擔心別人比我便宜 5%，但我擔心別人是否提供更棒的購物經驗。」那麼價格到底有多重要？朱蘭學院 (Juran Institute) 的克里斯多福菲伊 (Christopher Fay) 曾說：「超過 70% 的商業研究指出，價格是顧客主要或次要不滿意的特點。但低於 10% 的人是因為價錢而轉換品牌。」

　　價格是獲取產品或服務所必須花費的金額；或是由消費者交換擁有或使用產品或服務的利益而付出所有價值的總合。價格也扮演著傳達產品或服務品質的角色，對於消費者購買的選擇影響很大，例如公司將價格降低，卻又透過媒體溝通或其他組合訴求高品質的品牌形象，則可能讓顧客對公司的服務定位混淆不清。因此，價格策略必須與企業整體目標與行銷組合配合，在擬定任何的價格策略之前，首先必須對組織目標有充分的瞭解，並在選擇適當的目標市場以及確立市場定位後，配合整體行銷策略建立訂價目標。本章的重點在強調服務行銷人員如何發展價格策略。

一、以獲利力為導向的訂價

　　盡力擴大能夠涵蓋成本的收入盈餘，包括利潤極大化、滿意的利潤和目標投資報酬率，主要是為達到當期利潤最大及當期收入最大的目的。銷售導向目標 (sales oriented objective) 著眼於增加銷售量／值或提高市場占有率。現狀導向目標 (status quo oriented objective) 的重點則在於維持目前的銷售與利潤狀況，或因應競爭狀況而避免蒙受損失甚或遭到淘汰。價值導向目標 (value-oriented objective) 則是著眼於業主或股東的財富價值，以增加現金流量或提高股票價格為目標。

　　這些訂價目標都或多或少的反映實務上的現象。許多大型企業坦承是以利潤、市場占有率、及穩定等事項為訂價目標，而價格戰或價格破壞則是業者在現狀導向目標之下所出現的合理抉擇。當然，企業的實際訂價活動可能同時反映了若干層面，例如價格戰不但是反映現狀導向目標，也牽連到利潤和銷售導向目標，因為在同業削價競爭之下，如果堅持不肯加入，則可能面臨銷售與利潤數字銳減的困境，此時業者不但是為了維持生存，同時也可能為了避免過度偏離利潤與銷售目標。

　　價值導向目標較為抽象，但已經成為財務學者的「一般共識」，其背後有嚴密的推論過程與資產評價理論支持，在實務上也可以解釋部分現象。舉例而言，一

般業者所提供的現金折扣，可以視為提高現金流量「現值」的機制之一，而流行服飾業者的換季拍賣，固然可以用簡單的「權衡得失」來解釋，但其中也隱含著部分「加速現金入帳」的功能。

訂價目標有時並非完全具合理性，常涉及到經營階層的理念，而且期間很難明確區分。舉例而言，日本廠商在國際市場上普遍以提升市場占有率為訂價目標，豐田汽車公司在許多年前訂出「全球市場占有率 10%」的長期目標，願意忍受低報酬率的理由，這是基於經營階層認為先有市場才有利潤，其中不但反映了規模經濟、學習曲線、轉換成本等策略性思考，即先以銷售導向目標占有市場，再轉為利潤導向目標，而總現金流量則會符合價值導向目標。

日本股票市場的本益比高居全球首位，其中固然有法人交互持股的結構性、制度性因素，但另一個因素則在於投資人相信，各大企業以低利潤來擴充市場占有率，可以在未來獲得很高的利潤，因此目前每股盈餘雖然偏低，但是就長遠的考量而言，其股票的價值仍然很高。由上述得知，企業的訂價目標究竟是利潤導向、銷售導向、還是價值導向，是值得探討的重要議題。

1.利潤極大化

在訂定價格時，隨著整體成本的比例儘可能地擴大整體利潤，但必須視公司所面臨的競爭環境類型（獨占、寡占、獨占競爭及完全競爭市場）而定，公司制定的售價絕不能高過於該服務的認定價值。

在此訂價目標行銷人員可採取吸脂訂價法 (skimming pricing)，即在新服務剛上市時，將價格訂得比較高，以榨取對於價格不敏感、敢於接受創新的「少數早期使用者」的金錢，提高毛利率，而後每經過一段時間，再逐漸調降價格，以吸引新市場區隔顧客的購買。

2.滿意的利潤

是指合理程度的利潤。換句話說，利潤的多寡必須與該公司所面臨的風險程度相符一致。

3.目標投資報酬率

目標投資報酬率 (target return on investment; ROI) 用以衡量管理階層就可資利用的資產所衍生製造出來的利潤收益之成效。任何 ROI 都需要衡量競爭環境、產業風險和經濟狀況等各種方面而評估的。

投資報酬率＝稅後淨利／整體資產

二、以營業成長為導向的訂價

以不同的價位來尋求供需上的平衡，如旺季與淡季時的差別價格，通常是根據市場占有率、銷售金額或銷售數量而定，主要是為了達到營業成長的目的。

1.市場占有率

係指公司的商品銷售量占該產業整體銷售量的百分比。如果市場占有率增加的話，市場的主導力量就會增強，在媒體曝光率、通路安排、供應商合作等方面的優勢也會隨之增加，進而提高營業成長，近年來統一星巴克、丹堤、西雅圖等咖啡店不斷地在臺灣全省各地開設連鎖店，以擴大其市場占有率。

要達擴大市場占有率目標可採用滲透訂價 (penetration pricing)，即新服務上市時，以低價來鼓勵顧客對該服務的嘗試購買和試用，行銷人員認為消費者對於服務價格較為敏感，而低價位可以刺激購買，搶占市場占有率。

2.銷售量極大化

銷售量極大化主要在注重銷售量的不斷提升，而不重視利潤、競爭對手和行銷環境。銷售量極大化的作法可以有效地暫時解決過剩存貨的出清問題，舉例來說，百貨公司換季或年終拍賣時，趁新款商品未推出之前，就會以五折到三折的超低零售價出清舊款商品。

三、以鼓勵消費為導向的訂價

盡力擴大顧客數量來使用該項服務，例如針對不同市場區隔的付費能力來制定不同的價位，其價格的訂定方式依服務類型、競爭對手的訂價、不同區隔市場中顧客的購買能力、以及可議價的空間等而作不同的改變。

四、以存續為導向的訂價

在某些狀況下，例如經濟不景氣、產能過剩或競爭過於激烈等，公司為了存續經營的考量，必須提高或壓低服務的價格。許多服飾或時裝的零售業者，為了促銷非當季的產品，常需調降商品價格，來維持生意正常運轉，然而存續是短期目標，對公司長期而言，仍必須考慮到如何增加服務的附加價值，才能永續經營。

五、以維持現狀為導向的訂價

維持現狀訂價 (status quo pricing) 即維持現有的價格或者採用與競爭者同樣的價格。公司所置身的產業，其市場價格已有既定的領導行情，而且也沒有激烈價格戰的存在，公司通常會維持原有的市場價格，而透過廣告、直效行銷、人員銷售等推廣工具，來從事非價格的競爭，尤其是市場領導者更常使用此價格策略。例如，MCI 和史賓律特 (Sprint) 對消費者聲稱 AT&T 的長途電話索費過高，於是 AT&T 便利用廣告予以反擊，以告知消費者他的費率其實與其他競爭對手是一樣的，換言之，AT&T 所採取的是維持現狀訂價。

六、以產品領袖與品牌形象為導向的訂價

公司的目標在於成為市場中的品質領導者，通常會採用高價位的訂價，因為高價位會讓消費者對產品品質產生高貴的認知，特別是服務的品質不易判斷，或消費者沒有足夠的訊息來判斷時，價格往往成為一個判斷的基準，例如凱悅飯店、希爾頓飯店等，都是採取高價位的服務價格。

第二節

訂價方法

新的服務項目導入新的通路、地區或簽訂新合約時，訂價是很重要的課題，因此當公司確定訂價目標後，其次則應依序確定需求→估計成本→分析競爭者價格→最後訂定該服務的價格。即必須瞭解影響服務價格的因素，估計該服務的需求及價格彈性，以協助判斷服務與價格之間的互動關係，然後從服務的類型估計成本及其成本曲線，並分析其他業者相似或相同服務的價格。價格的主要考慮因素包括成本面、需求面、競爭面及產品特性面，實務上常用的訂價方法為成本基礎訂價、價值基礎訂價以及競爭基礎訂價。

一、成本基礎訂價

提供服務的成本通常包括三種：固定成本、半變動成本及變動成本。

⑴固定成本：指沒有提供服務時，仍會持續發生的成本。例如建築物的租金、折舊費用、稅金、水電費、薪資、資本成本等。

⑵半變動成本：指與組織的服務顧客數目或產生的服務量多寡有關的成本，又稱作業成本。例如隨服務量增加的材料費、服務場所的清潔費用、加班費、雇用臨時員工的薪資等。

⑶變動成本：指每增加一單位銷售所增加的成本。例如戲院增加位置、餐廳增加客房等，然而在許多服務業裡，變動成本相當低。

而成本基礎訂價分為以下兩種：

1.成本加成訂價

是最簡單的訂價方法，乃單純地在成本上附加期望利潤來計算售價。

2.損益平衡分析

即目標利潤訂價，設定一個價格使其成本與價格損益兩平，或設定一個符合目標利潤的價格。

表 11.1 列示了實際上可能出現的六種組合，第一種分類是採用實際數字或標準數字，第二種分類則是將那些成本項目列入產品成本。例如，第一種組合是根據實際的直接材料、直接人工及變動製造費用來計算產品成本，而第六種組合則是使用標準數字，並且考慮全部的生產成本。

【表 11.1　產品成本的計算方式】

計入產品成本的項目	採用的成本數字		
	實際金額	混合＊	標準金額
直接材料，直接人工，變動製造費用	一	二	三
直接材料，直接人工，全部製造費用	四	五	六

＊直接材料與直接人工用實際金額，製造費用按標準數字分配

以上的說明透露出行銷人員所需具備的幾個成本觀念。首先，成本數字並非獨一無二或一成不變，在進入特定行業或公司時，必須大致瞭解該公司與同業使用何種成本制度與成本計算方法，否則就無法和相關人員討論訂價決策的成本面考慮。其次，成本基礎訂價必須考慮總成本，因此在決定附加金額、加碼百分比、

或價格下限時，都必須將銷管費用納入，而不能只考慮製造成本的部分。

最重要的是，在評估自己是否具備低成本優勢之際，必須以相同的基礎來比較競爭者。舉例而言，假設宏碁電腦公司是你的競爭對手，宏碁銷售的筆記型電腦平均售價是 26,850 元，其平均成本為 25,658 元，若你所生產的筆記型電腦平均成本低於 25,658 元，也未必具有低成本優勢（相對於宏碁而言），因為還必須顧及以下三個問題：

其一，宏碁和你所採用的 CPU、LCD 等關鍵零組件或其組合可能不同，而零組件占總製造成本的比例高達 95%，你所擁有的低成本優勢可能只是反映了產銷低階產品的事實。其二，你無法確定宏碁是用何種方法計算製造費用，從而不可能斷言自己的平均成本較低（除非差距很大）。最後，銷管費用也有變動與固定之別，其固定部分有明顯的規模經濟效應，除非你能夠取得宏碁內部的成本分析資料，否則很難判斷自己在銷管費用上是否具備優勢。

由以上所揭示的觀念得知，行銷經理必須與成本分析人員溝通，同時也能夠和高階層討論發動或加入價格戰的可能性。

二、價值基礎訂價

另外，股票經紀商 Shearson-Lehman Hutton 藉由訴求完整服務 **(full-service)** 的廣告，以對抗低價訴求的折扣型股票經紀商。價值訂價 **(value pricing)** 仍需注重服務及作業流程的重新設計以降低成本，並在低價下保持應有的毛利。百勝全球餐飲集團是全球最大的餐飲連鎖集團，總部設在美國肯德基州的路易斯維爾市，旗下擁有肯德基、必勝客、Taco Bell 三個世界著名的餐飲品牌，目前在全球一百多個國家擁有超過 30,000 家的連鎖餐廳。例如，在推出價值菜單之前，Taco Bell 重新設計其餐廳，以增加顧客的流量並降低成本。

價值訂價的趨勢主要是肇始於經濟不景氣，價值基礎訂價是以購買者的價值認知，而非銷售成本來作為訂價的關鍵。最近，行銷人員愈來愈注重顧客價值，重視價值訂價策略，傳遞顧客該服務的物超所值。

價值訂價對行銷人員而言，不僅是意味著削價；更意味著在品質和價格間尋找細緻的均衡，以提供目標顧客所企求的價值。經濟不景氣及消費者人口的變動，產生了新購物者型態。以往誇耀富裕，炫耀性的消費心態，如今已轉為尋求獲得

好交易（例如用低價格購買到高級品）的消費心態。

　　近年來，速食連鎖店、股票經紀商等，以大幅地修定行銷口號來塑造物超所值之感。舉例來說，Taco Bell 連鎖店在美國推出一個非常成功的「價值菜單」，提供 59 cents 的 taco 以及其他十五個項目，只要 59 cents、79 cents、或 99 cents；接著麥當勞推出與之抗衡的「超值餐點」，緊接著是溫娣漢堡、漢堡王、以及其他競爭店亦推出各自的訂價組合以資對抗。另外，此反映了行銷人員對消費者態度轉變的因應方式，消費者態度的轉變乃歸因於老化的嬰兒潮世代、以及日漸升高的財務壓力，消費者重新審視價格－品質間的關係，因此價值訂價在 2000 年代以後仍是重要的價格策略。

三、競爭基礎訂價

　　現行水準訂價法是競爭基礎訂價的一種方式，公司以競爭者的價格作為主要的訂價基礎，較不重視成本與需求狀況。現行水準訂價法相當普遍，特別是當需求彈性難以衡量時，因為現行價格反映出產業對於價格的集體智慧，公司採行此訂價方法除可獲得公平合理的報酬外，並能避免與競爭對手之間形成價格戰。

　　當公司確定產品最終價格時，仍必須考慮其他相關因素，例如：⑴顧客的心理價格。⑵其他行銷因素的影響，價格與其相對應的品質和廣告形象是否一致。⑶符合公司的訂價政策，使消費者產生合理價位的感覺，並可滿足公司利潤目標。⑷其他團體對價格的反應，如競爭者的反應、政府的干預等，亦相當重要。

四、符合法令的限制

　　訂價決策會受到法令的限制。以國內而言，一般企業所受的限制主要來自公平交易法（表 11.2），但是美國市場則涵蓋許多不同的法案，例如禁止某些差別取價措施的 Robinson-Patman 法案，禁止限制轉售價格的消費品訂價法案 **(Consumer Goods Pricing Act)**，乃至於各州自訂的公平交易法等。其中，「聯合訂價」在美國稱為水平價格固定 **(horizontal price fixing)**，也就是同業之間正式或非正式的價格協議。這種作法固然在國內市場上時有所聞，即使是公平交易法公佈實施之後亦然，但目前只有補胎業、金飾業等少數行業獲得公平交易委員會的聯合訂價許可。

　　限制轉售價格在美國稱之為垂直價格固定 **(vertical price fixing)**，過去在製造

【表 11.2　公平交易法對訂價的限制】

1. 原則上禁止聯合訂價，但特殊情況得申請例外許可
2. 禁止供貨廠商限制中間商的轉售價格
3. 除反映市場供需、成本差異、交易數額、信用風險、及其他合理事由外，禁止差別取價的行為
4. 制止強制搭售及其他不正當限制交易相對人的行為
5. 禁止在標示、廣告、或其他公開方法中對價格作虛偽不實或引人錯誤的表示

商居於強勢時幾乎是「金科玉律」，不遵守此一限制的中間商將受到「斷貨」的處分，目前在公平交易法的限制下，許多業者不再採用「訂價」的形式，改為建議售價 (suggested price)，讓中間商有權決定實際售價。

　　禁止對價格作虛偽不實的表示，主要是為了避免廠商運用「Bait & Switching」的手法，使消費者蒙受損失。所謂的 Bait & Switching，是指在廣告或其他公開方法中，打出超低價位的犧牲打或帶路貨，但是卻故意減少供貨數量，讓上門的顧客在無奈甚或業務人員主動引導下選擇其他品項。

　　另一個問題則在於所謂的高標低賣，以顯貴訂價法讓顧客誤以為高級品；再同意讓顧客大幅殺價，使之產生「便宜買到好貨」的錯覺。日本青山洋服店，也曾經涉嫌高標低賣而被公交會裁定限期改正。在法規的分類中，公平交易法屬於「普通法」，在特別法優於普通法的情況下，並不是每個行業都受到公平交易法的約束，舉例而言，證券經紀商代客買賣證券所收取的手續費，多年來始終是聯合訂價，因為證券管理委員會對手續費有所規定。因此，在進入某一行業時，必須先確定該行業的訂價是否有特別法的規範。

　　每個國家對訂價的限制不一，國內的公平交易法雖已參考先進國家的相關規定，但顯然有簡略之嫌。舉例而言，美國聯邦政府還有禁止用掠奪性訂價打擊競爭對手的規定，部分州政府還有售價不能低於某一最低水準的限制，而世界各國普遍立法限制國外廠商傾銷 (dumping)，若證實其外銷價遠低於國內售價，則課以某個百分比的反傾銷稅，這些都是習慣採用價格競爭的國內廠商在進入國際市場時必須先行瞭解的事項。

第三節

價格調整策略

　　價格在兩種情況下必須加以調整，以符合市場需要：第一，所面對的環境是不同市場結構及產品結構等時，產品價格有必要加以修訂，第二，競爭者對於產品價格作出反應時，公司應採行價格調整策略。

　　公司通常不會只訂定一種價格，事實上是依產品別、產品項目別、地區別、不同的需求及成本、市場區隔的需求強度、購買時機、及其他相關因素，採取不同的價格結構。

一、價格折扣與折讓策略

　　大多數公司在面對消費者之即時現金支付、大量採購、非旺季購買等，會以價格的調整，作為對顧客支持的回報。包括下列方式：

1. 現金折扣

顧客迅速付款時的價格優惠。

2. 數量折扣

　　數量折扣 (quantity discount) 則是為了鼓勵顧客增加購買數量而給予的優惠，通常有累積式折扣 (cumulative discount) 與非累積式折扣 (non-cumulative discount) 兩種，前者以每次交易數量或金額為準，交易愈大則折扣愈高，後者則以特定期間內的累積交易量為準，累積交易量愈大則優惠愈多，但進入下一期則從零開始。一般而言，消費市場大多採用非累積式折扣，組織市場則有相當比例採用累積式折扣。

3. 功能型折扣

　　對於執行不同功能的通路成員，提供不同的功能型折扣，如銷售、存貨或記帳的獎勵。

4. 季節折扣

　　季節折扣 (seasonal discount) 可以視為差別取價的一環，只不過此時並未調

整標價，以折扣的形式來進行差別取價。舉例而言，位於溪頭的米堤大飯店曾推出平日住宿六五折的優惠，藉以紓解「假日鬧哄哄，平日養蚊子」此一風景區旅館常見的問題。另外，實務上相當普遍的預約 (forward dating) 也可以是季節折扣的一環，其作法是在淡季以優惠價出售，但等到旺季出現實際需求時再付款，國內的冷氣機業者每年都會推出「冬天裝機夏天付費」的活動，就是為了突破冬天無法銷售冷氣機的困境。當然，新產品上市前也可以辦理預約，只不過此時通常是先行付費，兼具有試銷及便利資金周轉的功能，並不能視為季節折扣，房屋市場的「預售屋」就是如此。

5. 折 讓

減價的另一種方式，如抵換折讓 (trade-in) 即買新品時將舊品作為抵換時的價格減讓，在汽車業中最為普遍。促銷折讓 (promotional allowances) 即獎勵經銷商（中間商）參與廣告或銷售支援活動的折價。促銷折讓通常是針對中間商，在實務上也有許多不同的名目，常見的包括週年慶贊助費、廣告贊助費、促銷折扣配合案等等，但消費市場常見的「舊機折抵××元」，也是屬於促銷折讓。值得注意的是，促銷折讓原屬製造商主動給予中間商的優惠，但近年來通路業者日漸「坐大」，包括統一超商、頂好超市、家樂福等業者都主動要求製造商提供某些優惠，否則商品根本無法進入這些通路。製造商通常會有全套的折扣與折讓政策，表 11.3 即為寶僑公司從民國 86 年起實施的規定，其中包含了上述大部分的折扣與折讓。

【表 11.3　寶僑公司的折扣與折讓政策】

類　別	內容說明
現金折扣	15 天內付款可獲得 2% 的折扣
數量折扣	單店每次訂貨達 300 箱不收運費，達 800 箱給予 1.4% 折扣
瑕疵折讓	貨物損壞折讓一律為 0.25%
促銷折讓	依照通路業者承諾及執行績效，給予 4.5% 的商品陳列基金，若採用 EDI 連線補貨者，則另行給予 0.35% 優惠

另一種與折扣或折讓相當類似的價格優惠是回扣 (rebate)，為避免其他涵義，在國內通稱為回饋，在部分服務業市場上則稱為退佣，通常是指顧客付費之後再退還部分金額。奇美實業的年度購料實績回饋，就是在年度結束並結帳後，根據

顧客實際購料多寡來提供不同大小的「紅包」,而該公司也強調這不是退佣或回扣,而是「退還利潤、回饋客戶」。

當然,實務上不一定會把折扣和回饋分得一清二楚,因為「回饋」一詞也可以作為動詞,例如《自由時報》以低價促銷報紙時就宣稱是回饋客戶,但實際上應視為折扣。渣打銀行 (Standard Chartered Bank) 的 Smart 信用卡則提供一個嚴謹區分的例子,該信用卡每月結帳後最高可獲得 0.75% 的「現金紅利回饋」,但刷卡的同時還享有 6.6% 的「立即紅利折扣」,並沒有把回饋和折扣混為一談。

二、地理訂價策略

地理訂價係考慮對顧客所在之不同地點或國家,採用不同的價格,抑或不論任何區域均採用相同的價格,包括起運點訂價、統一交貨價格訂價,以及區域訂價。價格政策的另一個考慮層面是地理區域的差別,這點對運輸費用偏高的建材、家具等行業尤其重要,而地理訂價 (geographic pricing) 就是將地理區域差異考慮在內之後的訂價。

表 11.4 列示了地理訂價的五種抉擇,其中 FOB 起運點訂價 (FOB-origin pricing) 在實務上有許多不同的名稱,一般製造業稱為出廠價,零售業稱之為自助價,建材業則為站庫價,外銷市場上則稱為離岸價格或起岸價格。CIF 目的地訂價 (CIF-destination pricing) 在一般製造業稱為到廠價,零售市場上有時稱之為送貨價,建材業稱之為工地價,外銷市場上則稱為到岸價格。

國內的預拌混凝土業者的訂價則是基點訂價 (base-point pricing) 與區域訂價 (zone pricing) 的混合體,根據工地與工廠的距離劃分為四個區域,每個區域每噸的差價在 50 元左右,原因並非距離較遠導致駕駛工人與汽油消耗增加,而是混凝土攪拌過程會發熱並凝固,必須添加冰塊來散熱並延緩凝固速度,距離愈遠則所需冰塊愈多,通常運送距離不能超過 30 公里。

統一交貨訂價 (uniform delivery pricing) 意味著報價中隱含著相同的運費,距離較遠的顧客不至於負擔較高的價格,賣方在作業上也比較方便,因此在實務上相當普遍。

【表 11.4　地理訂價之五種方式】

訂價方法	內容說明
FOB 起運點訂價	由買方決定運輸方式並負擔運輸費用
CIF 目的地訂價	由賣方決定運輸方式並負擔運輸費用
基點訂價	由基準點與交貨地的距離來加計運費
統一交貨訂價	不論運費多寡都以相同的附加費用反映
區域訂價	對不同地區的顧客加收不同的運費

三、功能訂價

一般而言，牌價或標價是「給最終顧客看的」，如果銷售過程牽涉到中間商，那麼就必須針對中間商所執行的行銷功能來報價，不能直接引用標價，因此訂價政策的另一個層面就是對中間商的報價，稱為「功能訂價」(functional pricing)。

舉例而言，裕隆汽車公司對外公佈的訂價政策是，該公司獲得 4% 的毛利，中間商（代理商及經銷商）合計可賺 7%，因此以一輛零售價 60 萬元的轎車而言，該公司的出廠價相當於 $60 \, 萬 \times (1 - 0.07) = 55.8$ 萬元，而總成本則為 $55.8 \, 萬 \times (1 - 0.04) = 53.6$ 萬元。這裡的 60 萬元是給顧客知道的標價，而 55.8 萬元則是中間商的功能訂價。

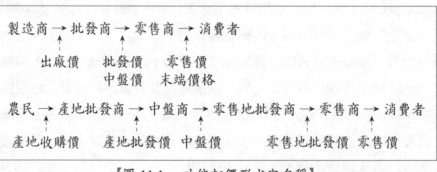

【圖 11.1　功能訂價形式與名稱】

圖 11.1 列示了功能訂價在實務上的部分可能名稱，國內對批發商的泛稱是中盤商，但依其規模與批發作業層級又可能有大、中、小盤之別，因此中盤價就是指批發價 (wholesale price)。再者，零售商通常是按照標價出售，因此標價通常也就是零售價 (retail price)，又由於零售商位於通路末端，因此也稱為末端價格 (end price)。

大部分製造業給中間商的訂價是按照牌價打折，因此稱之為功能折扣 **(functional discount)**，也有稱之為商業折扣 **(trade discount)**。舉例而言，圖書出版業給圖書發行商的價格通常是標價的 55% 到 65%，而發行商給書店的價格通常是 75% 左右，金石堂通常直接向出版商進貨，價格壓到發行商的水準，因此該公司可以在民國 85 年進行全面的八五折促銷，但一般書店採取這種作法將是「鐵定虧本」，因為相當於訂價一成的毛利絕對無法回收管銷成本。每個行業給中間商的折扣各不相同，甚至同業之間也有差異，這項訂價政策通常會形成業界或公司的「慣例」。

四、促銷訂價策略

在某些情形下，公司可能會暫時性地調降價格，甚至低於成本的價格。

(1)犧牲品訂價：公司以某些產品作為犧牲品，以吸引顧客購買其他正常訂價的產品。如超市或百貨公司常會將知名的品牌降價，來創造店內的人潮。

(2)特賣活動訂價：公司可以某些理由（如週年慶）作為特賣活動，以吸引更多的顧客。

(3)現金回扣：顧客在某特定期間購買服務，可享有現金回扣。

(4)低利融資：公司可提供低利貸款來取代降價。

(5)心理折扣：人為地將價格提高，再加以降價。目前臺灣的許多百貨公司以特價標籤來吸引顧客，使得顧客手中的貴賓卡或認同卡形同虛設。

五、差別訂價策略

公司常因顧客對象、地區、時間、產品等的不同而調整價格，如此對於同一成本的產品訂定兩種以上價格的方式，稱之為差別訂價策略。

(1)顧客區隔訂價：相同產品依顧客群不同，索取不同的價格。如博物館、風景名勝對學生及老人索取較低的價格。

(2)產品型式訂價：不同型式的服務採用不同的價格，其條件並不一定與成本有絕對的關聯性。

(3)位置訂價：服務成本相同，但由於位置的不同而有差別的訂價。如音樂會、劇院或表演賽、球賽，常因顧客所選擇的位置而索取不同的價格。

(4)時間訂價：成本相同，但因提供服務的時間不同（季節、時間、日期）而

訂定不同的價格。如長途電話費在白天、晚上、週日及週末採取不等的價格方案。

(5)形象訂價：對於相同服務但不同品牌形象，而訂定不同的價格。

差別訂價策略為業者經常採用的方式，但必須有以下的幾個前提：①並未違反法令規範；②市場能加以區隔，且在不同區隔市場中會出現不同的需求強度；③市場區隔化所產生的成本及管理成本，不會超過因差別訂價所帶來的額外利益；④競爭者無法從中得利；⑤價格無法產生移轉；以及⑥不至於引起顧客不滿而喪失客源。

六、產品組合訂價策略

另外一個訂價策略層面是產品組合訂價 (product mix pricing)，也就是對各個產品線上的各個品項加以考慮，決定其相對價格水準、個別標價、及其他相關事項。

如果沒有定位上的疑慮，則廠商可能採用學術界所稱的價格排列 (price lining)，針對顧客心目中較重要的幾個參考價格點，分別以不同的品項來填補其位置。舉例而言，國內汽車市場區分為 50 萬元以下，50 到 80 萬，80 到 100 萬等價格帶，幾家領導廠商都分別在不同的價格帶推出不同的車款。更符合此一定義的是平價服飾業，以百元為基準，經常出現 199、299、399 之類的標價。

相反的，如果強調低價位的訴求，則統一訂價 (uniform pricing) 是不錯的作法，日本的「百元商店」將店內所有的商品都訂在 100 日圓的價位，國內的地攤業者經常掛出「一件 10 元」的招牌，都是統一訂價的例子。其他著名案例還有餐飲業的「一個價錢吃到飽」，以及遊樂區業者的「一票玩到底」等。這些業者在訂價時已經考慮到成本、需求、競爭等因素，只不過為了打響「低價位」的訴求，在產品訂價上推陳出新。

如果不同產品線所生產的是互補品，那麼就必須考慮其相對價格，科特勒將這個部分稱為囚禁產品訂價 (captive-product pricing)，也可稱之為互補品訂價 (complementary product pricing)。照相機業者曾經巧妙的運用互補品訂價來擴充市場，其作法是降低照相機的售價，由底片銷售及照片沖洗數量的增加來彌補因降價而損失的利潤。近年國內的《自由時報》也採取這種作法來增加營收，該公司以折扣價及抽獎活動來增加訂閱人數，這個部分是眾所周知的「虧本生意，賣

得愈多賠得愈多」，但發行量增加後廣告主自然蜂湧而來，增加的廣告收入足以彌補降價的損失及抽獎的成本而有餘。

另外，廠商也可以將不同但具有某種關連的若干種品項合而為一，形成所謂的套餐 (package)，並以低於個別價總和的價位出售，這種作法稱為搭售 (bundling)，其訂價自然稱為搭售訂價 (bundle pricing) 或套餐價格 (package price)，「超值包」就是以較低價位出售的套餐。

國內市場上經常有強制搭售的現象，例如過去無線電臺的廣告業務，想要在高收視率節目中播出廣告時，經常要「一搭三」甚或「一搭五」，也就是必須同時購買其他三、五個低收視率節目的廣告時段，以前年代公司代理的 TVBS 系列有線頻道，也曾經以套餐的形式，讓廣告主用一個優惠的價格同時買下多個頻道的廣告時段。但近年公平交易法實施，這類作法已經少有聽聞。

最後，在討論心理訂價時所提示的「超低價」，也可視為產品組合訂價的一環。零售業者通常將這類用超低價吸引顧客「來店」的品項稱之為帶路貨 (traffic builder) 或犧牲打 (bait)，製造業者則稱之為戰鬥品牌 (fighting brand) 或戰鬥機種 (fighting model)。頂好超市曾經將市面零售價 218 元的小包米以 149 元的價位出售，結果在兩天內售出兩萬餘包。

產品組合訂價的目的在於使總產品組合的利潤達到最大化，但因不同產品有相互關聯的需求與成本，及不同程度的競爭，使得此策略在運作上相當不易，一般可區分為下列情形：

(1)產品線訂價：業者可依成本、需要等訂定不同的價格點，配合心理因素，建立消費者對服務品質的認知。

(2)附屬產品訂價：附屬產品的訂價可以採高價格作為利潤來源，亦可以低價格作為吸引力，許多廠商在主力產品上，會提供附帶品或特色品，供顧客選購。例如餐廳將餐點訂低價，而飲料訂高價，食物的收入可涵蓋成本，而飲料則產生利潤。

(3)兩段訂價：業者除對消費者收取固定費用外，亦可依服務內容變化收取其他額外的服務費。迪士尼樂園以兩種方式收費：一種為一票到底的收費方式，而另一種則為兩段訂價，以入門票收費，再根據使用的遊樂設施收取額外的費用。

⑷成組產品訂價：公司可將不同服務組合在一起出售，其訂價總和低於個別服務價格的加總。例如美髮店推出「剪髮＋燙髮＋洗髮」優惠方案。

第四節

其他訂價考慮因素

一、價格反應策略

當市場競爭激烈、成本提高、產量過盛、或者市場需求過烈時，公司可能對價格採取調整的反應，而且消費者、競爭者、政府部門、中間商、以及供應商等反應態度都必須列入考慮。舉例說明，如果競爭者採用降價策略時，公司首先應考慮對於本身企業的影響程度，接而再判斷競爭者的降價策略是永久性或暫時性、降價的幅度大小、對利潤的影響等，根據這些研判，作為公司價格調整的參考。

二、參考價格的重要性

參考價格 (reference price) 的重要性不可忽視，它是一種在潛在交易或是與購買價格比較時的標準，在零售業中，參考價格常會被列在標籤上作為後續降價時可供比較的原始價格。

參考價格是基於內部參考價格（過去的經驗）以及外部參考價格（市面上觀察價格）所形成。服務業的價格資訊難以收集，不易進行比較，例如汽車保險方案彼此間差異不大，因此當顧客無法輕易透過觀察價格及外部參考價格，作最後的購買決策時，內部參考價格將變得更為重要。

內部參考價格是一種顧客的心理價格，其形成是透過廣告、過去購買經驗等，又稱為認知價格，用以評估該產品在其種類中真正的價格水準。參考價格對行銷經理人的含意極大，試想一個已進行數週價格促銷活動的品牌，顧客會開始將促銷的價格轉變為內部參考價格，當該品牌的價格又轉回原價時，顧客會認為其價格上漲，而對該品牌產生負面的評價。

參考價格並可提供顧客預期未來價格的動向，特別是對於季節性變化的服務

而言更是重要。例如航空業的某些航線展開短期間的價格戰,票價迅速下滑,商務旅客可能較不會受到降價風潮影響,原因是他們不確定何時會被公司派到國外出差。然而,確定性購買者如自費國外旅遊的顧客則會等到降價時才購買機票,因此降價反而會導致航空業者銷售績效滑落,同樣的情況也發生在汽車業、百貨業、飯店餐飲業所推出的折扣活動上。

三、關係訂價

另一方面,在「新顧客成本是老顧客五倍」的共識之下,對「老顧客」提供額外的價格優惠及附加服務,也成為企業界常見的作法,這個部分也就是一般所謂的關係行銷,與創造重複交易的目標則完全相同。

在消費市場上最常見的「老顧客價格優惠」,可能是貴賓卡 (VIP card) 和會員 (club membership) 制度,以及近年因信用卡的普及而出現結合信用卡和貴賓卡的認同卡 (identity card)。不論所持有的是貴賓卡、會員證、或認同卡,通常都可以在既定的價格優惠之外,另行享受額外的折扣,而發行這些卡片或證件的廠商也可能對這些老顧客提供「專屬服務」。

當然,為了成為貴賓或會員,消費者必須購買某一數量的商品,表 11.5 即為國內各種業者對於發行貴賓卡的相關規定,持卡人除了購物時可享受額外的折扣之外,通常還可以定期或不定期接獲有關新產品、促銷活動、及各類親子活動的資訊。

相對的,組織市場中對於老顧客的優惠,通常是直接以不同的報價及「優先

【表 11.5 貴賓卡優惠制度】

廠商	入會辦法	會員優惠
GIORDANO	芳鄰卡:每次消費 900 元以上,半年內累積 4 次	正價商品八折,生日當天可享六折優惠,期限三年
諾貝爾圖書城	當次不分品牌消費滿 2,000 元	可享特惠價格優待;累計點數,可兌換商品或享受咖啡
SK-II	當次不分品牌消費滿 8,000 元	累計點數,可兌換商品
漫畫小子便利屋	每次消費 400 元以上累積 10 次,或者當次不分品牌消費滿 4,000 元	可享特惠價格優待
KOHIKAN 客喜康	累積消費滿 2,000 元以上	消費咖啡、飲料類商品可享九折優惠(外賣商品九五折)

供料」的規定出現。一般而言，在許多組織市場都可以看到三種報價，其一是買賣雙方簽訂定期合約時適用的合約價 (contract price)，其二是沒有合約關係而且可以立即交貨的現貨價 (spot price)，其三則是「預約」交貨時間的期貨價 (future price)。

合約可以讓買方確保供料來源，也可以讓賣方確保市場，而且雙方都省卻逐筆議價的麻煩，因此合約價未必是優惠價，但買方通常不至於因為供需關係的突發性變化而支付高價，而且業界普遍有實績配料制度，在所需採購數量高於合約量時，可以根據過去採購實績優先獲得供應，這點對於同業景氣狀況相當一致的行業而言相當重要，因為沒有額外的供料則無法享受景氣擴張的利益。

相反的，現貨價則完全反映當時的供需狀況，期貨價則反映業者預期的供需狀況，因此其波動幅度可能相當驚人，一年之間出現一倍以上的價差並不是新聞。許多工業用品廠商為了避免客戶因現貨價遠低於合約價而蒙受損失，甚或轉而向現貨市場採購，於是參考國際現貨行情來決定其合約價，例如中油的乙烯是參考歐美現貨價、台苯、國喬的苯乙烯單體則是參考亞洲區現貨價。由於這些價格並非是先確定，而且要經過一段時間才會揭露在國際媒體中，因此在工業品市場出現實收價與暫收價等名稱，前者是業已確定的合約價，後者則是暫定數字，待決定實收價之後再退補差額。

總之，在組織市場中固然也有關係訂價的情形，但價格優惠通常以反映數量折扣為主，較少出現以優惠價格吸引老顧客的情形，業者是用供料的穩定與彈性來「回饋」顧客。

第五節

服務業的訂價策略

服務業常使用不同的詞彙來描述所訂定的價格，例如租金、學費、車資、保險費、利息、入場費、診療費、佣金、手續費及顧問費等等。由於服務無法並列在一起加以比較，也較難進行實質的測試，相對於一般實體商品，價格訂定較為不易，特別是在傳遞多種服務型式時，無法以相同點作比較，以致購買者在判斷

金錢價值時就更加困難。又由於服務品質不易評估與溝通，價格也扮演著傳達服務品質的角色，對於消費者購買的選擇影響很大，例如公司將服務的價格降低，卻又透過媒體溝通或其他組合訴求高品質的品牌形象，則可能讓顧客對公司的服務定位混淆不清。因此，價格策略必須與企業整體目標與行銷組合配合。

　　服務業所採行的價格策略千差萬別。例如電力與電話等公共事業的訂價係受政府管制；遊樂區、汽車旅館、電影院則按照季節或時段來收取不同的費用；或者按顧客的年齡收取不同的費用（學生票、成人票等）；醫生、律師、會計師等行業則基於顧客的償付能力來收費。

　　服務的生產與消費不可分割性以及易消逝性，使得服務價格支付方式與產品不盡相同。服務完成後，若未獲得付款，無法如產品一樣可以將其收回，因此許多服務業要求顧客在提供服務之前，先行付費。例如，油漆工要求在進行油漆之前，先支付部分的款項，而餘款則在全部工作完成後再支付。因此，制定服務的價格策略必須有下列幾項考量。

一、界定服務消費量的單位

　　有些服務的價格是根據整套服務的完成為基準，如剪好顧客的頭髮；而有些服務是依據所花費的時間為基準，如借用場地的時間；有些服務包含商品的消耗，如餐廳，停留時間雖然有列入考量的項目，但是通常以食物和飲料的消費量來索取費用；又例如運輸公司的情形，有些是以里程數來訂價，而有些則以統一價來索取費用。

二、多元化服務的訂價

　　若公司的服務項目多元化，則必須決定價格是以所有要素加總之單一訂價；或是每個元素都有個別的價位標準。假設顧客不喜歡對於服務內容中之個別部分付出額外的費用，例如搭飛機要為行李托運和機上餐點另外付出費用，此類型服務則較適合採用單一訂價。相對的，如傢俱公司的運送費用，顧客也許不願意為自己使用不到的服務項目付費，此種情形則較適合採用個別項目訂價方式。

三、服務業價格的政府規定

　　往常政府對於有些服務業的訂價有強制性的規定，但是近來其管制日漸開放，

因此許多服務業開始改變原有的訂價方式。例如航空公司開放管制後機票價格可自行調整，金融銀行業也開始謹慎考量貸款的費率標準、支票填寫特權、保險政策、經紀服務和其他服務等相關內容。

四、以人員為基礎的訂價特性

一般而言，服務業的訂價類似於產品，以提供服務所使用的成本，作為價格的主要考量因素。大部分的服務是以人員為基礎，即涉及到人員的時間、專業知識及努力，因此訂定的價格必須要能同時回收人工成本、資本成本及合理利潤。服務業的價格也受到服務業供需本身的影響。舉例而言，若鑽石切割工的供給有限，而鑽石切割服務的需求增加，則勢必會造成鑽石切割工的服務價格抬高的現象。

全球化、激烈的競爭以及網際網路都正在改變市場及商業行為，這三股力量都增加了降價的壓力。全球化導致企業將生產線移到成本較低的地區，並將產品以比國內廠商還低的價格銷售。激烈的競爭導致更多的公司一起爭取相同的顧客，繼而引起殺價競爭。網際網路讓人們更輕易的比較價格，並取得最便宜的商品。所以現在的行銷挑戰，是想辦法在這些大趨勢之下維護價格及利潤。這些挑戰的答案似乎是更好的市場區隔、更強的品牌及更理想的顧客關係管理。

自我評量

1. 請指出服飾業者訂定價格策略時所需考慮的層面，以及其訂價目標與方式如何。

2. 百貨公司每年都會有兩次換季折扣，為何在正品期仍有顧客會上門購物？業者通常會採取何種訂價策略？

3. 海內外函件郵資（不論航空或海運），以重量為基準外，並分為國內、港澳、亞洲及大洋洲、歐洲與中南美洲各地，以及美國與加拿大之區分，請指出此融合了哪些價格策略觀念？

4. 如果你是搬家公司，在訂定價格時除了必須考慮一般性的成本、需求、與競爭者定價以外，還需要注意哪些細節？

5. 在何種狀況下，採市場吸脂訂價法比較有利？

6. 試論現行價格法有何盲點？

7. 以運動鞋為例，市面上一般品牌與知名品牌的價格為何差別很大？是成本的

關係？或者有其他因素在內？

8. 以家樂福或者其他量販店為例，說明如何利用促銷訂價來創造業績。長期的削價策略對於公司而言，是否隱藏著某種潛在危機？

參考文獻

1. 沈華榮、黃深勳、陳光榮、李正文 (2002)，《服務業行銷》，國立空中大學，頁 177–189。

2. 周偉琴譯、水口健次著 (2002)，〈長銷品牌如何擺脫價格競爭?〉，《突破雜誌》，第 209 期，頁 16。

3. 張振明譯、Philip Kotler 著 (2004)，《行銷是什麼?》，商周出版，頁 123–124。

4. 葉日武 (1997)，《行銷學：理論與實務》，前程企業，頁 419–428。

5. 謝文雀編譯 (2000)，《行銷管理：亞洲實例》，第二版，華泰書局，頁 430–433。

6. Armstrong, G. and D. Kotler (2003), *Marketing: An Introduction*, New Jersey: Prentice Hall, pp. 309–314.

7. Guiltinan, Joseph P. and Gordon W. Paul (1994), *Marketing Management: Strategies and Programs*, 5th ed., New York: McGraw-Hill, pp. 241–244.

8. Hoch, Stephen J., Byung Do-Kim, Alan L. Montgomery and Peter E. Rossi (1995), "Determinants of Store-Level Price Elasticity," *Journal of Marketing Research,* February, pp. 17–29.

9. Kotler, Philip (1997), *Marketing Management: Analysis, Planning, Implementation, and Control*, 9th ed., Prentice Hall.

10. Oxenfeldt, Alferd R. (1973), "A Decision-Making Structure for Price Decisions," *Journal of Marketing*, January, pp. 48–53.

11. Tellis, Gerald J. (1986), "Beyond the Many Faces of Price: An Integration of Pricing Strategies," *Journal of Marketing*, October, pp. 146–160.

12. Zeithaml, Valarie A., A. Parasuraman and Leonard L. Berry (1985), "Problems and Strategies in Services Marketing," *Journal of Marketing*, April, pp. 33–46.

第十二章

通路策略

學習目標：

1. 通路的基本概念
2. 通路設計的考量因素
3. 通路型態與結構
4. 通路策略

　　臺灣美容保養品市場一年有 500 億的商機，也是各家業者使出渾身解數搶食的大餅。傳統的美容保養品市場，除了雅芳等直銷方式和沙龍產品，大致可分為百貨公司專櫃、開架式、專賣式等三大通路。而隨著一波波通路演進，市場上出現以型錄作為行銷方式的業者，帶領著「零階通路」的形式，又稱為無店舖通路，代理法國郵購化妝品型錄 Le Club Des Createurs De Beaute 的「摩登購」，是臺灣最早引進美容保養品型錄業者，然而真正打響臺灣市場型錄購物的業者是蝶翠詩 "DHC" 和新萃妍。

　　而隨著網際網路的日益普及，網路銷售也成為零階通路的一種。特別在不景氣時代，許多業者為了省下層層龐大的批發通路費用，獲取更大的利潤，紛紛投入零階通路的行列。俗語說得好：「愛美是女人的天性！」隨著生活品質的提升、化妝品、保養品已成為大多數女性生活中不可缺少的一部分，企業為了有更多管道和這些愛美的女性消費族群接觸，除了實體通路之外，虛擬通路更是一步步抬頭。根據資策會調查，2001 年美容保養品市場約占臺灣 B2C 電子商務市場的 5%（約 4.5 億元），至 2003 年臺灣電子商務的規模已達 183 億元，美容保養品虛擬通路的規模也將隨之成長。

第 一 節

通路的基本概念

一、通路的意義

　　在行銷組合中，通路或配銷管道 **(channels of distribution)** 的重要意義在於提供顧客接近產品或服務的管道；公司有效地將顧客所要之滿意產品或服務送達至顧客手中，並且取得顧客的回饋（圖 12.1）。不管公司是以直接方式或使用多重系統將產品或服務賣給最終消費者，都必須使用到通路系統，因為唯有顧客在容易

接觸到產品或服務的前提下才會購買。

　　通路系統主要是指商品製造完成後送達至消費者購買地點的管道，一般商品流通過程中的末端銷售點多半是店舖門市，傳統的通路流程，包括零售及批發兩大領域，零售除了店舖零售外，發展出郵購、人員銷售、網路銷售等無店舖零售，而批發則有區域批發、通路批發及會員制批發等的區別。

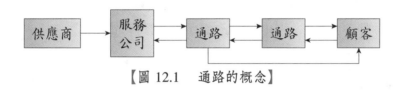

【圖 12.1　通路的概念】

　　通路通常係指商品的實體配銷，又稱為後勤管理系統。事實上，行銷通路並不僅侷限於實體商品，銷售服務與銷售實體產品相同，亦必須面臨到配銷問題，產品及服務經由通路系統，獲得目標市場顧客群的使用與購買，例如航空公司提供電話或直接的通路（上網購票等）讓顧客可以直接訂位，銀行在各地設置零售的分支機構等。

　　行銷通路可以視為一組相互依賴的組織，他們相互合作使產品或服務可供最終消費者購買或使用。批發商與零售商是行銷通路內的中間商 (intermediary)，他們執行各種行銷功能，拉近生產廠商與消費者之間的距離。行銷通路的本質可以從創造效用、提升交換效率以及協調供需等三方面來探討。

(一)創造效用

　　行銷可以為消費者創造四種效用：型態、地方、時間與擁有效用。就流通體系而言，通路內的中間商可以創造地方、時間與擁有效用，也就是製造商與消費者之間的地方、時間與擁有的橋樑。否則生產者和消費者各處一方，在不同的地方生產和消費，生產和消費的時間也不同，商品的所有權也要由生產者轉移到消費者。

(二)提升交換效率

　　除了創造各種行銷的效用之外，行銷通路還可以大大的提升製造商與消費者之間的交換效率。圖 12.2 顯示，如果沒有中間商存在的話，則 3 家製造商中的每一家都必須和五個消費者逐一直接交換，也就是總交換次數為 15。如果在這 3 家

行銷管理

製造商和 5 個消費者之間有一家中間商的話，則透過此家中間商，總交換次數則降低為 8。

此處需強調的是，無論產品是直接由製造商分配到消費者手中或是透過中間商達成交換，都必須執行許多行銷功能，在通路體系內，為了將產品由製造商轉移到消費者，這些行銷功能可以在通路成員間轉移與分攤，但這些功能是無法消除的。中間商如果比製造商能更有效率的執行行銷功能的話，則中間商就能生存，而製造商與消費者也樂意為中間商執行的功能支付代價。

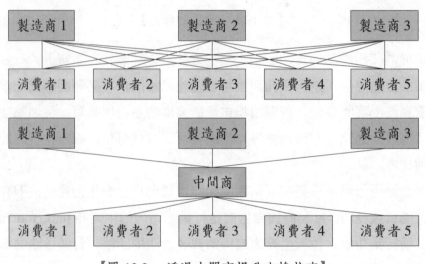

【圖 12.2　透過中間商提升交換效率】

(三)協調供需

為了提升有效的競爭力，製造商必須大量製造產品，而且是「少樣多量」，也就是維持少數的樣式，才能累積經驗，達成規模經濟的效果，使得產品的單位生產成本下降。在少樣多量的生產特性下，為了滿足不同的消費者各式各樣的衣食住行育樂需求，就要有各種不同的製造商將各式各樣的商品製造出來。

為了提升消費生活的品質，消費者會購買與消費各式各樣的產品，而且是「多樣少量」，也就是生活上的必須與消費的多樣化，才能創造消費效用。在多樣少量的消費特性上，就需要各種批發和零售業者，取得各種貨源，經過整理、分類、上架等，再以小批量的方式，供應給成千上萬的消費大眾。製造生產力的提升，有賴「少樣多量」的生產特性；消費者滿意度的創造，有賴「多樣少量」的消費

特性。現代化的行銷通路結構和體系，就是將供應和需求在樣式和數量的特性，做一個總體的調節（圖12.3）。

　　所以，流通體系的一個非常重要的功能，就是數量與貨品樣式 (assortment) 搭配。以一個現代化的超級市場而言，經營者必須取得生鮮蔬菜、海鮮、各式罐頭、調味料、乳製品、各種飲料、日用品（肥皂、牙膏、衛生紙）、冷凍調理食品等貨源，以滿足大家庭、小家庭、單身者等各種不同型態消費者的不同需求。在這個過程裡，超市業者必須和每一家少樣多量的製造商協調、溝通，再將這些數量與樣式搭配成不同貨品提供給消費者。一般來講，這些工作並不是製造商的專長。

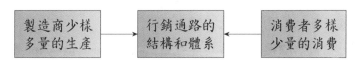

【圖 12.3　行銷通路的協調供需效用】

二、通路成員的功能與流程

　　通路系統係為服務提供者與服務消費者之間的往來管道，有助於協助市場供需雙方得到平衡。通路成員所執行的功能，主要包括：

(1)資訊：行銷資訊的收集及傳達，包括現有及潛在顧客、競爭者以及行銷環境。

(2)實體配銷：商品的儲存與載運等後勤補給服務。

(3)所有權：協助所有權的移轉。

(4)推廣：促銷和溝通，發展和傳遞產品或服務特色的說服性促銷，以吸引消費者購買。並建立與顧客溝通的管道，配合顧客之所需提供有價值的服務，即所謂的「客製化」。

(5)協商：與顧客進行最終價格及其他交易條件方面的協商等。

(6)融資：可協助資金分配的工作。

(7)風險承擔：承擔配銷過程中的風險。

(8)訂購：協助消費者向製造商訂購的過程。

(9)付款：提供支付貨款的途徑。

⑽顧客關係管理：增進（或傷害）銷售公司與顧客之間的關係品質，建立品牌忠誠性。

實體配銷、所有權和推廣通常是由製造商單向流向消費者，也就是沿著流通體系由上往下流動，由製造商流向批發商，再由批發商流向零售商，最後再由零售商流向消費者；資訊、協商、融資和風險承擔的流程是雙向的，發生在製造商與批發商之間、批發商和零售商之間、零售商和消費者之間；而訂購、付款和顧客關係管理則是由下而上，也就是消費者流向零售商，再由零售商流向批發商，最後由批發商流向製造商（圖 12.4）。在流通體系內的十大行銷流程有三個重要的特色：

⑴通路體系內的機構或成員可能會被消除或取代。

⑵這些機構所執行的功能無法消除。

⑶當某些機構被消除後，這些功能就會向前或向後轉移，而為其他機構所執行。

在流通體系內的這些功能或流程必須交由某些機構（可能是製造商，或是批發商，也可能是零售商或是消費者）來執行，這是一個總體分工的問題，理論上來講，執行這些功能效率不彰的廠商，就會被其他的通路成員取代。例如家電業內的批發商，如果某些功能執行沒有效率的話（如推廣、融資或風險承擔），則可能由其他的批發商來執行而取代；當然也可能會直接由製造商或零售商所取代，完全看哪一個通路成員的經營績效高。電子商務的蓬勃發展，也正是因為某些批發商或零售商的主要功能被資訊科技所取代的緣故。

另外，值得注意的是在服務傳遞過程中，仍須以實體展現出服務，並且依靠人員的傳遞，因此通路成員的服務水準不盡理想時，對於產品或服務的評價造成極大的損傷。通常有服務主（設計服務的公司或個人）和服務傳遞者（真正將服務傳遞給顧客的公司或個人）之區分，當服務包含實體產品時，服務傳遞者或中間商可以提供服務主利益回饋，以及共同創造服務。舉例來說，加盟業者配合加盟主的服務理念，提供汽車加油服務，如 Jiffy Lube；服務中間商提供顧客購買服務的場地，如 Multiple Jiffy Lube 在市中心設立多數據點以方便顧客加油，因此也打響 Jiffy Lube 品牌名稱。

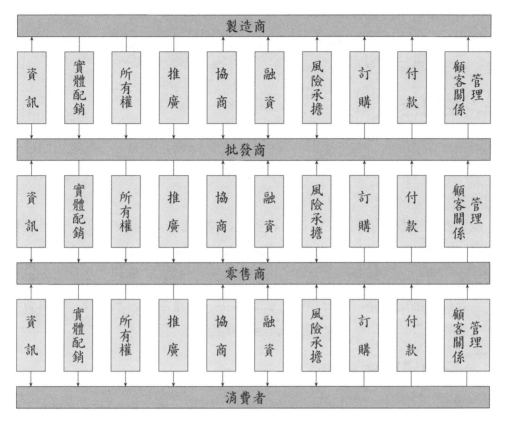

【圖 12.4　通路成員的功能與流程】

第二節

通路設計的考量因素

通路的身價已今非昔比，要掌握顧客，就得先掌握通路，要創造驚人的業績，通路更扮演著舉足輕重的角色，今日的市場逐漸由商品、公司品牌的行銷，發展至通路的行銷，可知通路之策略性地位日趨重要。

以統一超商為例，他扭轉了傳統零售點的弱勢地位，成為消費市場上主導商品及顧客的強勢角色，他不再僅是製造商與消費者間的商品銷售管道，而是具有影響商品在市場上銷售競爭力的關鍵因素，隨著消費者型態改變，在商品同質性

日益增高的情勢下，擁有通路就等於擁有吸引顧客以及占有市場的先機。一般而言，通路系統設計的考量因素包括便利性、配銷通路密集度、配銷方式（直接 vs. 間接）和區位選擇。

一、便利性

不論是實體的商品或生產與消費不可分割的服務，其有效的配銷通路首先必須強調以最方便的方式將產品／服務提供給顧客，在選擇適當服務供應的最大影響關鍵應該在於「便利性」的考量。

提供便利性服務的例子，如銀行自動櫃員機提供 24 小時的服務，以及顧客能在 20 秒之內購買到飛機票的自動售票機。例如，7–ELEVEN 針對顧客生活上感到不便之事，近年來積極展開商品化（一般稱為服務商品）戰略，除了販賣各種食品、文具及生活用品外，還提供許多公共費用（如電話費、水電費、停車費等）的代收服務，今後更將陸陸續續加入新服務項目。

二、配銷通路密集度

配銷通路的密集度應該要能符合目標市場的需求量，如果通路店舖數太少的話，可能會造成顧客的不便，然而過多的銷路店舖數又會增加成本的負擔。而且，配銷通路的密集度也必須要視品牌的形象而定，因為有限的銷路店舖數有時會讓該項服務顯得與眾不同，提升其品牌價值。

三、配銷方式

所提供的產品和服務應該採取何種配銷方式送達給最終使用者，特別是對於服務公司而言是項重要的抉擇，由於服務的本質是無形的，因此很多服務業者常採用直接配銷或連鎖分店方式，例如法律、醫療、會計和個人保養服務等。由於網路的發達，鐵路及航空公司採用直接配銷的方式也不乏所見，顧客可以直接上網預約或購票，此方式可同時達到快速回應顧客以及降低配銷成本的雙重效果。有些服務公司則發展出自己一套間接式的配銷管道，特別是提供標準化「整套服務」的公司，例如證券基金、保險公司等，即藉由仲介商的引薦來提供服務。除此之外，百視達公司就以試銷方式，在威名百貨公司設置影帶出租攤位，供消費

者選擇租用。

由於服務的無形性、不易保存、不能儲藏等特性,必須即時地將該服務傳遞給顧客,因此服務主需要善加規劃顧客與服務提供者之間的連結管道,而主要服務配銷方式有加盟、代理或經紀商、以及電子管道。

1. 加 盟

加盟是一種相當普遍的零售配銷方式。所謂「加盟」是服務概念的設計者(加盟主)與提供零售財貨配銷的個人或組織(加盟者)之間的協議。加盟在服務標準化下最能發揮功效,其加盟協議主要包括:(1)加盟主提供的服務內容、(2)加盟者行銷服務的地理範圍、(3)加盟者必須繳納給加盟主收入百分比、(4)協議期間、(5)加盟者繳交給加盟主的權利金、(6)加盟者同意傳遞的服務內容、(7)加盟者不銷售其他公司服務的協議、(8)加盟主幫助加盟者行銷服務所提供的促銷支援、(9)加盟主提供的管理及技術支援、以及(10)終止協議的條件及規定等。

加盟又稱為特許經營 (franchise) 方式,服務業常用此打開更廣的市場通路,經由簽訂合約,由特許人將權利給予受特許人,使其能以特許人的註冊商標對外營業,受特許人付特許人一定金額的費用,並依據合約的規定經營管理,此方式適合每天均以同樣模式營運的事業,例如旅館、加油站、影印店以及速食店,其本身非常具結構性,因此有創意的行銷人員必須尋求差異化以增加其附加價值。

2. 代理或經紀商

許多服務公司會委託獨立的代理商或經紀商銷售他們的服務,特別是保險及旅遊業,主要優點是配銷範圍變得更廣,且代理商及經紀商對當地市場甚為瞭解;反之,其缺點則為無法控制或難以確定每家代理商及經紀商如何銷售自己公司的服務,服務水準的差異將會影響該服務公司的品牌形象。

3. 電子管道

網際網路的成長擴增了產品和服務配銷的許多機會,特別是財務服務業,利用電子管道建立家庭銀行及股票經紀商,電子管道的主要優點是低成本及易於接近,舉例來說,目前已經有許多銀行除了設立大量分行或自動提款機以外,並可以透過銀行的網站直接為顧客完成帳戶確認、轉帳、帳單繳款等。另外,電子商務在 1993 年以前美國還沒有這種產業,不到五年時間營業額卻高達 100 億美元以上,而且展開的新事業模式瞬時席捲全世界,只要能夠使用英文的地方都成為市

場。

四、區位選擇

區位選擇是配銷通路策略的重要考量因素,區位的選擇將影響到投資的多寡,掌握了事業的成敗關鍵。選擇好的區位或地點通常有兩種原則:一為先決定適宜區位或地點, 再瞄準最有利的目標顧客群;二為針對最想瞄準的目標顧客群, 搜尋最適宜的區位或地點。換句話說, 前者是固定商業圈, 擴大市場占有率;後者為固定顧客範圍, 擴大商業圈。到底應該選擇哪一種方式, 則要依所在地商業圈的情況而定, 重要的是商業圈內必須要有一定的消費人口, 因為如果目標市場太過狹隘, 事業就沒有發展的可能性, 即使經營者有能力和努力也難以維持長久的經營。康拉德希爾頓 (Conrad Hilton) 曾強調:影響飯店的因素為「地點、地點和地點」。

塔可貝爾 (Taco Bell) 從地區性的 1,500 家速食餐廳連鎖店, 脫胎換骨成為跨國性的食物外送店, 接單門市 (points of access; POA) 超過了 15,000 家。而 POA 廣設於可供用餐的任何地點, 如機場、超級市場、學校自助餐廳或是街道的轉角處等。臺灣的統一超商 (7-ELEVEN) 也是非常重視地點的選擇, 大都選擇三角窗地帶營業, 並設置停車位置。有些服務業的性質非常重視「時間性」, 如航空公司、醫生和牙醫等, 時刻排班表就成為重要的服務項目, 往往成為顧客選定購買該服務決策的關鍵因素。

第三節

通路型態與結構

在一個現代化經濟體制內, 通路型態與結構往往是非常豐富而多樣化的。在描述一個產業的流通體系時, 可以從直接與間接、單一與多重、傳統行銷通路與垂直行銷系統等不同的角度來探討。

一、直接與間接通路

直接通路是指製造商將產品製造出來之後，沒有透過其他中間商，就直接銷售給消費者，許多工業品廠商和某些消費品製造商使用直接通路。間接通路則是指透過其他中間商，將製造商生產出來的產品賣給消費者，有些工業品和大多數的消費品製造商使用間接通路。

許多醫療和專業性服務（會計、法律）大都使用直接通路，同時許多工業產品，如汽車引擎、挖土機、工業原料也都是使用直接通路。多層次傳銷 (multilevel marketing) 是國內非常流行的行銷手法，健康營養食品、保養品、化妝品、清潔用品、健康檢查等商品，許多都使用直接通路銷售的。雖然直接通路愈來愈受歡迎，但是大部分的消費者在購買汽車、雜貨日用品、家電產品、服飾時，還是透過間接通路購買。就一家製造商而言，不一定就只用直接通路或只用間接通路，而可能兩者並用。

製造商必須透過中間商業者將產品配送出去，最主要的原因在於專業分工的考慮，以零售商為例，他們所提供的服務，如櫥窗展示、商店內部陳設、便利的購物時間與地點、包裝、24 小時營業等，就不是一般的製造商所能提供的。因此製造商的流通決策就會從分析與瞭解消費者的流通需求著手，如消費者每次購買批量的大小、等候時間、空間便利性或產品多樣性等服務水準的高低，而會對 7–ELEVEN 與家樂福有不同層次的需求。此外廠商也得評估不同的通路型態能否和整體的行銷策略吻合，從中選擇適切的經銷商或通路成員，提供各種誘因加以激勵。因為這些決策分析結果，對不同的公司都會有不同的涵義，因此就形成各種消費品不同風貌的通路結構（圖 12.5）。

許多金融商品與服務的提供者，例如花旗銀行，通常是直接與消費者接觸，沒有透過其他中間商，而採取直銷的方式，也就是直接通路或零階 (zero level) 通路。製造商使用間接通路時，可能是一階、二階、或三階。有些高價位的商品，例如裕隆汽車，往往透過零售經銷商，將商品賣給消費大眾。日用品與食品廠商，例如味全食品公司，就借助批發商與零售商和更多的顧客接觸，才能大量鋪貨。至於飲料，例如黑松飲料公司，為了能更普及鋪貨，會透過大盤、中盤、小盤，在全省的超市、超商、自動販賣機、機關學校的福利社、檳榔攤等銷售。

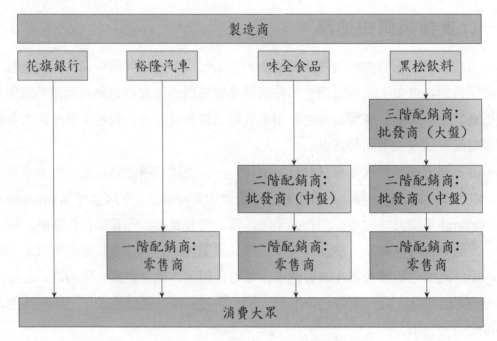

【圖 12.5　消費品的通路結構】

二、單一與多重通路

有些公司使用單一通路來接觸顧客，有些則使用多重通路。單一通路是指製造商只用一種方式來配銷，在過去有許多公司因為只銷售單一產品給單一市場，因此使用單一通路，例如 1970 年代以前的美國 IBM 公司，就是單一通路銷售電腦；中國石油公司在加油業務開放民營之前，也就是單一通路（直營加油站）銷售車用汽油。

由於產品與產業逐漸趨於成熟，市場區隔化也逐漸形成，各種不同型態的通路更逐漸興起，愈來愈多的公司同時使用兩種以上的通路來接近不同區隔的消費者，也就是使用多重通路。例如在 1950 和 1960 年代，美國許多製造商只透過單一方式的直銷或總經銷，將商品賣給消費大眾；但在 1970 和 1980 年代早期時，則是直銷和總經銷雙軌並行；但 1980 年代後，則是直銷、總經銷、授權 (license) 經銷、代理商、直效行銷 (direct marketing) 等多重通路的聯合使用。在加油站業務開放民營以後，中油公司便使用直營和民營加油站的雙重通路。

多重通路的行銷方式雖然可以訴求更多不同的市場區隔，但也常使得老的通路成員感到不滿，認為公司不當的侵犯他們的權益，因此可能採取杯葛行動或要求公司給予某些補償。有些公司雖擁有多重通路，但卻能掌握大局，當通路成員之間產生衝突時，可扮演著一個重要的通路領袖。

三、傳統行銷通路與垂直行銷系統

許多產品能夠順利的送到消費者手中，是由互相獨立的製造商和中間商的通力合作，透過傳統的行銷通路才能達成，由於製造商和中間商有各自的營業目標、理念和限制條件，往往因為立場不同而有不同的作法。例如光泉食品公司希望消費者購買光泉品牌的鮮乳和飲料，但對於超市業者而言，只要利潤可觀，希望消費者購買任何貨架上的品牌，無論是味全、統一或光泉，零售業者經常會銷售多種不同品牌，來吸引偏好不同的各種消費者。在不同階層的通路成員常會成立各種正式與非正式的協定。

為了協調各自的資源與營運目標，在流通體系內不同階層的成員可以合作，形成一種集權管理、追求最大效率和市場影響的垂直行銷系統 (vertical marketing system; VMS)。垂直行銷系統內有製造商、批發商和零售商，透過整合原先各自為政的業者，成為一個集權管理的單一系統，垂直行銷系統可以避免重複投資，節省許多資源，而且對市場的影響力更大，垂直行銷系統可分為如下三種（圖12.6）。

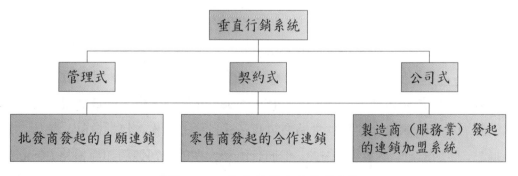

【圖 12.6　垂直行銷系統的種類】

(一)管理式垂直行銷系統

管理式垂直行銷系統 (administered VMS) 和傳統的行銷通路的主要差異在於：有一個比較有效的組織間 (interorganization) 的協調、規劃與管理，也就是通路領袖 (channel leader) 對整個通路體系的統籌管理。通路領袖是在一個管理式垂直行銷系統內的通路成員，透過權力的使用，而影響其他通路成員的行銷決策與行動。其他的通路成員必須依賴通路領袖，因為通路領袖的行動可以幫助他們完成行銷目標。

通路領袖可以是一個製造商或是零售商。如果製造商的產品有很好的品牌形象、優異的品質、又願意從事大量的廣告，就可以將消費者拉到零售據點，而指明購買某特定製造商品牌的產品。有些製造商會用大量的中間商推廣 (trade promotion)，將他們的商品推銷給零售商，而很少採用消費者廣告。大多數的製造商都是拉與推的策略並用，製造商的通路領袖如微軟、新力、寶鹼、宏碁等。

大型的零售商更有可能成為通路領袖，因為貨色齊全，背後有許多供應來源，接近消費者，再加上資訊科技 (information technology) 的進步，擁有大量的消費者資訊，因此，現在愈來愈多的通路系統領袖是零售商。零售商型的通路領袖如特易購、家樂福等量販店、連鎖經營的便利商店如統一超商和超市業者或百貨公司。

(二)契約式垂直行銷系統

契約式垂直行銷系統 (contractual VMS) 比管理式垂直行銷系統來講，其通路成員間的互賴度更甚，在這個系統下，通路內所有權獨立的成員是透過正式的契約，來界定彼此的角色。由於彼此簽訂契約，因此約束力更大，可分為批發商發起的自願連鎖、零售商發起的合作連鎖和製造商（服務業）發起的連鎖加盟系統三種。

批發商發起的自願連鎖在美國是為了對抗大型的連鎖零售商，由批發商發展一套計畫，將零售商的銷售作業標準化，追求採購的規模經濟，使獨立的零售商能與大型的連鎖商店競爭。超級價值 (Supervalue) 是美國最大的食品批發商，提供給超過 2,300 家以上的獨立食品零售商各式各樣的服務，包括會計、銷售、零售據點、商店設計、融資等，因此，他們有能和大型的公司連鎖如克魯格 (Kroger) 和安全道 (Safeway) 等超市業者相抗衡。零售商發起的合作連鎖運作方式與批發商發起的自願連鎖類似，只是由零售商來建立自己的批發業務，而擁有批發商。在美國比較有名的是聯合雜貨商 (Affiliated Grocers) 和真實價值 (True Value) 公

司。服務業也會發起連鎖加盟零售系統，例如速食業的麥當勞和肯德基炸雞 (KFC)、租車業的赫茲。

製造商發起的連鎖加盟系統可能是在批發階段或零售階段。製造商發起的批發連鎖加盟系統，以可口可樂公司最為有名，可口可樂公司授權各地的（批發商）裝瓶工廠購買濃縮原料，再加工製成可樂，轉售給各地的零售商。這種連鎖加盟系統常見於汽車業，例如通用汽車授權經銷商代銷汽車，雖然這些經銷商為獨立的個體，但必須同意履行各種銷售及服務的合約，國內的汽車製造商也是用這種方式。

(三)公司式垂直行銷系統

公司式垂直行銷系統 (corporate VMS) 透過所有權的垂直整合 (vertical integration)，比前兩大類垂直行銷系統更能協調、整合所有通路成員。大部分的狀況下，是由一家製造商向前整合批發商或零售商，例如許多工業品製造商擁有自己的銷售團隊、倉庫或分支辦公室。有些行業的製造商，為了充分掌握通路，也向前整合了零售商，例如食品業的統一食品公司成立了統一超商公司和家樂福量販店，光泉公司成立了萊爾富便利商店，泰山食品公司成立福客多便利商店。但是，並不都是製造商透過垂直整合控制了通路，批發商或零售商也會透過向後整合，取得製造商的所有權。有些大型的百貨公司，為了掌握重要產品線的貨源，也會投資一些股份在製造商。

公司式垂直行銷系最大的優點在於嚴密的控制，可以充分掌握通路內人員銷售、推廣、流通、顧客服務等。最大的缺點在於垂直整合需要大量的資金投入，只有大型而財務狀況良好的公司才可能發展這種系統。而且製造商與零售商所需的專業知識和人才也有很大的差異，垂直整合並不容易。

第四節

通路策略

通路策略可以幫助業者自我定位，例如位於美國田納西州的國家商業銀行為了吸引更多的顧客，而在超級市場設置分支機構，並以招牌、宣傳品及其他多樣方式促銷。通路策略包括通路設計策略、通路管理策略、通路協商策略以及通路

整合策略四種，以下逐一加以說明。

一、通路設計策略

通路設計的首要問題在於維持通路系統的暢通性，一般必須從事的工作包括消費者需求分析、通路目標之設定與限制、確認可行通路方案及評估通路系統等。

(一)消費者需求分析

首先必須瞭解目標市場需求規模的大小，且應從訂單大小、空間便利性、等候時間長短、產品多樣性四個方向進行分析，有助於通路設計方向的確定。

(二)通路目標之設定與限制

(1)產品特性：產品的標準化程度、儲存能力、體積大小等特性。

(2)中間商特性：各個中間商的處理協商、促銷、儲存、聯繫等能力有所差別，因此必須作周詳的分析，選擇最適合本身通路性質的中間商。

(3)競爭特性：競爭者對於業者的業務擴展造成很大的影響，亦可能直接或間接地影響業者通路設計的選擇。

(4)公司特性：公司規模大小、財務資源、產品組合、行銷策略等均影響對通路設計，假設公司的規模大，則應選擇較全面性的通路據點。

(5)環境特性：經濟情勢、法規與限制等，例如法令可能限制某些通路結合，以避免壟斷。

(三)確認可行通路方案

一般通路方案包括中間商型態（例如公司銷售人員、經銷商等）、中間商數目（包括密集配銷、選擇性配銷和獨家配銷）、通路成員之條件與責任（包括價格政策、銷售條件、區域配銷權、相互服務與責任）。

就涵蓋面與行銷功能的參與而言，公司有三種基本的策略選擇：(1)密集 (intensive) 配銷，也就是一個產品儘可能地在很多的零售據點銷售，例如前面所說的味全食品和黑松飲料，(2)選擇性 (selective) 配銷，零售據點少一些，比較具有選擇性，例如前面提到的裕隆汽車，(3)獨家 (exclusive) 配銷，一個產品在特定範圍內只由一個零售據點銷售，例如賓士汽車、勞力士手錶和萬寶龍 (Montblanc) 的筆和錶（表 12.1）。

【表 12.1　密集、選擇性和獨家配銷策略】

	涵蓋面	主要的優點	主要的缺點	適用的產品
密集配銷策略	最大程度	1.最大的產品鋪貨程度	1.消費者選擇太多 2.鋪貨過度 3.中間商注意力降低	1.低價便利品 2.小數量的購買
選擇性配銷策略	有限的	1.可以選擇和品牌形象一致的中間商 2.可以對銷售行為更多的控制 3.和中間商可以建立更好的關係	1.可能因為中間商貨架的陳列或銷售的執行而失去銷路	1.有獨特特徵的知名品牌產品或消費者和中間商有許多接觸的產品
獨家配銷策略	只此一家	1.可以擁有最強的品牌形象優勢 2.對中間商的銷售行為擁有最大的控制	1.其他的中間商所銷售的類似產品會構成主要的競爭者 2.消費者可能選擇不夠多	1.具有非常高度品牌忠誠的產品或具有某些特殊屬性的產品

　　零售據點的涵蓋密集度與商品的本質和定位有非常密切的關係。如果從購買者的觀點來看，可以將消費者在購買產品時，所投入的心力 (effort) 和隨之而來的風險 (risk)，將產品分為四類：便利品、偏好品、選購品和特殊品。消費者購買產品時所投入的心力是指花費的金錢以及選購、比較、交通往返等的時間，風險則是指所購買的產品是否值那麼多錢、產品能否發揮實際功能、會不會有危險性等。不同性質的產品，就應使用不同涵蓋密集度的通路類型。

1.便利品

　　消費者購買產品時，如果投入心力和隨之而來的風險都低時，稱之為便利品。便利品通常包括大宗商品和廉價的物品，不同的品牌之間也沒有太大的差異，價格與便利性往往可以決定消費者是否購買。便利品又包含四種產品：常購品、即興購買品、緊急購買品和大宗商品，為了讓絕大多數的消費大眾能夠很便利的買到這些商品，廠商的分配密集度是愈大愈好，所以應採取密集配銷策略。

2.偏好品

　　偏好品就是一般所謂的消費者包裝品 (consumer packaged goods)，也就是在超市與超商最常見到的一些東西，如牙膏、肥皂、飲料、咖啡、速食麵等日用品。

例如消費者可能較「偏好」黑人牙膏、佳美香皂、開喜烏龍茶、麥斯威爾咖啡、統一龍捲條等,而這個偏好可能是來自於廣告訴求的方式與內容所導致。

許多公司在行銷策略上不斷翻新,而將本是便利品的商品轉變為偏好品,例如烏龍茶與綠茶飲料、強調不同效果、適合不同衣料的洗衣粉(精)、或是「好東西要和好朋友分享」的咖啡等。偏好品的通路也宜採密集配銷策略,讓消費者在大多數的零售據點可以購買得到,以塑造消費者對品牌的偏好。

3.選購品

購買者願意投入較多的時間與金錢,從事比較、選購不同品牌的產品,例如汽車、電視、冰箱、家具、衣服等都是。選購品經常被消費者用來比較價格、品質、式樣等,而且往往會貨比三家,相對於偏好品,因為感受風險大很多,所以願意投入的心力也就大很多。選購品的通路策略應是選擇性配銷,並不需要太多的零售據點,可節省據點設置的成本,又可使消費者願意投入心力來從事選購。

4.特殊品

消費者願意花最大的心力,也感受到最大風險的產品稱為特殊品,例如賓士汽車、新力高畫質電視、高級西裝、音響等。選購品與特殊品主要的差異在願意投入心力,而非風險,因為消費者對這類產品獨特之處頗有信心,因此願意花高價購買,如果產品一時缺貨,寧可等待也不願降格以求。特殊品的品質固然重要,但是特殊品在某些消費者心目中的特殊地位,卻往往是由廣告以及其他的行銷努力所塑造。特殊品的通路策略以獨家配銷最佳,常能塑造尊貴的形象。

(四)評估通路系統

主要應從經濟性、控制性、及適應性三方面作為標準來評估,並選擇通路系統。

(1)經濟性標準:從不同通路設計的方案中算出銷售水準及成本,以長期利潤者為最優先的考量對象。

(2)控制性標準:任何的通路系統若無法配合業者的需要而作調整,公司則必須從事遊說或重建新的通路系統,耗費龐大的經費及時間,此將有礙通路的發展,因此對於通路成員的影響力極為重要。

(3)適應性標準:通路系統的運作期間愈長,對於公司愈有利,可節省成本及時間,因此通路系統能否長期適應環境因素的變化,則成為重要的考慮因素。

二、通路管理策略

行銷通路可以視為由一群獨立的機構所構成的超組織 (superorganization)，它們的任務在使產品可供購買者消費。特別是當通路體系是由一群獨立運作的機構與經銷商所構成的。通路管理策略主要包括通路權力、選擇通路成員、激勵通路成員、評估通路成員績效以及修正通路結構五方面。

通路成員之間，用來達成彼此協調與合作最主要的工具是權力 (power)，也就是一個通路成員去控制在一既定的通路內，另一個成員行銷策略決策變數的能力。這種控制要成為通路權力，必須能影響到另一個成員原先對自己行銷策略的控制意願。所以通路權力可以視為一個通路成員對另一個成員的依賴程度，如果許多日常用品製造商對家樂福的依賴性越大的話，則家樂福對這些製造商就擁有越大的權力。

(一)通路權力

一般而言，通路成員通常不太會主動協調彼此的行為，往往各行其是，而導致整體績效不彰。在這種情況之下，就必須使用通路權力來改變其他成員的行為，以促成一更佳的結果。通路成員用來影響其他成員行為，就需要權力的基礎。通路權力的基礎有獎賞權、強制權、專家權、認同權和合法權五種。在一個通路體系內，擁有比較大權力基礎的公司就有可能成為通路領袖，藉由不同權力基礎的運用，就能影響其他成員的行銷決策。

1.獎賞權

日用品製造商如果覺得家樂福擁有能力提供獎賞給他們，則家樂福就擁有獎賞權。獎賞權要能有效地使用，需奠基於日用品製造商認為家樂福擁有某些資源，如果製造商聽命於量販店的話就能得到。流通體系內的成員可以使用的獎賞包括給予更高的毛利、給予各種推廣補貼、分配獨家地區經銷權、其他功能性的折扣計畫（如提前付款、存貨持有、推廣計畫）等。

2.強制權

如果日用品供應商覺得沒有遵照家樂福的意思，可能會導致一些懲罰，則家樂福就擁有對供應商的強制權。強制權可以視為獎賞權的反面，例如降低銷售毛利、取消先前答應的各種獎賞、延遲送貨、減少陳列空間等。雖然中國人講「賞

罰二柄」，但強制權的使用常會產生成員之間的衝突、怨恨和不滿，因此使用獎賞權比使用強制權對塑造通路成員的長期友好關係更有效。

3.專家權

如果日用品製造商覺得家樂福具有某些特殊的專有知識是製造商所沒有的，則家樂福就擁有通路專家權。反過來講，零售業者也可能會覺得製造商擁有某些特殊的消費者偏好的知識，則製造商就擁有通路專家權。專家權的觀念來自於通路成員的分工、專業化、比較優勢，以及後面要談的資訊問題。銷售訓練計畫的提供、商店內部擺設的設計與動線規劃、新商品開發、經營管理的諮詢。

專家權不斷地培養、累積與持久，是公司流通經理的重要職責。通路成員要維持一個專家領袖的地位，必須持續地投資在學習上，在市場的趨勢、商品規劃、商圈人潮、消費者需求等各方面不斷地教育突破。同時在提供上述各項諮詢時，應酌量給予，使其他成員能不斷地依賴自己。

4.認同權

認同權來自於一個通路成員認同另一個通路成員，流通的認同權和消費者的品牌認同沒有太大的差異，都是一種名牌效應。以製造商品牌來說，經銷商會比較喜歡銷售賓士汽車、IBM 電腦、飛利浦 (Philips) 家電產品；以零售通路品牌來說，製造商會比較喜歡透過太平洋崇光百貨、新光三越百貨、遠東百貨公司銷售。無論是製造商或零售商，都希望能在高級通路銷售或是經銷具有優良形象的高級品牌。

認同權是一種高層次的通路權力來源，除了品牌和企業形象以外，有的時候企業會想成為一個團體（通路體系）的一分子，因為整個體系可能合作無間而具有高度競爭力，如果可以加入的話，就可以享受整個通路體系規模經濟的效果。

5.合法權

合法權來自於一種價值觀的「內化」過程，例如許多日用品製造商覺得量販店有「權力」遂行通路內的影響力，而且製造商有「義務」遵守。所以，合法權在一家公司內比較容易理解，上司對下屬的指揮與領導就是一種合法權的行使。在流通體系內，合法權與廠商的規模有關，大公司會自認為是通路領袖，覺得小公司應該要聽話配合。另外一種情況是連鎖加盟體系，例如統一超商公司總部制定一些規則要求加盟店遵守，加盟店就會覺得有遵守的義務。

(二)選擇通路成員

通路管理策略的第一決策就是通路成員的選擇。就一家製造商而言，應考慮通路成員的財務狀況、銷售能力、銷售的產品線（如有無銷售競爭品、共容品、互補品）、公司聲望、經營歷史、償債能力、市場涵蓋面、銷售績效、管理能力、廣告與推廣的合作態度、訓練計畫、是否願意大力支援某一產品線或品牌、公司所在地等。零售商在選擇供應商時，應考慮的因素為：聲譽、維持正常的商品供應、準時的運送、提供小批量的運送、足夠的產品線寬度、提供推廣費用的補貼、經常開發新產品、快速簡單的訂貨程序（如電子資料交換）、誘人的數量折扣、提供聯合廣告、提供店內推廣海報等。

(三)激勵通路成員

必須充分瞭解通路成員的個別需求與欲望，才能達到績效的最大化，可透過合作、合夥、及配銷規劃等方式與通路成員互動。例如在合作方面，可採取賞罰兼施，以高利潤、獎金、協同廣告津貼作為獎勵，並同時以降低銷售利潤、終止交易作為處罰；最好的方式是與通路成員建立合夥關係，如此在市場發展、商品展示、資訊收集等方面均較易符合業者的要求；在配銷規劃方面，必須確認配銷商的需求，協助其建立銷售計畫，以達到激勵通路成員的目的。

(四)評估通路成員績效

業者基於通路效益掌握之需，有必要定期對其通路成員進行評估；評估項目包括銷售達成率、服務時效、公司促銷與訓練計畫的合作情形、對顧客應有的服務項目。

(五)修正通路結構

現今的環境變化瞬時萬千，定期檢討通路系統對環境的適應成效必有其必要性，當通路系統結構面臨三種情形則必須做修正，第一種是通路改變僅涉及個別通路成員之增刪，此種情形最單純，影響程度也最少。第二種是通路改變已涉及特定市場通路的增刪，此時業者須注意是否有其他通路系統可替代，或重新建立新的通路系統。第三種是業者須在所有市場發展一套新的通路系統，這可能造成業者更改大部分（甚至全部）的行銷組合，並須進一步評估及預測未來可能結果。

三、通路協商策略

通路系統間可能會發生不同程度的合作、衝突與競爭，在不同的情境下須採

取不同的協商方式，以求解決通路間的互動性關係。

(一)通路合作

通路中的所有成員基於相互利益而結合，是通路協商策略的最高境界，各通路成員之間只有合作，沒有衝突和競爭，將帶給個別成員之最大利益。

(二)通路衝突

通路衝突是一種無法避免的現象，通常是指一個通路成員認為其他通路成員的行為，會阻礙到前者目標的達成所致。通路衝突的情況可分為三種：垂直通路衝突、水平通路衝突和多重通路衝突（圖 12.7）。

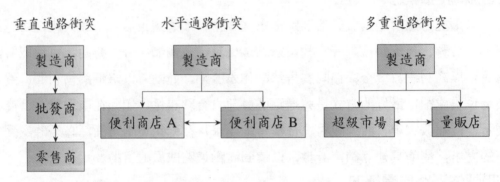

【圖 12.7　通路衝突的類型】

1.垂直通路衝突

這是一種通路內衝突 (intrachannel conflict)，也就是在同一個流通體系內，不同的通路層級之間的衝突，例如製造商與批發商之間或是批發商與零售商之間的衝突。

2.水平通路衝突和多重通路衝突

這兩者是一種通路間衝突 (interchannel conflict)。水平通路衝突是指在同一流通體系內，同一個層級的不同成員之間的衝突。例如在同一個連鎖便利商店體系內，不同的商店可能因為彼此的距離太近，而導致客層重疊的衝突，這種情形則是導因於製造商建立了若干不同的通路，銷售到同樣的目標市場所致。另外，廠商使用多重通路時也可能發生衝突狀況，許多製造商因為同時透過經銷商和量販店或是其他的通路銷售，由於量販店的強勢作為（如知名品牌犧牲打的低價促銷），往往導致於其他零售商的不滿，而引起多重通路的衝突。實務上而言，通路

衝突發生的頻率很高，通路經理要解決衝突一定要先知道衝突發生的原因。就通路間衝突而言，多重通路的衝突問題比較嚴重，在臺灣特別是通路權力很大的量販店經常以某一領導性的製造商品牌為推廣對象，而打擊到其他類型的零售商，更是因為彼此的目標不能共容所致。

通路成員間的衝突來自於通路成員的目標不能共容、營運範圍缺乏共識、對現況的認知有所差異等原因。通路成員對營運範圍往往有不同的意見，而可以發生衝突，常見的營運範圍歧異如服務的市場、涵蓋的責任區、應該執行的功能或職掌、行銷上所應使用的技術。行動奠基於認知，當通路成員對現況的認知有所差異時，經常會導致衝突的發生。例如零售商會認為供應商的業務員對零售商的目標與銷售哲學認識不清，或是供應商根本沒有提供一套有效的推廣與銷售的方法；而供應商則覺得零售商拒絕合作或害怕被供應商鎖住，或是覺得零售商銷售太多產品線而沒有好好銷售自己的產品。在瞭解可能的通路衝突的原因後，再來看看衝突解決之道有哪些。可使用如下一些工具來解決衝突，以免通路成員發生認知差異的現象或降低衝突至最低：

1.通路領袖的協商

透過通路領袖的協商，可減少衝突發生或迅速解決衝突。廠商可以透過大使或特使來建立調節通路成員之間的關係,意義就像國家之間的來往透過外交途徑，因此通路外交官應幫助公司制定通路政策，和其他通路成員協商、觀察與報告、提供資訊輔助決策等。也可共同加入公會或協會，國內大小數以千計的公會和協會是同一個產業內各通路成員互相交換資訊的好場所，這些公會或協會提供一個良好的互動網路，也是通路成員解決衝突的一個好機制。

2.發展總體目標

建立通路各成員一致對外的共識，使通路成員為求生存，而降低通路的衝突。不同的通路成員有各自的目標，通常彼此互惠。就通路內衝突而言，製造商也許想用大量的廣告和高價來行銷產品，以塑造高級的品牌形象；經銷商的目標則想用店頭推廣和折扣來銷售產品，以吸引人潮和製造話題。從製造商的觀點來看，不能共容的目標包括經銷商的存貨水準、經銷商經營管理的品質、經銷商毛利的高低、經銷商的義務和對製造商的忠誠等。當一個通路體系內有共同的敵人出現時，為了抵抗外來的威脅，成員的行為往往會導致態度的改變，而塑造了新的行為。經常是因

為外在環境發生劇變,如消費者需求的變化、新科技的出現、新的流通體系的出現、新法律的立法通過等,往往會威脅到現有的通路體系,建立了一個更長遠、更高的共同目標,會使通路成員產生同仇敵愾的情懷,進而「安內攘外」。

3.建立合作機會

增加各通路成員的合作空間,使各成員在相互理解下,透過溝通減少衝突的發生。在這個策略之下,通路衝突之道是開放式的資訊交換,所以可能會導致失去控制,因此互信和合作就成為這種策略成功的要件。利用人員交換,衝突的重要原因之一是對現狀的認知差異,如果不同的通路成員可以互相交換員工,由於角色對調的結果,必可以增加瞭解,減少衝突的發生。或在一個通路的領導體系或是政策制定體系內吸收一些外來的新要素,藉此降低生存的威脅或是維持穩定。中鋼公司每季舉辦一次的「產銷協會」,和下游的不同行業業者溝通,可以達成資訊交換、增進瞭解的目的,在通路衝突發生之前就解決了。

4.調停與仲裁機構

經由調停或仲裁機構,促使通路衝突消弭於無形。調停是指當通路成員發生衝突時,第三者藉由說服雙方繼續協調或提供實質建議,而達成和解的過程。調停者可以鼓勵通路成員充分表達他們的偏好和風險態度,而提出共同可以接受的解決方案。仲裁是可以強迫的或自願的。強迫性的仲裁是有爭議的雙方,根據法律的規定,必須將爭議送交第三者仲裁,而且這個仲裁是有約束力而必須遵守的。自願性的仲裁是有爭議的雙方,自願的將爭議送交第三者裁決,同樣的,這個裁決有約束力而且必須遵守。通路衝突係指通路成員中,為自身利益而損及他人利益的情形,其原因包括目標不配合、權利與義務劃分不清、認知有所差距、相互之間依賴程度過高。

(三)通路競爭

各通路成員基於爭取相同目標市場所產生的正常競爭,包括水平通路競爭(存在於爭取相同目標市場的同一通路階層競爭者)、通路系統競爭 (不同通路系統爭取同一市場所引起之競爭)。由於通路競爭有利於消費者,因此政府以法令進行規範,當業者面臨通路競爭時,應以良性競爭態度視之,以最佳服務作為爭取顧客的最佳利器。

四、通路整合策略

(一)通路整合方式

目前，許多通路策略採取聯合的方式，包括通路多元化、與物流結合、透過加盟運作、企業策略聯盟、以及教育顧客和吸引顧客五個特性。

1.通路多元化

發展多種通路或多行業通路是目前的趨勢，如優美傢俱發展文具專賣通路、統一超商集團發展康是美藥妝通路及星巴克咖啡專賣通路。

2.與物流結合

透過 POS 與 EOS 系統，顧客、商品與業務的資訊回傳更迅速，配合迅速回應顧客的策略，物流成為最重要的致命武器，如商品宅配，宅配鎖定的對象，是以 B2C（企業到消費者）和 C2C（消費者到消費者）為主，重視的是服務品質，尤其是將包裹安全、迅速且親切地交到顧客的手上，如同送禮的人，親手將禮物送到對方的手上一樣地誠懇、親切。

3.透過加盟運作

加盟店屬於契約型的特約店，是近日能在短期內快速擴張的零售通路。

4.企業策略聯盟

如 NOVA 與燦坤的結合，發展出分租式或複合式的通路，這種現象會隨著大賣場及購物中心的發展逐漸盛行。

5.教育顧客和吸引顧客

現代的通路不僅是商品的陳列場所，也開始注意消費者在哪裡？經常接觸通路的是哪些顧客？不同的消費者有哪些不同的需要？通路是接觸顧客的第一線，教育顧客進而吸引顧客是現階段通路發展的重要任務。

(二)整合通路的注意事項

1.平面發展企業

企業發展通路時所必須注意的事項，以平面發展即多通路策略的企業為例，主要是以發展雙通路（或兩個以上的通路），即零售及批發等通路同步發展，如百貨專櫃廠商發展專賣店、專賣店廠商發展加盟體系、傳統經銷店公司發展電子商務通路等，此種通路方式必須要考慮到不同通路的經營知識，雖然挖角或培養新

人可以解決部分問題，但是企業本身後勤支援及運作方式必須作有效的調整，否則經營新通路必定會遇到相當的困難。而且零售、批發同時進行時，必須避免通路範圍、價格及商品的相互衝突，例如批發部經營量販店，所訂出的商品特價決不能影響到專賣店，有些公司以特製的批發品牌來避免彼此通路的衝突。

2.垂直發展企業

以垂直發展的企業為例，也就是以整合通路上下游的企業，必須要與物流有效的結合，發展專有的物流中心乃勢在必行。當商品廣度到達一定程度時可成立物流中心，以製造商背景成立的通路中心，具有上游的規模經濟，會有較低的產品成本；批發商與上游製造商擁有良好的關係，往下游則有配銷通路，可以形成業務批發配送的通路中心；零售商如連鎖體系的便利商店或超市，當店數及銷售量達到一定規模時，也可以成立一個通路中心，配合零售點的需求，提供更好的服務。

垂直整合除了考慮物流外，也應注意商品、資訊及國際分工的結合，如此一來，就能縮短流通速度、減少流通成本，使商品價格更為合理、商品的時效性更高、並增加通路競爭優勢。

自我評量

1. 以往國內卡通錄影帶大都集中於夜市、唱片行等，但目前迪士尼卡通如「阿拉丁」、「花木蘭」等卻打入連鎖書店、超級市場、便利商店等通路，試談談你的看法及分析兩者之間不同的行銷效果。

2. 地點是零售商開店的重要抉擇，通常應該避免競爭激烈的地區，然而國內卻出現許多專業商店街，如書店林立的重慶南路、南北貨的迪化街、婚紗攝影的中山北路及愛國東路等，為何業者會有如此作法呢？

3. 以通路成員功能的角度來分析燦坤 3C 所扮演的角色？

4. 以往許多進口化妝品業者大都以百貨公司以及精品店或專賣店的自營專櫃為主要通路，然而目前歐蕾 (OLAY)、奇士美 (Kiss Me)、花王等卻出現於屈臣氏或量販店等開架式通路，可否說明其理由？

5. 勞力士手錶、香奈兒香水和刮鬍刀的市場涵蓋度皆不同，各應選擇何種的通路型態，密集、選擇性或獨家配銷？

6. 通路衝突的型態有哪些？解決其衝突的方式又有哪幾種？

7.請比較網路與實體運送通路有何差異存在？

參考文獻

1. 行政院公平交易委員會(2001)，《中華民國八十九年台灣地區多層次傳銷事業經營概況調查報告》，6月。

2. 李正文、陳慧嫻(2005)，〈物流業市場結構、廠商行為和營運績效影響之研究〉，《清雲學報》，第25卷，第1期，3月。

3. 何琦瑜(2003)，〈通路新勢力，品牌殺手?〉，《天下雜誌》，第282期，頁68-83。

4. 沈華榮、黃深勳、陳光榮、李正文(2002)，《服務業行銷》，國立空中大學，頁167-176。

5. 洪順慶(2001)，《行銷管理》，第二版，新陸書局，頁418-426。

6. 洪順慶(2003)，《行銷學》，福懋書局，頁268-276。

7. 曾光華(2004)，《行銷管理：理論解析與實務應用》，前程企業，頁364-370。

8. 謝文雀編譯(2000)，《行銷管理：亞洲實例》，第二版，華泰書局，頁460-466。

9. El-Ansary, Adel I. and Louis W. Stern (1972), "Power Measurement in the Distribution Channel," *Journal of Marketing Research*, February, pp. 47-52.

10. Frazier, Gary L. and John O. Summers (1984), "International Influence Strategies and Their Application Within Distribution Channels," *Journal of Marketing*, Summer, pp. 43-55.

11. Gaski, John F. (1984), "The Theory of Power and Conflict in Channels of Distribution," *Journal of Marketing*, Summer, pp. 9-29.

12. Kotler, Philip (1997), *Marketing Management: Analysis, Planning, Implementation, and Control*, 9th ed., Prentice Hall.

13. Stern, Louis W., Adel I. El-Ansary and Anne T. Coughland (1996), *Marketing Channels*, 5th ed., Prentice Hall.

14. Etzel, M. J., B. J. Walker and W. J. Stanton (2001), *Marketing*, 12th ed., Boston: McGraw-Hill Irwin, pp. 407-410.

第十三章

推廣策略

　　韓國家電相對於日系家電品牌進入臺灣市場佈局較晚，而韓國家電進入臺灣的第一戰，就是先行投入大筆的推廣預算。LG 在 2001 年以臺灣樂金分公司型態進入臺灣家電市場時，即投入新臺幣 2 億元的推廣預算，LG 臺灣樂金董事長朴洙欽表示，一個新品牌要在市場中快速建立品牌形象的方式，就是與廣告媒體合作。所以 LG 初期便以贊助臺灣綜藝節目「非常男女」和新聞頻道「東森新聞」，建立了臺灣消費者對 LG 品牌知名度的前哨站。一直到現在為止，也不難從各個節目當中，發現 LG 作為贊助廠商的身影。之後，由於手機的加入，又加上通路的擴充，2004 年的推廣費用已高達 5 億元，由此可見 LG 深耕臺灣市場的企圖心。

　　此外，臺灣的食品業玉珍齋在 2003 年嘗試與中華汽車異業結盟的行銷方式，透過廣告中代言人的角色，闡述「用心，生意就會有全新風貌」的廣告訴求，一方面塑造中華汽車的品牌形象，另一方面也間接地傳達玉珍齋求新求變的年輕化形象，對玉珍齋的業績也帶來不小的貢獻。玉珍齋為了更拉近與年輕人的距離，與全國廣播公司合作，在逢甲大學前人行步道舉辦聖誕夜封街舞會，以另類的方式擦亮了百年老店的招牌。

第一節

溝通的重要性

　　推廣需要有效的溝通。如果溝通無效，推廣必然失敗。為有效達成溝通的效果，提高溝通的效率，行銷者必須瞭解溝通過程 (communication process)，瞭解溝通是如何進行的。溝通過程，如圖 13.1 所示，包括訊息來源 (decoding)、收訊者 (receiver)、反應 (response)、回饋 (feedback) 及噪音 (noise) 等八個要素，其中以訊息來源和收訊者這兩個要素最為重要。訊息來源（即發訊者）想要把某一訊息傳遞給收訊者；收訊者不只評估訊息，也會評估訊息來源的可靠性與可信性。

　　訊息來源能使用許多訊息通路來傳遞訊息，訊息通路是指訊息的運送者，如

銷售人員和廣告都是常見的訊息通路。銷售人員以聲音和行動親自傳遞訊息，廣告則利用雜誌、報紙、廣播、電視和其他媒體來傳遞訊息。利用銷售人員來傳遞訊息的一個主要優點是銷售人員可以立即知道收訊者的反應，並回饋給訊息來源，據以做必要的調整。然而，若利用廣告來傳遞訊息時，通常必須依賴行銷研究或銷售數字才能得知收訊者的反應，費時則可能較長。

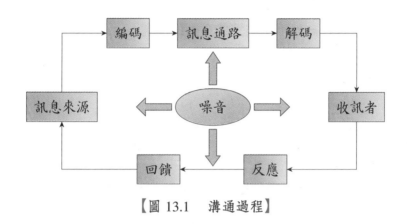

【圖 13.1　溝通過程】

噪音（亦稱「干擾」）是指在溝通過程中會降低溝通效果的那些令人分心的事物。例如，在電視廣告播出時的交談和吃點心都是噪音；報紙把相互競爭的廣告擺在一起刊登也是一種噪音。行銷者應瞭解在溝通過程中有許多噪音會阻礙有效的溝通。

目標閱聽者可能會無法得到發訊者想要傳遞給他們的訊息，原因有三：(1)選擇性注意：人們不會注意到所有的刺激；(2)選擇性扭曲：人們會將所收到的訊息解釋成他們所希望的意思；(3)選擇性記憶：人們只能長期記住所接觸到所有訊息的一小部分。

訊息來源要決定究竟想傳遞給收訊者什麼訊息，同時要把想要傳遞的訊息轉化成文字、聲音或符號，此即為「編碼」。而收訊者接收到文字、聲音或符號後要進行「解碼」工作，設法解釋訊息的涵義。編碼和解碼常造成溝通過程中的困難，發訊者和收訊者對文字、聲音和符號的意義，可能因彼此的態度和經驗不同而有不同的解釋，雙方需要有一個共同的參考架構才能作有效的溝通。媚登峰 **(Mai-denform)** 在一項對職業婦女的推廣活動中曾遭到這種問題：該公司的系列廣告曾

展示女性股票經紀人和醫生穿著媚登峰內衣的畫面，廣告中的男性則穿著整齊；此系列廣告的原意是想展現女性的威權地位，但有些女性讀者感覺女性在此廣告中被當成是性對象。在國際行銷活動中，更容易因文化的差異而造成編碼和解碼沒有交集的困擾。

　　為使溝通有效，發訊者必須瞭解並配合收訊者的解碼過程來進行編碼。訊息必須用收訊者瞭解的文字、聲音和符號來表達，否則雞同鴨講，發訊者和收訊者各說各話，沒有交集，自然不可能達成有效的溝通。

第二節

推廣的步驟

　　為達成有效的行銷推廣，首先應確認和分析目標閱聽者，然後決定推廣目標、設計推廣訊息、選擇溝通管道、設定推廣預算和決定推廣組合，最後還要評估推廣效果，即推廣策略對目標閱聽者的影響（圖 13.2）。

一、確認和分析目標閱聽者

　　行銷推廣人員在一開始就要清楚目標閱聽者是誰。目標閱聽者可能是產品的潛在購買者或目前使用者，也可能是購買的決定或影響者。這些閱聽者可能是個人消費者、組織購買者、特別的群體或一般大眾。目標閱聽者的對象與推廣決策之間有很密切的關係，因為只有先確認目標閱聽者，行銷推廣人員才能決定要對誰說 (who)、說什麼 (what)、如何說 (how)、何時說 (when) 和何地說 (where) 等主要的推廣決策。在確認了目標閱聽者之後，還要進一步分析目標閱聽者，用以瞭解以下事項：

　　⑴目標閱聽者對行銷標的物（產品、服務、組織、人物、地點、理念等）的熟悉程度。

　　⑵目標閱聽者對行銷標的物的偏好程度。

　　⑶目標閱聽者對行銷者與競爭者的形象比較。

　　⑷目標閱聽者的媒體習慣或行為。

(5)其他相關事項。

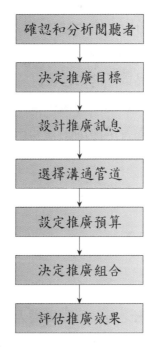

【圖 13.2 行銷推廣的步驟】

二、決定推廣目標

在決定目標閱聽者並分析他們的特性之後，行銷溝通者必須決定溝通目標，亦即要決定希望獲得目標閱聽者的何種反應。當然，最後的反應通常是購買，但購買行為乃是消費者或使用者冗長的決策過程的最終結果。因此，行銷溝通者必須要瞭解目標閱聽者目前是處於決策過程中的哪一個階段，並決定希望要將目標閱聽者向前推進到哪一個階段。

消費者或使用者的反應一般可分為認知階段 (cognitive stage)、情感階段 (affective stage) 和行為階段 (behavior stage) 等三個階段。例如，AIDA 模式就是從認知階段的注意 (attention)、到情感階段的興趣 (interest) 和欲求 (desire)，再到行為階段的行動 (action)。行銷溝通人員必須決定希望從目標閱聽者那裡獲得的反應是認知的、情感的、或行為的反應，希望讓目標閱聽者認知某些資訊，或改變他們的態度，或促使他們採取某些行動。

　　行銷者需要為整個溝通組合設定目標，也需要為每一個溝通組合工具分別設定目標。有些目標，如銷售和市場占有率目標，並不是靠溝通組合就能達成，而必須和其他行銷組合要素共同分享，合力達成。以下是溝通目標的一些例子：

(1)創造或增加產品或品牌的知名度。

(2)影響購買者對公司、產品或品牌的態度。

(3)增加某一目標市場內購買者的品牌偏好水準。

(4)增加對特定顧客或潛在顧客群體的銷售和市場占有率。

(5)促成對品牌的重複購買。

(6)吸引新的顧客。

(7)鼓勵試用新產品。

(8)建立長期的顧客關係。

三、設計推廣訊息

　　在界定所期望的閱聽者反應之後，行銷溝通人員接下來就要發展或設計有效的訊息。一個理想的訊息應該如前述 AIDA 能夠引起閱聽者的注意，感到興趣，激起欲求以及誘發行動。事實上，極少有一種訊息能將閱聽者直接由注意一直推進至行動，但是 AIDA 模式仍可作為衡量訊息品質的架構。

　　要設計一種有效的訊息，行銷溝通人員需回答下列四個問題：要說什麼，即訊息內容 (message content)；如何合理地說，即訊息結構 (message structure)；如何象徵性地說，即訊息格式 (message format)；應由誰去說，即訊息來源 (message source)。

(一)訊息內容

　　行銷溝通者必須決定要對目標閱聽者說些什麼，亦即要決定要向目標閱聽者提出的訴求 (appeal)、主題 (theme)、理念 (idea) 或獨特賣點 (unique selling proposition; USP)，俾能產生期望的反應。訴求有理性、感性和道德等三種形式。

1.理性訴求 (rational appeals)

　　此重點是訴諸閱聽者的自身利益,亦即告訴閱聽者產品能為你帶來什麼利益。例如，訊息中可能告訴閱聽者有關產品的品質、經濟、價值或效能。聯邦快遞強調「一百九十多個中國大陸城市沒有 FedEx 到不了的地方」、米其林輪胎強調「平

順的行駛，就從您的輪胎開始」，都是理性的訴求。一般認為，工業購買者最能回應理性訴求，因為他們知道產品，能辨認價值，同時也要對其購買決定負起責任。至於消費者在購買某些高價的產品時，也常會多方蒐集資訊並估計利益，因此他們對理性訴求亦會有較強的反應。

2. 感性訴求 (emotional appeals)

要引起閱聽者正面或負面的情感以激發購買。行銷會尋求適當的感性賣點 **(emotional selling proposition; ESP)**。感性訴求有正面和負面的訴求。溝通者可以恐懼、罪惡感、羞恥等負面的感性訴求刺激人們做他們應做的事（例如刷牙、定期健康檢查），或阻止他們做不應該做的事（例如抽菸、酗酒、濫用藥物、吃得過多等）。許榮助通絡清血丸強調「血若濁，人生是黑白的！血若清，人生是彩色的」就是一種恐懼訴求。預期訊息的恐懼太高了，人們會避免去接觸。相關研究曾指出：過強或過弱的恐懼訴求不如適度的恐懼訴求來得有效，而且當訊息來源可信度高、溝通者以令人相信和有效的方式承諾去減輕恐懼時，恐懼訴求會比較有效。溝通者也常使用正面的感性訴求，例如，友情、幽默、愛、榮耀以及歡樂等。佳能在 2003 年向香港居民提出「佳能與香港攜手前進三十年」，就是一種正面的感性訴求。

3. 道德訴求 (moral appeals)

讓閱聽者感到什麼是對的和適當的。道德訴求常被用來呼籲人們支持某些社會理念，諸如環境保護、和諧的族群關係、女性平權、以及幫助弱勢群體等。

(二)訊息結構

有效的推廣溝通也有賴於有效的訊息結構和內容。訊息結構的變數包括結論的提出、使用單面與雙面的論點和論點表達的順序。

1. 結論的提出

溝通者可為閱聽者下結論，或是讓閱聽者自行做結論。有研究指出最好的廣告是只問「問題」，讓閱聽者自己尋求他們的結論。在下列情況下，由溝通者提出結論可能導致負面的反應：如果溝通者被認為不值得信任，則閱聽者可能會對試圖影響他們的作法感到憤怒；如果議題過於簡單，或閱聽者聰明，則他們可能會對試圖提出解釋的作法感到厭煩；如果議題有高度的個人性或隱私權，則閱聽者也可能對溝通者試圖提出結論的行為感到憤怒。

2.使用單面或雙面的論點

單面或雙面的論點在於溝通者只是單方面稱讚自己的產品，或者也有提出自己產品的缺點。直覺上，利用單面論點的表達方式將可獲得較佳的效果，但是答案並不是十分明確。單面的訊息對於支持溝通者立場的閱聽者最有效果，而雙面的訊息則對反對溝通者立場的閱聽者最有效果；對教育程度較高的閱聽者，雙面的訊息比較有效；雙面的訊息對於可能接觸到反宣傳的閱聽者比較有效。

3.論點表達的順序

表達的順序係指溝通者應將最有利的論點放在最前面或最後面的問題。在單方面訊息的設計下，將最有利的論點放在前面有助於引起閱聽者的注意與興趣。在雙面訊息的設計下，則必須考慮事先表達正面的論點或事先表達負面的論點；如果閱聽者原本是持反對立場，則溝通者可先提出反面論點，俾可先解除閱聽者的武裝，然後再提出強而有力的正面論點作為結論。

此外，重複也是訊息結構的另一個變數。重複有兩種形式：在一個訊息內，品牌名稱或產品屬性能夠重複出現，這種重複的曝露稱為「刺激物內的效果」**(intrastimulus effect)**。此外，同一訊息能在各種不同的場合重複出現，造成「刺激物間的效果」**(interstimulus effect)**。

重複可以影響閱聽者，有些研究指出重複曝露本身就可以讓閱聽者對某件事產生正面的感覺。重複可以增進學習，加深選擇性的記憶。有些研究顯示重複對便利品的效果比選購品好，由於消費者對便利品的低興趣和低涉入，因此可利用重複來建立品牌知名度。

在微觀的層次，重複可以讓人們知曉產品和強調產品的特色。重複可以強化品牌定位和產品屬性。只要一再重複出現的訊息內容具有正面增強的效果，那麼重複可以建立或至少維持對那些刺激物的喜愛。在宏觀的層次，利用重複來接觸更多的消費者，也可利用更多的重複來防止顧客被競爭者挖走。

(三)訊息格式

溝通者必須為訊息發展一有力的格式。例如，在印刷廣告中，溝通者要決定標題、文案、圖示及顏色；如果訊息要經由收音機來傳送，則溝通者必須小心選擇用語和聲音；如果訊息是經由電視或銷售人員來傳達，則除了上述所提的事項之外，還要再加上肢體語言、面部表情、手勢、服飾、姿態與髮型等，如果訊息

係由產品本身或其包裝來傳達，則溝通者必須注意顏色、質材、氣味、大小及形狀。

(四)訊息來源

由有吸引力或受歡迎的訊息來源送出或傳遞的訊息，可獲得較大的注意和回憶。因此，訊息來源必須具有三個重要的特性（表 13.1），即可信度 (credibility)、吸引力 (attractiveness) 和獎懲的運用 (mediation of rewards and/or punishments)。透過這三個特性，訊息來源可以影響閱聽者。

【表 13.1 訊息來源的特性】

來源的特性	描 述
可信度	來源專業性：購買者感受到來源的能力、教育、經驗和其他專業能力。 來源信賴性：購買者感受到的誠實、誠懇、包容、公正和一致性。
吸引力	購買者感受到來源的相似性、熟悉度、喜愛和其他屬性。
獎懲的運用	購買者感受到來源具有提供獎賞或懲罰的能力和意願。

資料來源：R. Bagozzi, Rosa, K. Celly and F. Coronel, *Marketing Management* (Upper Saddle River, N.J.: Prentice Hall, 1998), p. 333.

1.可信度

來源的可信度通常會增強態度的改變、說服力和想要的行為。購買者是根據來源的專業性 (expertise) 和信賴性 (trustworthiness) 來評估其可信度。如果消費者相信來源有較高的教育程度、有豐富的第一手經驗、或特別的才能，則消費者會把來源當做專家。來源的專業性也可能和地位有關，即地位愈高，會被認為專業性愈強。因此，廣告主有時使用地位較高的代言人來增強訊息的效果。來源的信賴性是指閱聽者對來源是否誠實和誠懇的感受。人們對那些在所主張的行為上沒有既得利益的代言人會給予較大的信賴性。這可說明為什麼廣告和人員銷售並非永遠有效的部分原因，因為我們常認為廣告和銷售人員只想銷售他們的產品。一致性 (consistency) 是信賴性的另一個層面，長期展現相同行為和主張相同論點的來源較可能被認為是可信賴的。來源的可信度會影響閱聽者。可信度也會與來源的其他特性產生互動；例如，大多數可信的來源具有身體上的吸引力，能獲得人們非比尋常的尊敬或同情，或展現魅力。通常是那些特性，而非可信度本身，改變了閱聽者的態度或行為。

2.吸引力

人們較容易被有吸引力的人所影響，因為和喜歡或熟悉的人在一起會覺得比較舒適自在。吸引力本身，透過感性的過程，可產生態度上的改變和行為的順從，人們會感受到認同吸引力的來源。許多行銷者基於此一原因邀請知名模特兒、影歌星、運動明星擔任產品代言人，如名模辛蒂克勞馥 (Cindy Crowford)、職業網壇漂亮寶貝安娜庫尼可娃 (Anna Kournikova)、知名演藝人員皮爾斯布洛斯南 (Pierce Brosnan)、任賢齊等擔任歐米茄錶 (Omega) 的代言人。當代言人或銷售人員具有身體上或社會上的吸引力時，則可擴大溝通的影響力。但廣告主也不希望來源的吸引力太強，以免減少閱聽者對訊息內容的注意以及降低閱聽者評估品牌、發展正面態度和購買品牌的能力。

3.獎懲的運用

影響閱聽者的另一個來源是透過獎賞和懲罰的運用。需要考慮兩個因素：能力和意願。能力是指來源能控制獎賞或懲罰刺激物，並將這種能力傳遞給閱聽者。但這還不夠，來源也必須有意願去使用此種能力，而閱聽者必須瞭解來源有能力，也將在適當的情形下使用獎懲。使用獎懲的潛力會影響溝通過程。或許最明顯的效果是以使用及大量的獎賞或懲罰作為影響的唯一方法。例如，在購屋的談判中，買方或賣方會在氣憤中威脅要離開或撤出談判。在行銷中較常見的是提供小的獎賞或懲罰作為買賣雙方交換的一種輔助物。例如，除了以產品換錢外，製造者可能會贈送小禮品、提供招待、承諾額外服務、給予現金折扣以鼓勵快速付款等作為與工業用戶或消費者交易的一部分。在正式的交換之外，有時會附加許多其他實質的、心理的和社會的獎懲。例如，銷售者警告在某一期限之後廣告的產品將會漲價，這也是一種非明示的懲罰。

四、選擇溝通管道

在設計訊息之後，溝通者應選擇有效的推廣管道來傳遞訊息。溝通管道可分為人員溝通管道 (personal communication channel) 和非人員溝通管道 (nonpersonal communication channel) 兩種類型。

(一)人員溝通管道

人員溝通管道是指兩個人或以上的直接溝通，他們可能以面對面、透過電話、

透過傳真、透過一般或電子郵件等方式來進行溝通。人員溝通管道的溝通效果來自溝通人員可針對個別閱聽者設計表達方式，並可快速得到回饋。利用人員溝通管道時，來源和閱聽者之間的「距離」較短，雙方可進行語言和非語言的溝通。

　　人員溝通管道可能由行銷者的銷售人員向目標市場的閱聽者進行溝通，或由具有專業知識的專家向目標閱聽者進行展示和說明，也能經由鄰居、朋友、家庭成員、社團會員等社會管道向目標閱聽者提出建議。透過專家與社會管道的口碑 (word of mouth) 溝通，在許多產品領域中是非常重要的。在兩種情況下人員的影響力特別重要：一種情況是當產品的價格昂貴、有風險、或非經常購買時；另一種情況是當產品可表示使用者的品味或地位時。在這兩種情況下，購買者會徵詢他人意見，以獲取資訊或避免困窘。

(二)非人員溝通管道

　　非人員溝通管道係指不以人員的接觸或回饋來傳達訊息的管道，包括媒體 (media)、氣氛 (atmospheres) 與事件 (events)。

　　媒體包括印刷媒體（報紙、雜誌與直接郵件）、廣播媒體（收音機、電視）、網絡媒體（電話、電纜、衛星、無線電訊）、電子媒體（錄音帶、錄影帶、影碟、CD-ROM、網站網頁）及展示媒體（佈告板、招牌、海報）。

　　氣氛係指創造或增強購買者傾向去購買產品的「整套環境」(packaged environments)。例如，律師事務所以東方地毯和橡木家具的佈置試圖傳達「穩定」和「成功」；五星級旅館以優雅的吊燈、大理石圓柱、名貴藝術品和其他有形的奢華圖像來作為豪華的表徵。

　　事件係指為傳播特定訊息給目標閱聽者而設計的活動。例如，公共關係部門安排記者招待會、舉辦大型開幕活動、贊助運動會，以達成對目標閱聽者的特定溝通效果。

　　大眾媒體的溝通可透過兩階段溝通 (two-step communication) 來影響人們的態度與行為（圖 13.3）。傳統的兩階段溝通流程，指出溝通訊息或觀念通常先經由意見領袖 (opinion leader)，然後再由意見領袖傳達給一般大眾。兩階段溝通有若干含意：

　　(1)大眾媒體對公眾意見的影響不如想像中那麼直接、有力與自動，因為它係透過意見領袖來轉達。在一個或以上的產品領域中，意見領袖的意見是他

人所詢問的，是屬於初級群體。意見領袖比他人對大眾媒體有更多的接觸，意見領袖將訊息傳達給其他較少接觸媒體的人，因而延伸了大眾媒體的影響。他們也可能傳達修正後的訊息，或者根本未傳遞任何訊息，僅扮演著把關者的角色。

(2)有人認為人們的消費型態主要是受較高社會階層「涓滴下來」(trickle-down) 的效果所影響。然而，兩階段溝通卻提出了相反的意見，認為人們主要是與相同社會階層的人互動，然後從自己的意見領袖那裡獲得他們的風格與理念。

(3)兩階段溝通意指大眾溝通者先將訊息傳達給意見領袖，再由意見領袖傳達給一般大眾，將是較有效率的作法。

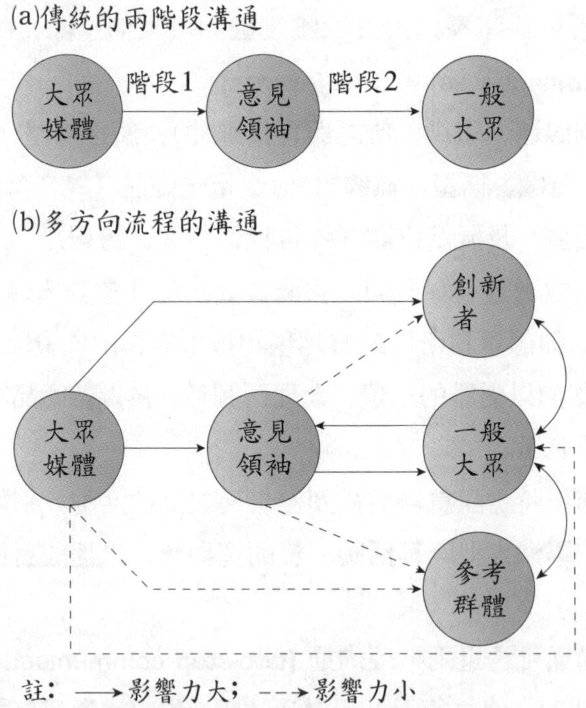

(a)傳統的兩階段溝通

(b)多方向流程的溝通

註：——▶影響力大；---▶影響力小

資料來源：黃俊英 (2004)，《行銷管理》，頁 304。

【圖 13.3　傳統的兩階段溝通 vs. 多方向流程的溝通】

除了傳統的兩階段溝通流程模式之外，有許多研究也發現了多方向流程 (multidirectional flows) 模式。研究發現一般大眾不會永遠只坐著等意見領袖來傳達訊

息，他們通常也會主動向意見領袖尋求資訊和建議。其次，大眾媒體除了影響意見領袖之外，通常也會影響其他收訊者，特別是創新者和參考群體。第三，口碑溝通是同儕、家庭成員、同事和其他大眾之間一種有力的影響方式，社會比較和其他過程也扮演重要角色。其他還有影響力比較小的流程，如大眾媒體直接影響一般大眾以及意見領袖也直接影響創新者和參考群體。

五、設定推廣預算

依公司決定的目標，所須投入的工作作為依據來設定推廣預算。理論上最適當的作法是採目標任務法，但不易執行，實務上則以銷售百分比法最常被使用。行銷者要花多少錢在溝通組合活動上，是一項主要的行銷決策。不同產業的溝通預算 **(communication budget)** 常有很大的差異。例如，飲料業、化妝品業的溝通預算比例（占銷售額的百分比）通常會遠比機械業的比例為高。即使在同一產業內，不同行銷者的推廣預算比例也常高低有別。

(一)量入為出法

量入為出法 (affordable method) 是依財務狀況，以行銷者本身的支付能力為依據來設定推廣預算。這種方法使用簡單，有多少錢可用就編多少推廣預算。但這種方法忽略了推廣對銷售的影響，而且每年的推廣預算可能會起起伏伏，變動不定，將不利於銷售者的長期規劃。

(二)銷售比率法

銷售比率法 (percentage of sales method) 是以目前或預期的銷售額的某一個百分比作為設定推廣預算的基礎。例如，某家公司決定以預期銷售額的 3% 為推廣預算，假定該公司預估下一年度的銷售額為 10 億元，則公司下年度的推廣預算將為 3,000 萬元。

銷售比率法使用簡單，具有以下一些優點：(1)推廣費用將與公司的支付能力一起變動，這點會令財務經理感到滿意，因為財務經理認為費用應與公司銷售額的變動維持密切的關係。(2)鼓勵管理階層去思考推廣成本、售價及單位利潤間的關係。(3)只要競爭廠商以大致相同的銷售百分比作為其推廣費用，可促使同業間的競爭趨於穩定。

不過這種方法在邏輯上有令人爭論之處。銷售比率法認為推廣是「果」，銷售

是「因」；但在邏輯上推廣應視為銷售的「因」而不是「果」。這種方法未能考慮產品生命週期、市場狀況和產品特性等因素，也是其缺點。而且，除了根據同業間的默契或過去的經驗外，這種方法未能提供一個合理的基礎來決定特定的百分比。

(三)競爭對等法

競爭對等法 **(competitive-parity method)** 以競爭對手的支出狀況作為設定推廣預算的主要考量，俾能與競爭者分庭抗禮。如果主要競爭者編列 2,000 萬元的推廣費用，則他們也會編列 2,000 萬元的推廣費用；或主要競爭者以其銷售額的 5% 作為推廣預算，則他們也會以銷售額的 5% 作為推廣支出。

這種方法能考慮到競爭者的活動，是可取之處。不過，由於各銷售者的資源、機會、威脅、行銷目標等不盡相同，以競爭者的推廣預算來據以設定本身的推廣支出，似有不妥之處。有人認為採用競爭對等法，維持與同業間大致相同的推廣預算，可避免引起推廣戰爭；但在實務上，推廣預算相同，並無法保證不會發生推廣戰爭。

(四)目標任務法

目標任務法 **(objective-task method)** 是根據所要達成的特定目標來設定推廣預算。先確定推廣目標，再決定達成這些目標所需完成的任務，然後估計執行這些任務所需的成本，最後將這些成本加總起來即得推廣預算。此種優點類似管理學的零基預算 **(zero-based)**。

目標任務法是最困難的一種方法，它需要瞭解推廣支出和推廣結果之間的關係，而這通常不是一件容易的事。例如，某家公司推出一種新產品，希望在三個月的推廣期間內讓 80% 的目標市場顧客知曉這種新產品；這家公司到底要用多少廣告和促銷活動才能達到此一推廣目標呢？雖然如此，但目標任務法可強迫行銷溝通者去認真思考「目標」的問題。

目標任務法可使行銷者更加關注推廣目標的達成，更有效地使用推廣預算。但卻未能提供各目標優先順序的準繩，將所有的目標視為同等重要，但實際上各種推廣目標的重要性不盡相同。

六、決定推廣組合

推廣組合工具有廣告、人員銷售、銷售促進、公共關係與直效行銷等五種，行銷者應如何把溝通或推廣預算分配給這五種工具，是一項重要的行銷決策。不同的產業之間，分配推廣預算的方式常有明顯的差異。即使在同一產業之中，不同銷售者的分配方式亦不盡相同；例如同屬化妝品業，露華濃 **(Revlon)** 和封面女郎 **(Cover Girl)** 都把大部分的推廣預算花在廣告上，而雅芳公司則將大量的推廣費用花費在人員的銷售上面。行銷者在決定推廣組合時應考慮本身的溝通組合策略、產品市場的類型、購買者的準備階段和產品生命週期階段等因素。

七、評估推廣效果

在實施推廣方案之後，行銷溝通者還要去衡量或評估此一推廣方案對目標閱聽者的影響或效果。評估的事項通常包括下列幾點：

⑴他們（指目標閱聽者）是否看過或聽過？看過或聽過幾次？

⑵他們能記得哪一部分或哪幾部分的訊息？

⑶他們對這些訊息的看法或態度是正面還是負面？

⑷在收到訊息之後，他們對行銷者或產品的態度是否有明顯的改變？如果有的話，是正向的改變還是負向的？

⑸在收到訊息之後，他們的購買行為是否有顯著的改變？

根據評估的結果，行銷溝通者可以瞭解溝通方案的優點和缺失，並針對缺失或不足之處再予以加強。例如，假定某銀行推出某項新的金融服務，推廣三個月後進行評估，發現約 80% 的目標閱聽者仍未看過或聽過這項新服務的推廣活動，問題的癥結可能是溝通管道的選擇不當，使其推廣活動未能接觸到大部分的目標閱聽者；這家銀行根據評估發現，調整其溝通管道。

第三節

推廣工具組合

推廣是行銷的重要溝通機能，是銷售者與購買者間的資訊交換橋樑，公司可利用不同的推廣策略組合，傳達不同種類的訊息。然而，有形的產品由於可以看得見、可以示範，因此比較容易推廣，但是服務是無形的，而且服務品質比產品品質難以評估，因此行銷人員在從事服務的推廣策略時，也相對地困難許多。

推廣旨在凸顯產品／服務的實質效益，事實上，無形服務和實體產品的推廣類似，例如世界盃足球賽、大峽谷旅行等透過收音機、電視、公佈欄與報紙等媒體來作宣傳；醫師、會計師與律師等專業服務業者，自願參加社區工作，間接地推廣自己的聲名；保險公司為使顧客容易體認保險服務的實質效益，努力將無形的保險服務與有形事物關聯在一起，例如全州 **(Allstate)**「你在 Allstate 雙手的悉心照顧下」、旅行家集團 **(Travelers Group)**「在 Travelers 雨傘的保護之下」、英國保德信投信 **(Prudential Financial)**「穩如 Prudential 之磐石」、Nationwide（全球最大的保險財務服務公司）「Nationwide 的地毯式保護，無微不至」等口號，乃利用雙手、磐石、雨傘、地毯等有形事物，讓顧客聯想到保險公司之效益。

一般而言，常用的推廣組合（又稱行銷溝通組合）包括廣告、銷售促進、公共關係、人員銷售以及直效行銷（表 13.2），推廣工具組合並不僅是促銷而已，最主要的目的是要與顧客達到最大的溝通效果。

一、廣　告

凡屬創意、產品及服務由某一廣告主，以付費方式實施雜誌、報紙、戶外海報、直接郵寄、收音機、電視、公車海報、目錄、傳單等媒體的展示以及推廣作業，稱之為廣告 **(advertising)**。

產品／服務的屬性是經驗或信賴而非搜尋，消費者在購買前評估品質是相當困難的，因此廣告在顧客形成期望時扮演著極為重要的角色，所以業者必須謹慎檢視其對顧客的溝通內容是否真實，而服務相對於產品又更難以捉摸，因此廣告

【表 13.2　常用的推廣組合】

廣　告	銷售促進	公共關係	人員銷售	直效行銷
包裝	競賽遊戲	記者招待會	銷售簡報	目錄
包裝內傳單	抽獎與對獎	演講	銷售會議	郵購
動畫片	獎金與獎品	研討會	樣品	電話行銷
簡介與宣傳冊子	送樣本	年報	展覽與商展	電子購物
海報與傳單	展覽與商展	慈善捐助		電視購物
索引	展示與陳列	贊助活動		
廣告平面印刷	折價券	出版品		
看板與佈告牌	回扣	社區關係		
招牌	低利融資	遊說		
購買點展示	折換折讓	識別媒體		
視覺影片	集點贈獎	公司刊物		
象徵物與商標	搭賣	事件		
	表演			

必須利用生動活潑的資訊，將其具體化、有形化，以吸引觀眾的注意、刺激想像，改善顧客對該產品／服務的認知，提高品牌或品質的評價。

　　廣告創意之王大衛歐格威 (David Ogilvy) 曾說：「我不認為廣告是一種娛樂或藝術，我認為它是資訊的傳播媒介，當我寫一則廣告時，我希望除了『創意』之外，還希望消費者認為它很有意義而去購買該產品。」相信這也是所有廣告行銷人士最關切的話題，廣告不只要有「創意」，銷售更要「突破」。然而，行銷活動並非締造銷售佳績的唯一保證，但是，若想創造當紅商品，非得要有創意的行銷手法才行。

(一)廣告的特性

　　廣告雖然具有許多不同型式與用途，其重要特性包括公開表達、滲透力、誇張效果、非人格化。廣告可用來建立公司的長期形象（如屈臣氏、7-ELEVEN 的品牌廣告），也可達到快速的銷售目的（如換季促銷廣告）。但是，某些專業服務如醫療、牙醫及法律事務所等，為避免在道德上引起質疑，對於刊登廣告抱持著謹慎的態度，常採取公共關係的宣傳方式。廣告具有四項特性：

　　(1)公開表達 (public presentation)：廣告具有高度公開性，企業可透過廣告明

確地表示服務的合法性及提供服務的標準化模式，由於許多人知曉該服務的訊息，因此購買者可安心購買。

⑵滲透力 (pervasiveness)：由於廣告使得消費者重複地接受到同樣的訊息，具有耳濡目染的效果，大規模的廣告量將提高其效果，並可顯示企業的規模、財力和成功。

⑶誇張效果 (amplified expressiveness)：廣告可利用人為的印刷、聲音與顏色將服務商品戲劇化，但是必須注意到要傳達訊息的真正意義。

⑷非人格化 (impersonality)：廣告無法如同人員銷售一樣，可以與購買者做互動的溝通，也無法對於聽／觀眾的質疑作面對面的說明或辯解，屬於單方向的溝通方式。

(二)廣告目標的設定

進行廣告推廣計畫時，必須先確定廣告目標，而廣告目標應以目標市場為主，符合企業本身的市場定位，並配合整個行銷策略來發展。依照目標的差異性，可分為告知性廣告、說服性廣告、及提醒性廣告（表 13.3）。

【表 13.3　廣告的種類及其目標】

廣告種類	廣告目標
1.告知性廣告	1.告知新服務的訊息 2.介紹現有的服務及其功能 3.消除消費者使用新服務的恐懼 4.建立企業形象 5.告知市場價格的調整 6.改變消費者對公司的錯誤印象
2.說服性廣告	1.建立品牌偏好 2.說服消費者立即購買 3.鼓勵改用該廣告品 4.改變消費者對該服務的認知 5.說服消費者接受推銷人員的訪問
3.提醒性廣告	1.提醒消費者對該服務的需要 2.促使消費者在銷售淡季時仍不忘該服務 3.維持高知名度 4.提醒服務的購買地點

(三)廣告預算的決定

廣告可帶來銷售效果，因為消費者通常認為大力廣告的品牌有較佳的服務價值，廣告可觸及到無數偏遠分散的購買者，但有些型式的廣告如電視廣告，需要大量的廣告預算，而報紙則需較少的廣告預算即可。

在決定廣告預算時，仍須考慮其他因素如市場占有率、競爭與干擾、產品生命週期階段、廣告頻率、產品替代性等，才能達到有效的廣告效果。具體來說，市場占有率高的產品，其廣告支出相對較少；競爭多、干擾多的市場，其廣告支出相對增加；在導入期須投入較多廣告，以建立消費者的認知與試用，成熟期產品則相對減少；傳遞給消費者的訊息越密集，則廣告支出越大；產品替代性少者，廣告支出較少。

(四)廣告媒體的決定

廣告媒體是擬定廣告內容的主要工作者，因此廣告媒體的決定將影響其廣告效果，通常廣告媒體決定的步驟如下：(1)決定預期的廣告接觸率、頻率和效果。(2)選擇媒體型態：目標群眾接觸媒體習慣、產品本質、訊息及成本等為考慮因素。(3)選擇媒體工具：發行量、目標群眾人數、有效目標群眾、及有效廣告展露 **(exposed)** 的群眾數（具目標顧客特性者，實際看到廣告的人數）等為考慮因素。(4)決定媒體刊出或播出的時機，包括大時程安排問題（依季節性與預期經濟狀況，決定一年內之廣告時程）及小時程安排問題（在最短時間內，將一組廣告展露情形加以適度配置，以求最大效果）。表 13.4 是各種廣告媒體型態的比較。

(五)廣告效果評估

廣告效果衡量最大多數屬於應用性質，且針對特定的廣告和廣告活動，目前溝通效果研究及銷售效果研究為評估廣告效果的主要方法。

二、銷售促進

銷售促進 **(sales promotion)** 被視為溝通的一種誘因，通常是以降價方式執行，主要目的在於增進銷售（尤其在需求較弱期間）、加速新產品引進、傳遞新產品的接受性。銷售促進意指刺激顧客立即購買的誘因與獎勵。相對於廣告的長期操作，以期建立市場對某一品牌的認知；促銷活動則是促使消費者立即行動的短期推廣工具。也難怪品牌經理人越來越依賴銷售促進，尤其在銷售量不如預期的時候，促銷是有效的，促銷的效果顯而易見，而且比廣告更容易被評估。目前就

【表 13.4　廣告媒體型態的比較】

媒體型態	優　點	缺　點
報　紙	地區選擇彈性；即時性；可深入說明	目標選擇性不足；低傳閱率；印刷效果差
雜　誌	色彩生動；針對特定目標閱讀群；地區選擇性高；高傳閱率	前置期長；缺乏即時性
廣　播	低成本；訊息即時；聽眾群固定；機動性高	缺乏視覺效果；訊息生命短暫；播放頻率高才有效果
電　視	快速觸及廣大觀眾；聲光效果佳；低度每千人平均廣告成本；以有線電視來選擇地區	訊息生命短暫；長期製作期間；創作和播放成本高；消費者持懷疑態度
戶外媒體	重複性高；成本中等；具彈性；可選擇地區	訊息較少；缺乏人口區隔選擇；易受其他訊息干擾
網　路	可觸及非常小的族群；前置準備期相對較短；成本中等	廣告效果難以評估；並非所有消費者都使用網路

資料來源：Keegan (1995), *Marketing*, p. 574.

一般廠商而言，廣告與促銷的比例大約是三比七，和過去完全相反。

　　促銷的蓬勃反映出公司優先考慮的是眼前的銷售，而非長期的品牌建立。這是從關係行銷走到交易行銷的回頭路。銷售促進雖具有瓦解競爭者品牌忠誠度的效果，但切勿長期使用，否則反而不利於業者建立消費者的品牌忠誠度，更可能使消費者產生廉價品的印象，或者因促銷降價而降低服務品質，這些對於公司聲譽都會產生負面的影響。

　　雖然多數的促銷活動可以增加銷售量，但賠錢的居多。一位分析師估計，大約只有 17% 的促銷活動有助於提高利潤。那是因為這些活動促使新的顧客試用促銷品，而且這些新顧客對促銷品的喜愛甚於他們原來使用的品牌。多數的促銷活動只會吸引尋找便宜貨的品牌轉換者，這些人在其他品牌促銷時，很自然地就會捨棄原用的品牌，但促銷活動很難打動競爭品牌的忠誠使用者。因此，在品牌同質性高的市場中促銷功效不大，因為促銷活動會吸引到那些追求低價或贈品的品牌轉換者，這些人對品牌並不忠誠。然而，在商品同質性低的市場中，促銷活動可以幫助新顧客發現，你的商品有哪些特色比他原來使用的商品更好。

　　較弱或較小的品牌，比強勢品牌更傾向於使用銷售促進。小品牌能花在廣告

上的經費有限，但卻可以利用很少的費用，去吸引人們試用他們的產品。一般來說，應謹慎使用促銷活動。持續地降價、發送折價券、提供優惠或贈品，會降低品牌在消費者心目中的價值，並會令顧客等下一次促銷時再買。

促銷活動包括各式各樣的促銷工具，有折價優待、贈品、抽獎、貴賓優待、免費試用、產品保證、折價券、折退現金、長期惠顧獎勵、樣品、展示、競賽等，以刺激目標市場產生較早或較強烈的反應。但銷售促進並不只侷限用於顧客而已，也可用來激勵員工（內部行銷）及刺激中間商（配銷策略）。

對經銷商的促銷工具有免費贈品、商品折讓、購貨折讓、廣告及展示折讓、推銷獎金。對銷售人員促銷工具包括紅利、銷售競賽、銷售績效等。公司可能因通路壓力而經常促銷。通路經常會要求上架折扣及津貼，有時也會要求你做消費者促銷，許多公司別無選擇，只好就範。盡量選擇那些符合或能增強品牌形象及價值的促銷活動，並將促銷活動與廣告搭配。廣告可以解釋顧客為什麼應該購買這項產品，而促銷活動提供了購買因素，當兩者配合使用時，威力無窮。銷售促進的特性可歸納為：

⑴溝通 **(communication)**：吸引消費者的注意，提供相關服務訊息，進而引導消費者購買該服務。

⑵誘因 **(incentive)**：結合讓步、誘因和貢獻等方式，增加顧客之附加價值。

⑶邀請 **(invitation)**：積極邀請消費者現在進行交易。

公司運用促銷工具以創造快速與較佳的銷售反應，促銷活動可使服務提供充滿樂趣與戲劇性，因而創造業績，但是促銷活動的效果很短暫，且無法建立長期品牌偏好。由於促銷工具的多樣化，行銷人員需要經驗來判斷何時該用何種促銷手法。有些大型公司，有促銷專家負責提供品牌經理促銷建議，或是雇用專門的促銷公司亦可。其目的不只是運用促銷活動，而是檢視並記錄活動的結果，以便長期增進促銷活動的效益。

三、直效行銷

直效行銷是針對特定對象寄送資料的推廣方式，可以透過消費族群的不同回應狀況，加以推測其消費行為模式，此方式與一般的廣告技巧有所不同，如果有系統和積極的進行，直效行銷將是最有效的行銷投資，但是如果草率進行的話，

其所花費的成本如同石沉大海，得不到太大的效果，因此直效行銷的名單必須特定而集中，郵件中必須隱含著令人心動的購買建議，提供對方明確的利益。直效行銷有很多型式如郵購、電話行銷、電子行銷等等，其具有如下之共同特性：

(1)非公開性 (nonpublic)：訊息一般僅傳達給特定目標顧客群。

(2)客製化 (customized)：針對個別顧客的需求，傳達所需要的訊息。

(3)即時性 (up-to-date)：訊息可以迅速準備好，馬上送達給顧客。

(4)互動性 (interactive)：訊息根據不同顧客的反應作不同的修改。

四、公共關係

　　為了使宣傳活動更具效果及吸引力，必須具備高可信度、解除心理防衛、戲劇化等特性，不一定要單獨運作，在良好規劃的情形下，可以配合其他促銷策略而發揮更大的效果。

　　公共關係 (public relations) 策略包括：(1)建立宣傳的目標以支持較大的行銷目標；(2)選擇宣傳訊息及工具，以求獲得最大的成本效益；(3)透過媒體人員的合作和安排計畫的事件，以執行宣傳計畫；(4)評估宣傳的效果，評估項目包括達成的表露度、目標群眾的知曉、理解、態度的改變、與銷售及利潤的增加。公共關係的訴求是基於三個獨特特性：

(1)高可信度 (high credibility)：新聞故事與報導對讀者而言，較廣告來得確實與可信。

(2)解除心理防衛 (ability to catch buyers off guard)：公共關係可觸及到銷售人員或廣告所不易接觸的潛在顧客，而且購買者所得到的訊息是新聞，而非銷售導向的溝通，因此可以解除心理上的防衛。

(3)戲劇化 (dramatization)：公共關係活動也與廣告一樣，可以戲劇化呈現公司的服務及形象。

　　目前行銷人員似乎並未充分發揮公共關係的功能，通常只作為危機事件的處理之用，很多公司發生不祥事件後，才會想到使用公共關係，甚至以為建立公共關係就是宴客、打高爾夫球，過去報紙公共報導之客觀性與可信度，也因付費廣告版面的需要，而減少許多。公共關係講求的是企業的社會責任，看的是公司的永續生存。

五、人員銷售

人員銷售 (personal selling) 是另一個重要的溝通管道，以面對面為基礎的互動接觸，或是電話行銷中，以聲音對聲音為基礎的接觸方式。銷售（服務）人員可以解釋服務的內容，同時可以將服務專業及殷勤的特質具體表現出來，例如以保證書或其他訊息向未來的顧客做更明確的保證，在傳遞訊息時，以量身訂做的方式來解除顧客的疑慮及滿足顧客的需求。另外，公司中的專業人員，如會計或管理顧問等，也負有為公司帶來新顧客以及與現有顧客建立長期關係的使命。

(一)人員銷售的特性

人員銷售在購買程序的最後幾個階段，是最有成本效益的工具，特別是在建立購買者的偏好、信服與購買行動上，人員銷售是最有效的方法，然而人員銷售與廣告不同，是一項長期的成本承諾，銷售人員規模變更或取消非常不易。其特性如下：

(1)面對面接觸 (personal confrontation)：買賣當事人的雙方具有生動、立即且互動的關係，每一方都能觀察對方的需要與特性，馬上作調整應變。

(2)人際關係培養 (cultivation)：優秀的銷售人員與顧客之間，必須從最基本的銷售關係培養到深入的人際友誼，保有顧客心中的興趣，以建立長期的關係。

(3)反應 (response)：購買者有義務聆聽銷售人員的說明或展示，並給予參與及回應，即使只是禮貌上的「謝謝」。

(二)人員銷售的設計

人員銷售之設計須考慮的內容，包括人員銷售目標、結構、作法、規模、報酬，必須以目標市場的性質及企業在該市場所追求的地位為基礎。銷售人員組織可以地區別、產品別、市場別、複合式等編組來運作，至於銷售人員的報酬基本上對銷售人員效率具有相當大的影響，薪津制度包括本俸制、純佣金制、本俸及純佣金混合制三種，除此之外，紅利制度也常作為佣金或誘因的補充或替代。

(三)人員銷售的管理

人員銷售的管理工作，包括人員招募、甄選、訓練、指導、激勵、績效評估等，一項成功的銷售人員管理作業的核心工作在於甄選傑出的銷售人員，所以銷

售人員從甄選至激勵活動與最後之績效評估均須審慎為之,避免過程無謂的浪費,同時必須訓練銷售人員在推銷過程中,切勿引起消費者對於公司的反感。

(四)人員銷售的原則

優秀的銷售人員並非天賦本質,必須接受邏輯分析和客戶管理的訓練,包括推銷術、磋商、及關係管理。

(1)推銷術:有效的推銷必須遵循相關執行步驟,包括①開發顧客與審核資格、②事前規劃、③接近、④說明與展示、⑤處理反對理由、⑥締結以及⑦事後追蹤。

(2)磋商:主要目的是使市場高度競爭性（價格方面）轉變為高度安定性（即較不具競爭性）。除此之外,磋商目的仍包括履行合約完成的時間;商品品質或服務;商品的銷售量;融資、所有權移轉的責任;政府部門對產品安全性的要求等。至於磋商的主題及團體人數,則設有一定的限制,業者必須建立明確的協議策略,以求達到磋商的目標,其基本原則為對事不對人,針對利害關係,而非彼此觀點,創造相互利益的選擇,堅持客觀的標準。

(3)關係管理:人員銷售和磋商的原則係為交易導向,其目的在協助銷售人員完成對顧客的立即銷售之後,並進一步建立賣方人員和顧客之間的長期交易關係,則為關係管理。業者建立關係管理的步驟為:①確認值得建立關係管理的顧客名單;②對每個重要客戶指派一位技術熟練的關係經理;③制定一個明確的關係經理工作說明書;④指定經理監督關係經理;⑤每位關係經理皆須擬定長期及年度的顧客關係計畫。

第四節

推廣組合配置策略

服務業的行銷溝通最大的挑戰是確保目標市場顧客群認知並偏好業者所提供的服務。由於服務的無形性,使消費者在購買前無法試用,因此推廣策略的最主要任務就是使消費者瞭解所提供的服務是什麼,以及該服務帶給消費者什麼樣的好處。

以往推廣活動是從「怎樣銷售」的觀點出發，其宗旨為集中顧客和提高銷售額，而甚少從「顧客怎樣選擇，買什麼東西」的觀點來思考。因此推廣策略必須要保持這兩方面的平衡，不能集中以一次光臨性的顧客作為重點，而是要孜孜不倦地搭建自己公司和顧客之間的信賴之梯，嚴謹規劃有特色的推銷方法。推廣組合配置策略是如何利用廣告、銷售促進、直效行銷、公共關係及人員銷售等推廣工具之配置及投入比例，來達成最大的溝通效果之策略。

一、產品市場種類

廣告、銷售促進、直效行銷、公共關係及人員銷售對不同產品市場，將產生不同的效果。以服務業而言，可能以人員銷售為主，銷售促進及廣告次之。不同的推廣工具在消費者市場和組織市場中的重要性是不同的。消費者市場中，行銷者花在促銷上的支出最多，其他依次為廣告、人員銷售及公共關係。一般言之，對價格昂貴、複雜而且有風險的商品、以及在競爭者數目較少但規模較大的市場中，較常利用人員銷售。在組織市場中，人員銷售比廣告重要，但廣告仍扮演重要的角色。在組織市場中廣告能執行下列的功能：

(1)建立知名度：不知道公司或公司產品的潛在顧客可能會拒絕與銷售代表見面。廣告可介紹公司及其產品。

(2)建立理解：如果產品具有新的特色，則廣告可以有效地解釋這些特色。

(3)有效率的提醒：如果潛在顧客知道該產品，但仍未準備購買，則用廣告來提醒他們將比銷售人員的拜訪來得經濟。

(4)產品指引：提供小冊子和附有公司電話號碼的廣告是為銷售代表產生指引的一種有效方法。

(5)合法性：銷售代表可以利用刊登在著名雜誌上的廣告來使他們的公司及產品具合法性。

(6)再保證：廣告可提醒顧客如何使用產品，也可對顧客的購買給予再保證。

同樣地，人員銷售對消費品行銷也可以有很大的貢獻。有些消費品的行銷者低估銷售人員的角色，主要用他們從經銷商收取每週訂單及看看貨架上的存貨是否足夠。其實，訓練有素的銷售人員能有三項重要的貢獻：(1)增加存貨地位：銷售人員可說服經銷商增加存貨，提供較多的貨架空間給公司的品牌。(2)建立熱忱：

銷售人員可生動地陳述已規劃好的廣告與促銷支持，建立經銷商對新產品的熱忱。
(3)任務式銷售：銷售人員可讓更多的經銷商簽約承銷公司的品牌。

二、推的策略或拉的策略

若採推的策略，則業者需大量使用人員銷售及銷售促進；若採拉的策略，業者須以大量廣告及銷售促進，刺激消費者的需求。溝通組合策略基本上有兩種，即推的策略 (push strategy) 和拉的策略 (pull strategy)。推的策略是指行銷者透過中間商將產品「推」向消費者或最終使用者，行銷者針對中間商進行推廣活動（主要是人員銷售和中間商促銷），鼓勵中間商多訂貨，多向消費者或最終使用者推銷行銷者的產品。拉的策略是指消費者或最終使用者透過中間商將產品「拉」向他們自己，行銷者對消費者或最終使用者進行推廣活動（主要是廣告和消費者促銷），鼓勵消費者或最終使用者向中間商要求訂購行銷者的產品，使中間商不得不向行銷者訂貨。

三、消費者購買決策階段

消費者在不同購買決策階段，受不同促銷工具的影響程度有所差異。在引起注意之階段，廣告及公共關係扮演最重要的角色；消費者信服之階段則以人員的銷售及廣告為主。一般而言，廣告與公共關係在購買決策初期最具效益，人員銷售及銷售促進則是在後期階段最具效益的工具。在知曉階段，廣告與公共關係扮演最主要的角色；在顧客認識階段，廣告和人員銷售扮演主要的角色；在顧客信賴階段，主要受人員銷售的影響；在完成銷售階段，大多受人員銷售與促銷的影響；重訂購大多受人員銷售和促銷的影響，也多少受提醒性廣告的影響。顯然地，廣告和公關在購買決策過程的早期最具效益，而人員銷售和促銷則在顧客購買的較後面階段最為有效。

四、產品生命週期

產品面臨不同生命週期階段，推廣工具亦會有不同的成本效益。在導入期，廣告與公共關係效果較大；在成長期則所有推廣工具均應減少，而增加口耳相傳的功效；到了成熟期時，銷售促進、人員銷售及廣告均相當重要；在衰退期係以

銷售促進效果最佳。

　　不同的溝通組合工具在不同的產品生命週期階段亦有不同的效果。在產品的導入期，廣告和公共關係是產生高知曉度的好工具，而促銷則可促進早期的試用，人員銷售可鼓勵中間商進貨；在產品的成長期，因需求旺盛，所有的溝通工具都可減少，廣告和公共關係仍具有強大的影響力；在產品的成熟期，促銷成為較重要的工具，廣告則可用來提醒購買者不要忘了此項產品；在產品的衰退期，促銷仍然重要，廣告和公共關係只維持在提醒的水準，功能已減弱，而銷售人員也很少會注意到進入衰退期。

自我評量

1. 美國線上公司 (America On Line; AOL) 是網路服務業的先鋒，在 1997 年舉辦一項促銷活動，以收取單一收費不限上線時間為噱頭，雖然爭取到許多的顧客，但卻造成網路經常占線的問題，你認為該項促銷活動是成功或失敗呢？

2. 如果你是房地仲介業者，將如何設計有效的推廣策略？請就廣告、銷售促進、人員銷售、公共關係以及直效行銷等溝通組合論之。

3. 臺灣機車市場如今出現成長趨緩，甚至衰退趨勢，請問你在推廣時，可能偏重何種目標？

4. 出版商促銷新書是其經營的重點之一，請問應如何向書店及消費者進行推拉策略？

5. 公益彩券推出「曉玲請嫁給我」，這是屬於什麼樣的推廣方式？你覺得它達到了哪些效果？

6. 千面人下毒事件時，若當年你在統一公司做行銷經理，你將如何化解危機？

參考文獻

1. 方世榮譯、Philip Kotler 著 (2003)，《行銷管理學》，東華書局，頁 681–682。

2. 沈華榮、黃深勳、陳光榮、李正文 (2002)，《服務業行銷》，國立空中大學，頁 194–201。

3. 洪順慶、黃深勳、黃俊英、劉宗其 (1998)，《行銷管理學》，新陸書局，頁 293。

4. 曾光華 (2004)，《行銷管理：理論解析與實務應用》，前程企業，頁 414–415。

5. 謝文雀編譯 (2000),《行銷管理: 亞洲實例》, 第二版, 華泰書局, 頁 517–524。

6. 黃俊英 (2004),《行銷管理: 策略性的觀點》, 第二版, 華泰書局, 頁 304。

7. Ackoff, Russell L. and James R. Emshoff (1975), "Advertising Research at Anheuser-Busch, Inc.," *Sloan Management Review*, Winter, pp. 1–14.

8. Borden, Neil (1964), "The Concept of the Marketing Mix," *Journal of Advertising Research*, June, pp. 2–7.

9. Engel, James F., Roger D. Blackwell and Paul W. Miniard (1995), *Consumer Behavior*, 8th ed., The Dryden Press.

10. Freeman, Cyril (1962), "How to Evaluate Advertising's Contribution," *Harvard Business Review*, July–August, pp. 137–148.

11. Freeman, Laurie (1999), "Smaller Budget, Big Reach: Networks Sold on Integrated Marketing," *Electronic Media*, Nov. 22, p. 12.

12. Grunig, James E. and T. Hunt (1984), *Managing Public Relations*, New York: Holt, Rinehart & Winston.

13. Keegan, Warren J., Sandra E. Moriarty and Thomas R. Duncan (1995), *Marketing*, 2nd ed., Prentice Hall.

14. Kotler, Philip (1997), *Marketing Management: Analysis, Planning, Implementation, and Control*, 9th ed., Prentice Hall.

15. Schultz, Don E., Standley I. Tannenbaum and Robert F. Lauterborn (1993), *Integrated Marketing Communication*, NTC Business Books.

16. Stern, Barbara B. (1994), "A Revised Communication Model for Advertising: Multiple Dimensions of the Source, the Message, and the Recipient," *Journal of Advertising*, June, pp. 5–15.

第十四章

直效行銷

學習目標:
1. 直效行銷的特色和規劃
2. 多層次傳銷
3. 網路行銷
4. 電子商務

新力靠著一封 e-mail，讓數位相機「壽司機」賣到缺貨，創造 2,000 萬元業績；7-ELEVEN 統一超商的「懷舊隨堂考」，集結 200 萬「五年級」上網搶答；矽統科技大手筆舉行網路賽車，讓形象超「硬」的晶片產品 e 出最 "in" 的品牌新貌……。

當前影響行銷最主要的力量是網際網路及全球化。網際網路提供一條資訊高速公路，買賣雙方都受惠。客戶的採購決策可以更有效率，因為他們可以在網路上比較各種賣家的產品及售價——包括汽車、電子產品等等。賣方在收發訊息給潛在客戶上也更有效率。

全球化之下，所有人購買產品的成本都下降。企業轉進生產成本最低的國家。由於關稅下降，企業也較容易進入外國市場。換句話說，企業的潛在市場更大，有助於達成經濟規模及降低成本。

第一節

直效行銷的特色和規劃

直效行銷是一種付費的媒體傳播方式，目的在誘發直接而可以衡量的反應，例如顧客的訂單、詢問或到商店的拜訪。在臺灣，直效行銷雖然是最近幾年以來才逐漸流行，但其實歷史卻相當悠久。直效行銷以前常用的方法包括直接信函、郵購和直接反應廣告三種，但現在的業者已使用更多的直效行銷媒體。

直接信函 (direct mail) 是一種常見的推廣工具，通常是透過郵政服務與潛在的顧客溝通，這種商業訊息的格式可能有好幾種，例如信件、目錄、折價券等。郵購 (mail order) 則是透過媒體來廣告產品或服務，這些媒體包括電視、雜誌或報紙。在過去，顧客透過郵件下訂單，現在則多透過電話下訂。直接反應廣告 (direct response advertising) 透過任何媒體將銷售訊息送出，就像郵購一樣，但不侷限於只透過郵局傳送。從這個觀點來看，直接反應廣告包括的活動最多也最廣。直效行銷為一套行銷互動系統，目前已使更多種的廣告媒體，在任何地點誘發一個可

以衡量的反應或交易。

一、直效行銷的特色

就像人員銷售或廣告一樣，直效行銷也是一種推廣工具，為了促使消費者採取特定行為，直效行銷具有三個特色：廣告和行動合一、特定性與回饋。

(一)廣告和行動合一

直效行銷和廣告一樣，都是透過付費媒體，傳達訊息給消費者，不一樣之處在於溝通的目標。直效行銷將廣告和行動結合在一起，誘發一個立即的反應；一般的廣告則是一整個活動 (campaign) 的一部分，希望創造某些形象、有利的消費者態度或是購買的傾向，所以一般的廣告稱為間接反應廣告。

事實上，一般廣告和直接反應廣告都有相同的最後目標，就是創造銷售。但一般廣告將達成銷售業績視為間接的途徑，因為消費者在購買產品之前，必須先建立特定的產品形象，態度在前，而購買在後。直效行銷則不認為必須謹慎的建立消費者態度，才能促成產品的銷售，有利的消費者態度固然有幫助，但直效行銷業者的重點在於績效，通常不以軟性訴求慢慢建立消費者的信心，而是傳達要求消費者立即行動的訊息。

由於消費者採取立即的行動，直效行銷業和零售業就很類似，美國很多直效行銷業者就有附設零售部門。藉由合併廣告和銷售的功能，直效行銷就可以消除人員銷售或在賣場進行銷售或工作的必要性。就很多產品而言，如運動器材、圖書、音樂帶或 CD、手工藝品等，直效行銷和零售其實是彼此有高度替代性的競爭者。

從另一個觀點來看，直效行銷和零售業彼此是互補的，兩種流通體系之間存在著共生的關係，彼此之間相互依賴。零售業者可以藉由直效行銷的方式，將營業商圈擴展到很遠的地方，但又不須投入大量的資金尋找地點和經營賣場；直效行銷業者也可以藉由設立零售據點的方式，來消化過量的庫存，或者作為展示目的，以強化消費者的購買信心。國內許多電視購物頻道業者，不但以直效行銷的方式銷售產品，而且也設有門市提供消費者直接選購的機會。

(二)特定性

直效行銷的第二個特性在於，使用媒體傳達給經過事前篩選的特定對象。一般企業常用的廣告，例如透過電視、報紙、雜誌等，都是針對不特定個人，訊息

也很難精確的訴求特定對象。人們被視為一個大眾，機率固然可以估計，但不是針對特定的個人。雜誌的讀者可以稍微精確一些，特別是訂戶，可能有些特徵可以掌握。但雜誌的問題在於有些訂戶可能不是每一期都閱讀，而且很多雜誌的讀者並不是訂戶。報紙也面臨類似的問題，無法將廣告傳達給特定的家庭或個人。

反過來說，直效行銷所使用的兩種主要工具，直接信函和電話，就可以接觸到特定的對象。因此，傳達的訊息就可以較精確的集中於特定的對象，甚至一對一的溝通。當然，直效行銷業者也無法控制顧客的反應，而只能加以影響。

(三)回　饋

直效行銷所使用的工具可以給業者直接客觀的衡量反應，例如一張訂單或一個詢問。當業者使用直接反應廣告時，即使是利用平面媒體或廣播，也可以藉由姓名和地址來追蹤這些反應的來源。直效行銷可以明確而客觀的衡量廣告效果，不像一般的廣告很難衡量實際效果。

在現代化的資訊科技之下，由於電腦資料處理的速度愈來愈快，成本愈來愈低，使得直效行銷的回饋能力更為強化。電腦化的資料庫大大的提升資訊儲存和記錄的能力，業者也可以因此更有效率地追蹤個別交易。

二、行銷規劃的要素

在直效行銷的方案規劃中，通常至少有四項是必備的要素：產品、時程、價格和付款條件。幾乎在每一個直效行銷方案中，都可以看到這四個要項，也就是說，包括銷售商品的本質、如何和何時運送、要花多少錢和付款的方式。另外還有兩項則是選擇性的，雖然不是絕對必要，但在許多直效行銷方案中也常使用：促銷誘因和風險降低。

(一)產　品

直效行銷業者所銷售的產品可能是財貨、服務或兩者的組合，當然也必須具備一定的屬性，提供給消費者一定的利益。理論上來說，幾乎任何產品都可以透過直效行銷的方式來銷售，但實際上某些特殊或一般商品，常透過直效行銷的方式來銷售，但有些商品卻幾乎從來不用直效行銷的方式。以直效行銷最蓬勃發展的美國來說，直效行銷銷售的商品以雜誌、音樂產品（CD、錄音帶）、信用卡、玩具、保險等為主。

(二)時　程

通常依購買條款和運送時程而定，直效行銷的提供物可能是一次或連續的。一次的交易通常是獨立的，例如賣一雙鞋子或一支手錶，消費者沒有過去的契約要求購買，當然也沒有義務將來再購買。雖然公司可能再與購買者接觸，但顧客並沒有任何義務再購買任何產品，許多直效行銷業者所寄發的產品目錄屬於這種型態。

連續式的提供物交易，通常是指購買和運送會延續一段時間。雜誌訂購是一個很好的例子。顧客承諾購買一定期數的雜誌，期數同時確定了產品何時運送。確保顧客再訂購的關鍵是顧客對產品的滿意，如果顧客不滿意的話，就會流失。公司就得因此花更多的成本，去開發新的客戶。

(三)價　格

直效行銷業者的廣告常會使用價格訴求，企圖塑造一種低價的經濟形象，例如銷售知名品牌，但又比一般消費者熟悉的價格來得低；或是以折扣的方式，例如原價 1,000 元，現在只要 500 元。奇數定價法也是非常常見的方式，例如 990 元或 1,490 元等。

(四)付款條件

和價格有高度關係的是付款條件，愈容易付款就會得到愈高的反應率，但是付款方式如果非常容易的話，就有可能導致壞帳。直效行銷在實務上有五種付款的方式：現金、送達收現金、分期付款、寄帳單、信用卡付款。顧客以現金支付貨款，對業者而言最省時間，也最省費用。以現金支付是最受公司財務人員的喜愛，但消費者最不喜歡，所以顧客反應率會最低。貨品送達坈金 (cash on delivery; COD) 可以避免延長顧客的信用，但 COD 訂單的處理，會導致更高的成本，也要用更多的心力投入。分期付款的銷售方式將貨款分成許多期，通常是用於比較昂貴的商品，業者為了使用分期付款的方式，需要設計一套寄發帳單，處理信用的收款系統。信用卡付款在各行各業都用的很普遍，也是消費者非常喜歡的一種方式。業者使用這種方式時，必須和信用卡的發卡銀行合作，例如 VISA 或 Master。當信用卡持有人用信用卡購買商品時，業者就沒有任何風險。因為在發卡銀行扣掉一定的手續費之後，就直接付款給公司。

(五)促銷誘因

很多直效行銷業者的提供物常會包括一些促銷誘因，例如贈品、抽獎、競賽、免費樣品等，希望提供可能的顧客一些額外的東西，促使顧客購買，促銷不太容易使一個沒有興趣的消費者購買，也很難使一個產品的非使用者成為使用者，除非該非使用者對產品本身有真正的興趣。促銷的主要功能是要激發那些有興趣但尚未真正決定購買的消費者，因為有興趣的並不表示隨後會購買。所以一個額外的誘因，可以扮演「臨門一腳」的角色，使消費者覺得占到便宜，而採取購買的動作。

(六)風險降低

當消費者透過直效行銷管道購物時，由於無法事前檢驗商品，常會感覺到比較大的風險。業者因此常在提供物中加入降低風險的要素，以增加消費者的信心，例如提供保證、擔保或免費試用。

公司管理當局對所銷售商品會承諾某種程度的保證，例如「七天鑑賞期，不滿意，到家取貨」。擔保通常是針對產品的品質或績效的特定保證，一旦公司提供擔保時，便有義務履行，所以直效行銷業者必須謹慎行事，以免觸犯法令。免費樣品則通常和保證合併使用，以創造產品被試用的機會。雜誌發行公司偶爾會使用此技巧，以增加訂購率，例如免費提供一期供消費者閱讀，如果不滿意的話可以取消。

三、直效行銷的媒體應用

直效行銷業者所使用的主要工具或媒體主要有六種：(1)直接信函、(2)目錄和郵購、(3)電話行銷、(4)電視直接反應、(5)收音機、雜誌和報紙的直接反應和(6)電子購物等。

(一)直接信函

利用直接信函和可能的消費者溝通，是一種非常古老的方式。現代化的直效行銷業者雖然使用很先進的工具來接觸消費者，但直接信函仍有其獨特的重要性。

直接信函可能是最有效率，也可能是最沒效率的媒體，完全視郵寄名單的品質和郵寄成效而定。透過直接信函，行銷人員可以精確的瞄準具有特定人口統計特性、地理統計特性、甚或心理特性的族群。一個成功的郵寄名單可能來自於公司內部發展，也可能向外界購買而來。

　　許多公司在寄發直接信函時，使用複雜的統計分析，以便精確的挑出「對的顧客」，例如藉由人口統計變數、生活型態、所得狀況、信用歷史、過去購買記錄等的分析，將直接信函寄給可能的購買者。而且透過現代化的電腦科技，直效行銷業者還可以使用個人化的行銷訴求，例如：「王大成先生，恭喜您即將從臺大國貿所畢業。本銀行為了表達對您的祝賀之意，只要您填妥所附的表格寄回，立即可成為本行所發行的 VISA 白金卡會員。」在這種個人化的信件中，學校，收件人，畢業時間等都因人而異，業者可藉此塑造個人化的訴求。

　　由於郵資、紙張和印刷成本的逐漸提高，競爭者愈來愈激烈，業者有時候也用在民間的郵遞業者運送。此外用直接信函的直銷商品，也在消費者大眾心目中留下不好的印象，家家戶戶的信箱總是充滿了不必要的垃圾郵件，許多消費者其實並未真正閱讀這些信函，就直接丟到垃圾桶，造成許多不必要的浪費。

(二)目錄和郵購

　　目錄 (catalog) 是一種特殊的直接信函，因為目錄就是透過郵遞的方式送達消費者的手中，雖然有的時候可能會透過其他方式。消費者透過目錄訂購產品，通常也都是透過郵遞送達。

　　目錄行銷的成功要件在於正確的名單和明確的目標市場定義，例如美國的電腦公司發現利用郵購銷售電腦給家庭和小型企業，是一種非常高成本效益的方式。在全美國，有約 20% 的個人電腦透過郵購方式銷售出去。而和傳統的個人電腦經銷商相比，消費者可以省下約 20% 的價格。有一些郵購電腦公司甚至提供一年免費的到府服務，三十天無條件退款的條件，免費服務電話，提供諮詢等。

　　由於顧客服務的改進和快速的運送政策，使得越來越多的消費者對郵購有更大的信心。有些業者提供 24 小時的訂購服務，不滿意可以全額退款，而不需說明理由。對於忙碌的上班族，高品質的商品，快速的服務，不需出門就可以購物，郵購是一種相當好的選擇。

(三)電話行銷

　　電話行銷 (telemarketing) 是使用電話來銷售商品或服務，電話行銷和業務人員使用電話支援現場銷售活動不同，電話行銷是有系統且連續的；業務人員則是有需要時，用電話和客戶聯絡。電話行銷主要可分為由內而外和由外而內兩種。

　　由內而外的 (outbound) 電話行銷是一種頗具吸引力的直效行銷工具，由於郵

資不斷的上漲，而且長途電話費不斷的下降。由內而外的電話行銷可以達成好幾種銷售的目標：(1)使顧客重新活絡起來，例如報紙或雜誌的續訂，(2)獲得新訂單或新顧客，(3)和其他直效行銷工具共用，(4)增加現有顧客的訂單，(5)提供人員銷售的一個選項，特別是組織市場。由外而內的 **(inbound)** 的電話行銷通常須依賴免費的 0800 電話，主要應用在接受訂單，接受要求產品說明或簡介的電話，以及服務顧客，特別是以電話來服務顧客，更是一種愈來愈受到歡迎的方式。

(四)電視直接反應

透過電視的直效行銷，主要就是直接反應廣告，和支援性的電視廣告不同的是，直接反應的電視廣告必須從傳播出去的訊息當中，產生銷售或顧客的詢問。事實上，整個的交易過程發生在一個自我包容的通路內。

臺灣一般的無線電視（台視、中視、華視和民視）由於收費較高，所以直效行銷業者多透過有線電視來達成直接反應的目的，特別是許多購物頻道，更是一天 24 小時在銷售各種廚房器具、運動器材、或是家庭用品等。許多電視購物頻道所產生的訂單，常常不是消費者原先想購買的商品，消費者的反應常常是即興的 **(impulsive)**。消費者打電話之前，也許從來也沒想過會買這種商品。因此直效行銷業者必須迅速的處理顧客訂單，快速的將商品送達顧客手裡，否則消費者的熱情會快速下降，甚至後悔不買，很少有消費者可以忍受缺貨的情形發生。

電視購物可謂創造零售業第三次革命，自從 1982 年世界第一家電視購物公司 HSN 於美國佛羅里達州成立後，銷售額節節攀升，電視購物被稱為「零售業第三次革命」，並與網路、型錄一起被譽為「現代家庭購物新方式」，全新的營銷方式成為重要經濟文化現象。至 1996 年，全美電視購物銷售額，已占社會商品零售總額的 1.8%。

1995 年始，韓國等地亦先後發展電視購物產業，以韓國電視購物為例，發展至今僅七年光景，但市場擴展迅速，市值由 1996 年僅約 2,400 萬美元，上升至 2001 年 15 億美元；目前韓國最大的 LG Home Shopping Inc. 截至 2001 年底，收視戶為 700 萬戶，創造超過 7.776 億美元的營業額。在韓國，電視購物驚人的發展速度，使電視購物已經與百貨公司、大型量販超市並駕齊驅，由於減少中間環節，有效降低成本，電視購物在促銷降價時，其他零售行業完全無法招架。此外，其豐富的電視節目型態、方便快捷的服務，讓消費者接受此一新興購物方式，而且，由

於電視購物不受時間性、地域性限制，能輕易網羅因城鄉差距所流失的客戶群，480 萬收視戶相較於實體通路，更具優勢。

在臺灣的電視購物方面，2003 年 3 月據蓋洛普針對 867 位一般民眾調查顯示，71.51% 的受訪者最近半年沒有在東森電視購物買過商品，5.77% 的受訪者購買過，顯示電視購物市場猶待開拓。不過，在回答近半年曾購買過的 455 位一般民眾及東森客戶中，91.91% 受訪者表示對整體形象感到滿意，百貨公司為57.53%，量販店為 71.69%；在整體服務方面，86.74% 的受訪者表示滿意，百貨公司為 58.2%，量販店為 57.53%；在商品解說方面 83.82% 表示滿意，百貨公司為45.62%，量販店為 56.86%。

(五)收音機、雜誌和報紙的直接反應

和電視直接反應一樣，有些業者使用收音機傳達訊息給特定的聽眾，並且透過廣告頻道，達成銷售的目的，也就是直接反應的收音機廣告，此種銷售方式在臺灣有相當長的歷史，由於在國民所得較低的時代，因為電視普及率不高，所以有些業者透過此種方式銷售藥品或一些家庭用品。這些年來，電視普及率幾乎高達百分之百，所以收音機直接反應的銷售方式有逐漸式微的趨勢。但是以收音機為主要媒體的支援性廣告，還是一種直效行銷業者常用的方式。

雜誌和報紙是兩種直效行銷業者所使用的主要平面媒體，雖然這兩種媒體是一般廣告的主要工具，而非供直效行銷業所使用，雜誌和報紙都是非個人化的，也無法針對特定的個人；雜誌和報紙是一種大眾媒體，針對一般大眾的大區隔所撰寫和發行。

(六)電子購物

直效行銷業者用來接觸消費者的最新媒體就是網際網路 (internet)，也就是互動式的電腦服務。藉由網路，消費者和行銷人員透過電話線和個人電腦可以互相溝通。消費者可以從網路上看到各式各樣的商品廣告，透過線上訂購。

在這個階段，還不太容易評估透過網際網路直效行銷的效果有多大，比較確定的是網路商業的成長非常快速。如果根據最近幾年的發展來看，透過網路的直效行銷必然會繼續的成長。這當中的一個重要原因是，直效行銷的關鍵因素在於顧客資料庫的運用，當消費者從事電子購物時，消費者的特徵，購買行為（交易次數、日期、金額）就進入業者的資料庫，而成為業者下一波的目標顧客。另外

一個也很重要的原因是，傳遞電子訊息比用其他工具傳達訊息，在成本上便宜太多，也給業者一個強烈的誘因。

資訊網路 (information network) 的蓬勃發展帶給行銷人員很多新的機會，例如資訊網路是一個很有效的溝通媒體，特別是它的互動能力，是傳統的媒體所沒有具備的；對很多數位化的產品和服務而言，資訊網路就是一個重要的分配通路；另外，它也提供了豐富的資訊，而構成行銷人員的重要資料庫。就行銷人員而言，至少有十五個行銷機會，可以將行銷資料庫和資訊網路連結起來：

(1)透過在資料庫和資訊網路,行銷溝通可以更精準的針對特定的目標消費群。

(2)藉由在資訊網路的環境上，有效的發展資訊和銷售展示，可以用來開發新的顧客。

(3)藉由行銷資料庫先前購買的行為資料分析,傳達特定的溝通訊息給老顧客。

(4)在銷售達成之後，在資訊網路上和顧客溝通成本效益最大，強化和顧客的關係。

(5)藉由追蹤顧客先前的購買行為，可以交叉銷售，互補銷售和銷售更高級的產品給消費者。

(6)根據購買的潛力和顧客或可能的顧客溝通，可以因此控制銷售成本。

(7)針對特定目標從事促銷，減少不必要的浪費。

(8)透過銷售歷史的分析，可以提升多重通路的產品分配效能。

(9)藉由和顧客的溝通追蹤銷售歷史，可以更瞭解顧客和產品的動態。

(10)傳遞特性訊息，可以減少浪費。

(11)可以透過電子訊息網路，從事產品、顧客、媒體等方面的市場研究。

(12)藉由電子郵件和顧客保持聯繫，可以提供立即和個人化的顧客服務。

(13)在資訊網路上可以提供一致性的訊息，創造整合的溝通計畫。

(14)藉由追蹤資料庫的顧客，可以管理顧客的溝通和銷售潛力。

(15)可以接觸一些透過傳統通路無法接觸的顧客，年輕的消費者可能比較容易以電子媒體來接近。

第二節

多層次傳銷

一、多層次傳銷與直效行銷之區別

傳統上來說，為了將商品賣給消費大眾，往往必須借助於批發商與零售商，才能順利的將工廠製造出來的產品，送到消費者手中。行銷通路存在的意義，就在於將產品由製造商移轉到最終消費者的手中。直接銷售 (direct selling) 或簡稱直銷，則視商品的製造商或供應商透過業務人員或銷售代表採取面對面的方式，不在固定的店面或營業的地點，而到消費者家中、工作場所或消費者指定的地點，將消費性的商品或服務直接銷售給顧客的行銷方式。換言之，「直銷」最大的特色在於「直接」，也就是不透過現有的批發商或零售商銷售，或者說是一種零階通路 (zero-level channel)。

當公司掌握了商品的來源，無論是自行設廠生產或由國外代理進口，如果想直接銷售給消費者時，通常有兩種直銷方式。第一種稱為「直效行銷」，透過各種「非人的媒體」，如信件、電視、網際網路等，直接和消費者接觸，並且賣給消費者商品的方式。直效行銷並不等於直銷，通常在臺灣一般人稱之為「傳銷」，也就是以人員為主要媒介的銷售方式。如果從傳統的廠商行銷組合工具來看的話，可以將通路策略分為傳統間接通路（批發商、零售商）和直接通路兩種，而直接通路又可分為直效行銷和直接銷售兩類（圖 14.1）。傳銷業者本身又可依傳銷制度設計的差異，分為單層和多層次傳銷兩大類。臺灣比較有名的單層傳銷公司有玫琳凱 (Mary Kay)、雅芳 (Avon) 和特百惠 (Tupperware)；在臺灣傳銷業年營業額達 400 億並持續擴張的趨勢，學術界和實務界因應其蓬勃發展，紛紛投入研究多層次傳銷，並逐漸架構出一套完整的傳銷理論與模式，如安麗 (Amway)、如新 (Nu Skin)、賀寶福等為其代表公司。

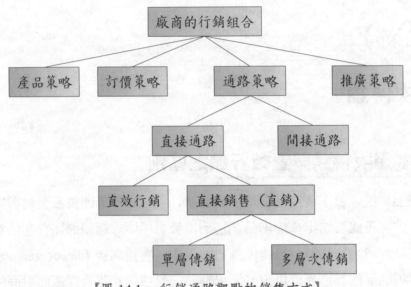

【圖 14.1　行銷通路觀點的銷售方式】

二、多層次傳銷的原理和特性

多層次傳銷是企業一種行銷商品或服務的方式，係指企業透過一連串獨立的直銷商銷售商品，每一個直銷商，除了可以賺取零售利潤以外，還可以透過自己所招募、訓練的直銷商而建立的銷售網路來銷售商品，以賺取獎金或其他經濟利益。多層次傳銷的基本運作原理，如圖 14.2 所示。

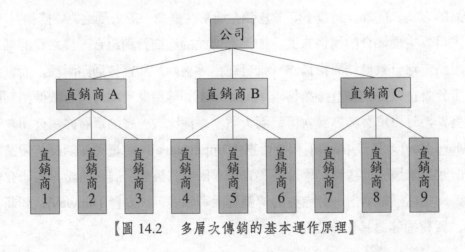

【圖 14.2　多層次傳銷的基本運作原理】

通常一家傳銷公司透過直銷商 A、B、C 進行銷售，因此第一層為直銷商 A、

直銷商 B、和直銷商 C，這些直銷商就是上線。上線的直銷商自己招募、訓練其他的直銷商，例如直銷商 A 招募直銷商 1、直銷商 2、直銷商 3，也就是下線。在傳銷業中，比較特殊的是直銷商 A 的獎金，除了來自於他本身的銷售以外，更重要的是，他的下線（直銷商 1、直銷商 2、直銷商 3）所得也會貢獻到直銷商 A。換言之，這是一種透過人員引介的方式，一層一層建構起來的龐大銷售網路，也就是一種類似「傳」教士佈道的「銷」售方式，故名傳銷。由於多層次傳銷的特殊銷售方式，民國 70 年底也曾發生震驚社會的「老鼠會」事件（台家事件），公平交易委員會提出正當和不正當的多層次傳銷的區別（表 14.1）。

【表 14.1　正當與不正當多層次傳銷】

類別 判別指標	正當的多層次傳銷	不正當的多層次傳銷
1. 直銷商的利潤來源	以零售利潤及其與下線直銷商間的業績獎金差額為主要來源	以介紹他人加入而抽取佣金為主要收入來源
2. 傳銷公司利潤來源	主要靠整體直銷商之零售業績	主要靠最低層新入會員之入會費
3. 加入條件	無須繳費或僅繳交小額資料費用而且無須訂貨	須繳交高額入會費或認購相當金額商品
4. 產品價格	產品訂價合理具有市場競爭力	產品訂價偏高或價值很難確定
5. 產品保證	有滿意保證或責任保險	無滿意保證或責任保險
6. 產品退貨	可接受一定期間之無因退貨	不准退貨或退貨條件嚴苛
7. 直銷商之保障	直銷商之義務責任及應享權利規定清楚	缺乏保障
8. 經營理念	長期提供優良產品，滿足顧客需求	短期內榨取大量財富賺飽就跑
9. 公司壽命	長久	短暫
10. 公司策略	零售與推薦並重，鼓勵建立「銷售網」	鼓勵會員推薦新人以擴展組織業績
11. 制度特性	公平合理、精密周延、很難坐享其成	強調高報酬、易升遷、可以坐享其成

在這麼多個區分正當與不正當多層次傳銷業者的指標中，最重要的應是「直銷商的利潤來源」。如果直銷商的利潤來源以介紹他人（俗稱拉人頭）加入，就能抽取佣金為主要收入來源的話，此種傳銷公司就是不正當的傳銷公司。另外，產

品價格是否偏高或價值很難確定，例如有一些公司銷售的「健康床」價值高達十餘萬元，可能也有問題。加入成為直銷商的條件也是一個重要的判別指標，不正當的公司常規定要繳交高額的入會費或是認購相當金額的商品。這些都是想加入傳銷行列的人們，在選擇傳銷公司時應特別注意的。

三、多層次傳銷的概況

從行政院公平交易委員會所做的多層次傳銷事業經營概況顯示，2003 年多層次傳銷之全年總營業額為 519.91 億元，相較於 2002 年的 431.77 億元，成長了20.41%（88.14 億元）。表 14.2 為多層次傳銷事業營業額的分佈情形。其中 10 億以上之事業有 10 家，這 10 家就占了營業總額的五成以上，所屬參加人數占參加人總數的 46.03%，而未及 1 億元的事業有 199 家（占 75.38%），其參加人數卻僅占了 10.02%，此顯示事業間營業規模差距甚大。另外，由表 14.3 中得知，多層次傳銷的主力銷售產品中，以販賣營養保健食品占 66.29% 居冠，美容保養品居第二位（占 51.52%），第三為清潔用品占 35.61%，第四為健康器材占 15.53%。

【表 14.2　多層次傳銷事業營業額的分佈情形】

營業額規模別	事業家數	結構比 (%)	營業額（百萬元）	占總營業額比 (%)
十億元以上	10	3.79	26,419	50.81
一億元至十億元	55	20.83	21,092	40.57
一千萬元至一億元	103	39.02	4,126	7.94
一百萬元至一千萬元	71	26.89	344	0.66
一百萬元以下	25	9.47	10	0.02
合　計	264	100.00	51,991	100.00

資料來源：公平交易委員會(2003)。

以上各種不同行業的傳銷事業公司，可歸納為以下幾項特點：

(1)傳銷事業公司多為每月或每隔數月，舉辦激勵性表揚大會，以大排場、高階層直銷商演講的方式激勵直銷商。

(2)傳銷事業公司無論在創業說明會或個人邀約吸引消費者加入傳銷組織時，都以獎金制度為說明的核心，吸引消費者加入。獎金制度包括許多名目，如培養獎金、組織獎金、業績獎金、分工獎金等。

【表 14.3　多層次傳銷商品或勞務銷售概況】

商品名稱	專業家數	結構比 (%)	銷售額 (百萬元)	結構比 (%)	與上年比較 (百萬元)
營養保健食品	175	66.29	19,538	37.58	4,472
減重食品	30	11.36	917	1.76	−556
美容保養品	136	51.52	11,777	22.65	851
清潔用品	94	35.61	2,158	4.15	576
健康器材	41	15.53	880	1.69	47
淨、濾飲水器材	38	14.39	2,156	4.15	1,390
衣著與飾品	32	12.12	4,560	8.77	−64
寢　具	19	7.20	1,009	1.94	473
圖書文具及錄影音帶	19	7.20	909	1.75	482
廚具、餐具	2	0.76	266	0.51	82
資訊商品	18	6.82	559	1.08	227
服務類商品	18	6.82	2,932	5.64	1,564
其　他	52	19.70	4,330	8.33	−730

資料來源: 公平交易委員會 (2003)。

(3)傳銷事業公司教育傳銷商「做善事」的觀念，作為推薦及銷售的原動力。

(4)傳銷事業公司所行銷的產品多為選購品及特殊品，也就是說，消費者須付出比較高的心力，而商品本身的風險也比較大，因此需經人員解說特殊的功能或用途。

(5)傳銷事業公司的商品與商品價格皆不以折扣方式促銷，原因是為了維持交易秩序與高級的產品形象。

(6)傳銷事業公司可以傳銷商所構成的人際網路為基礎引進新產品來銷售。例如如新公司增加進口多項營養食品，泰瑞公司推出保養系列，雙鶴公司推出美容保養品及淨水器。

(7)傳銷事業公司的產品都有提供產品責任險或滿意保證。

(8)廣告的目的雖包括告知、提醒和說服，但傳銷事業公司的廣告幾乎都為了建立企業形象。因為傳銷業最大的優勢就在「推」的力量，因此，再佐以大眾傳播媒體的「拉」的力量，行銷策略會有綜效。不過近年來，市場競爭的狀況發生一些變化，有一些居領導的公司也開始從事產品廣告，例如

安麗公司的淨水器。

(9)由於直銷商與公司只有合約規範彼此的權利與義務，而非僱用關係，因此傳銷事業公司多有發行月刊，以維繫情感。

四、傳銷事業在傳播工具使用之分析

雖然所有傳銷公司皆採用直銷方式，但也會利用其他的傳播工具來提升傳銷事業更大的商機。在傳播工具的使用上，報紙、雜誌和電視是傳銷事業運用最廣泛的三項，包括安麗、克緹、如新、伯格、丞燕、仙妮蕾德、伯慶與吉好康等八家傳銷公司都有使用。而安麗、伯格、丞燕、百內爾、伯慶、加捷與吉好康等七家傳銷公司會使用網路為傳播工具，其中，百內爾在傳播工具上僅使用網路和路邊看板，全心以口碑的傳播方式，藉由「吃好到相報」來推廣產品，並將節省下來的龐大管銷費用透過一套公平、合情、合理的回饋制度，回饋給每一位直銷商。另外，有些傳銷公司也會利用車箱內外看板做為傳播工具，來提升公司整體形象（參閱表 14.4）。

【表 14.4　傳銷公司整合行銷執行情形之比較】

項目　　公司	行銷通路			傳播工具						
	直銷商	展示中心	網路（生活館、診所）	報紙	雜誌	電視	廣播	網路	路邊看板	車箱內外看板
安麗	★	★	★	★	★	★	★	★	★	★
克緹	★	★		★	★	★			★	★
如新	★	★	★	★	★	★		★	★	
伯格	★	★	★	★	★	★		★		
丞燕	★		★	★		★		★		
仙妮蕾德	★		★	★	★	★	★			
百內爾	★	★						★	★	
伯慶	★	★	★	★	★	★		★	★	
加捷	★		★	★		★	★	★		★
吉好康	★	★		★	★	★			★	

資料來源：陳得發 (2004)，「傳銷業整合行銷傳播模式之研究」，頁 89。

第三節

網路行銷

　　全球經濟的不景氣導致社會產業的廣告預算大幅下滑，很多業主已經著手尋找新型態的廣告媒體。由於網路廣告的費用較低，企業紛紛將廣告預算轉移到網路廣告（例如麥當勞），網路行銷擁有幾個特質，是廠商們所喜愛的，如即時性、傳達率高、可精準目標行銷等。

　　近年來，政府機關常鼓勵企業網路 e 化，當一個企業網站建置完成後，重要的是如何吸引瀏覽者來登入網站瀏覽，但在網站尚未收益前，可能仍必須先花費一筆不小的廣告預算。郵件行銷廣告是目前唯一能取代平面媒體、電視媒體、廣播媒體的最新行銷管道，它的傳達率高，版面更換的速度快，最重要的是，它的費用遠遠低於舊式媒體。郵件行銷廣告是一個最環保的媒體，減少許多紙張的使用，而且當瀏覽者不想看電子廣告時，只要輕輕點幾下滑鼠，它就快速的消失在您的眼前，這種電子廣告互動的模式，更是目前電視媒體所無法做到的。

一、兩願行銷時代

　　從 1995 年到現在，網路行銷越來越顯得重要。在網路上已經有超過一百萬個網域並且每天都在急速增加，因此網路開發預算大幅提高，而網路族群的數量現在也大到足以讓廣告業者與行銷業者將網路納入行銷計畫與預算之中。就在此時，網路行銷專家面臨了另一個有趣的新課題，即「兩願行銷」(consensual marketing)的概念，這意味著網路族擁有接受哪一家公司行銷資訊的決定權。這個現象的影響程度遠遠超過所謂的「電視遙控器現象」，也就是當觀眾不想觀看電視廣告時，他們擁有轉臺權。對於我們不想收到的廣告傳單，我們往往需要費一番功夫向業者抱怨，才能將我們的名字從業者的郵寄名單中拿掉，可是即使如此，我們也無法真正地限制哪些人才能使用我們的名字與地址。傳統的傳播工具對消費者而言具有著「刪除選擇權」(opt-out) 的特性，而在網路上，人們卻擁有接收行銷資訊的「接收選擇權」(opt-in) 的自由與權利。

二、一對一行銷觀念

為了要得到顧客的信賴和忠誠，大潤發計畫推出一對一行銷，也就是依據不同顧客不同的需求，提出特別設計的服務。例如，分析一個家庭每個月的購買金額、採購商品行為，希望未來能夠做到主動提醒顧客採買服務，何時要添購食用米等。要做到這種貼心的服務，必須有強大的資訊系統為後盾。大潤發除了投資每家量販店都有的電腦定點銷售系統 (POS) 外，還投資一個秘密武器——顧客資料系統。

從開第一家店開始，大潤發就開始建立顧客資料系統。藉由不用繳納會費的會員卡，大潤發已經累積百萬筆的顧客資料，和上億筆的消費行為。大潤發在 2001 年投資 2,000 萬到 4,000 萬的金額，將商品銷售系統與顧客資料系統連接在一起。此意味著一對一行銷時代即將到來。Don Peppers 與 Martha Rogers (2000) 提出網路運用上四種的關鍵理念。

(一)客戶占有率

Peppers 與 Rogers 提出一個新的行銷思維模式，就是將焦點從市場占有率轉換到客戶占有率。他們提到，除了將行銷的重點擺在投資更多的資金與精力在整個市場以期提升營業額之外，業者也應該思考如何增加每一位客戶的營業額，也就是在一對一的基礎下提升每一位客戶的占有。由於提升現有客戶消費金額所需花費的成本往往低於開發一個新客戶的成本，所以這個概念有助於提升公司的利潤。另一個好處在於，當我們致力於提升現有客戶銷售金額的同時，也可以與客戶建立一個更長遠、更忠誠的主客關係。為了要讓每一客戶能有最大的貢獻，業者必須掌握客戶的思維，而唯有採行一對一行銷的溝通機制才能達到這個目標。

(二)客戶的保有與開發

一般來說，開發一個新客戶所花費的成本要比保有一個現有客戶的成本高出五倍之多，而大部分的企業每年平均有高達 25% 的客戶會流失。根據 Peppers 與 Rogers 的看法，如果能將客戶流失率減少 5%，利潤將會有 100% 的成長。在同樣的成本之下，多出的營收會直接得到較高的利潤。

(三)重複購買法則

如果有辦法讓每一位客戶消費的更多，就能享有更長期的利潤收益。同時，

同樣一位客戶，只要多購買了一個單位的商品，這個單位商品的利潤也就加倍，因為在一位忠誠的客戶身上所花費的行銷成本相對少了許多，而這促使了每一筆交易的例行開銷大幅降低。

(四)與消費者對話

在「一對一行銷」的觀念中，重要的是不在於對所有客戶的瞭解多少，而是在於對每一位客戶瞭解的程度。應用「一對一行銷」觀念就必須與客戶進行互動式的溝通，所以對話必須要雙向的，而非單向的，意見的交流必須要來自主客雙方。藉由雙向溝通媒介以及資訊回饋機制，遠比進行市場調查能獲得更多的資訊。此外，要讓客戶可以非常容易與公司進行溝通，藉此以建立與客戶之間的信任。

三、網路互動

往往一些網路行銷業者錯把那些動態的畫面（如動畫）、閃爍的物件、以及配有音效的訊息當成是網路互動 (web interactivity)。充其量那些只是提供使用者觀看的效果，這完全是屬於被動式的經驗，並非互動，就像視聽收音機或是看電視一樣，屬於單向內容的傳播。

既然網路賦予了雙向互動的功能，企業必須知道如何有效利用新工具的真正功能，來達到行銷溝通，並解決某些人可能是因為害怕接觸、可能是沒有深入瞭解、或是礙於頻寬的問題。網路所擁有的一對一行銷、傳播能力、以及互動科技都是可以用來與使用者進行一對一互動的工具。Don Peppers 和 Martha Rogers 認為，讓客戶加入對話是相當重要的一件事，但要做到真正的對話，必須符合下列三個準則：

(1)網路與大眾傳播媒體的不同處在於，網路可以讓所有對話的參與者都能夠參與對話。

(2)所有對話的參與者都必須是自動自發的參與對話。以一對一的觀點來說，對話內容必須是您與您的客戶雙方都感到興趣的主題，大部分的公司都太過於將焦點擺在討論他們自己，其實客戶只對一個主題感到興趣，那就是「你能為我做些什麼?」因此，讓客戶多談論他們自己的想法和意見，如此才能為他們提供更好的服務。

(3)對話的主導權由所有對話的參與者輪流掌握。大眾傳播媒體多年來一直上

映著獨角戲的戲碼，相反的，與客戶意見交流的結果卻有著無限的可能，在這樣的互動下將會有驚人的發現。

第四節

電子商務

　　例如萬巒豬腳很有名，住在臺中、臺北的你，會不會有時候想吃一點解解饞，但理性的你想到屏東那麼遠就算了。如果在你家社區的統一便利超商，就可以買得到萬巒豬腳、花蓮蔴糬，是不是就方便多了。統一超商經營電子商務又向前跨出一步，繼 2004 年 6 月份推出網路商店招商後，接著 8 月份展開第二波招商活動。與第一波不同的是，這一次，統一超商與網際威信、安碁資訊策略聯盟，共同推出「7-ELEVEN 網路購物便、網上開店」的服務。由網際威信提供網路開店軟體與諮詢、系統建置使用、教育訓練；安碁資訊提供寬頻、主機與 24 小時網路障礙客服專線，結合統一超商的取貨付款等機制。

　　網上開店的業者，每年只要 12 萬元的系統租賃費，就可以輕鬆架設網站。與目前一般架設網站至少需 100 萬元的成本相比較，頗具吸引力，統一超商商品採購經理王炳蘊說，壓低租金，「說坦白一點，一年下來如果成效不彰，頂多不續約，十幾萬花上去也不會太心疼。」統一超商的招商標準為「產品有特色但是缺乏通路」、「公司有登記」，這樣網友在網路上購物才有意義，產品對消費者也比較有保障。即使是一家規模小的公司光賣韓國泡菜，就獲利可觀。

　　在這個時代裡，網路與生活已經息息相關，全臺上網人數在 2003 年底的統計高達 883 萬人次，而其中使用寬頻上網戶數已高達 289 萬；顯示消費者已養成上網查詢各項資訊的習慣，大多也會利用網路來比較商品價格，網路的消費養成，從去年 eBay 的唐先生找花瓶，到奇摩的什麼都有什麼都賣，顯示出網路消費者已漸漸從網路應該是免費，轉向成網路就是個大商業交易環境，這樣的變化，給中小企業主，或正準備投入中小企業的朋友們、SOHO 族們新的啟發，如何利用網路傳遞商品及服務訊息，利用網路達成交易、利用網路創造良好的服務感。

　　另外，需注意在行動商務的人口成長，2003 年底以 WAP 或 GPRS 申請上網

人數達到 279 萬，其中 GPRS 用戶為 268 萬，顯示消費者對行動上網的需求，只要上網速率能夠更快，消費者的使用戶一定能明顯的增加，而隨著使用戶的增加，商機的湧現將可期待。

一、達成關懷客戶的目標

臺灣經營之神王永慶的奮鬥史中，提起年輕賣米開米店的故事，日據時代開家米店並不是創新行業，在當時嘉義縣城裡，米店已有多家，而且在當時的民風下，一般人都是向自己所熟識的米店購米，一家新開的米店，要如何再突破呢？王永慶所因應的方式，就是一家家登門拜訪，希望對方給予其機會，在說服一些人使用後，王永慶為了這些新顧客，想出的辦法是「主動的將米送到顧客家裡」、「記住這戶人家有幾口人」、「這戶人家大概每天吃多少米」、「估計客戶家中米快吃完時，主動的將米送達」、免費的為客戶「清理米缸」，送米時，先為客戶將舊米先倒出來，把新米置入、以及開店比人家早，關門比人家晚，半夜叫米，照送不誤。多瞭解客戶、多關懷客戶、免費為顧客多做一點、服務時間長一點，已經是眾所皆知的行銷觀念，在現代化的電子商務下，要達成這些目標更加容易多了。

二、善用科技創新手法

錄影帶店到處林立、大街小巷中往往不只一家的錄影帶店，還有強勢連鎖品牌林立，要如何突出與爭取客源呢？臺中一家位於西屯區的影視服務業者，即巧思的利用「簡訊服務」，創造貼心的個人化服務，每次客人上門租片，臨走的時候，老闆不忘詢問客人，喜好哪一類的片子，告知客戶最近可能要出的新片有哪些，記錄下客戶要的影片名稱，以及請客戶留下手機號碼，新片一到，老闆即利用簡訊，通知那些對共同新片有興趣的朋友上門租片。

目前利用商務簡訊服務平臺，所發出的簡訊每通的成本大約在 1.2–1.7 元之間，比打電話還便宜，而且利用簡訊平臺所發出的簡訊，還可以達到客製化的功能，每封簡訊的抬頭，絕對是收訊者的名字，讓收訊者感受到這封簡訊，是為他所製作的，還有租片店的老闆特別指出，發簡訊的小技巧，一定要提出保證或誘因，才能讓客戶上門，例如：「為您將片子保留到何日何時，請您務必前來」；讓客戶在時間感上有急迫性，可以加強客戶的記憶促成交易。

三、落實服務系統

關懷客戶的巧思很多，工具也很多，上述例子錄影帶業者是利用簡訊來促成業績的成長，以及達到與客戶的互動；可是在設計互動的同時要想到與眾不同，或者是消費者真正能得到的好處。顧客關係絕不是購買一套顧客關係管理系統，或者設計一套流程就足夠了；是必須要不斷思考如何以更便利的方式，提供顧客更好的產品，成為顧客不可或缺的一部分。

錄影帶店老闆確實執行對客戶的關懷，記錄下對客戶的需求，以及通知客戶，善用簡訊功能，如此才能創造顧客滿意；差異化的行銷服務在現代商業裡，不僅要思考的是如何發揮巧思，更重要的是落實服務，如此才能達到經營之神所做的——多瞭解客戶、多關懷客戶、免費為顧客多做一點；如此客戶的滿意就會多一點。

四、電子商務的選擇途徑

電子商務目前的途徑可以從兩個方向考量，第一加入網路商城，第二則是加入電子商務平臺，使用套裝開店採 ASP 模式，如果有實體的商品則加入網路商城或使用電子商務平臺，大都可適用，但以服務主體，網路很可能是以廣告作為宣傳介面，以推廣服務形象為主體，採電子商務平臺。

(一)到網路商城開店

所謂的網路商城概念，類似實體世界的量販店，希望能廣納各式商家，讓消費者能在這裡一站購足，到網路商城開店的最大考量點是，商城平臺所提供的基本功能與服務有哪些，例如訂單管理、網站的維護是否操作簡易、是否有客服的應答服務、如果有物流工作，則物流的責任歸屬，必須事前瞭解，除此之外，還必須考量商城的品牌形象（招商者）、是否有高流量的網路到訪人次，以及商店能否提供招攬流量的活動與工具，e-DM 或電子報等。

網路商城的優點，可以由商城本身的知名度帶來流量，就像在百貨公司開專櫃一樣，但在經營上，則可能少了自我控制的彈性，例如在會員的經營上、電子報的配合上、公司品牌的印象，則必須配合商城來行動，此外還要考量商城本身的商店家數，商店家數多，可能消費者的來店數會多，可是要考量本身商店未來

的曝光會不會掉到第二層或第三層裡，消費者不易找得到。

(二)利用電子商務平臺 ASP 開店

選擇套裝的網路開店軟體，通常由資訊系統公司規劃出的網路 ASP 系統，有以下優點：

(1)系統使用：以模組化的方式，方便操作者使用。

(2)功能使用：有較多的附加功能，例如：會員的管理、討論區、公佈欄、e-DM 的發送等等。

(3)網站的活潑性：網頁呈現美感，是網站吸引消費者的重要工具，ASP 的網站開店，可以方便網站經營者，可以有較大的彈性進行網頁管理，以及美感的呈現。

加入電子商務平臺，使用 ASP 軟體，有點像實體世界裡，選擇一家店面自己當起老闆，賣東西與從事服務，電子商務平臺往往具有多樣的功能，可是仍必須仰賴開店者自行摸索，系統功能一定是使用越熟悉，可變化的程度也絕對會相對提升，因此一開始選擇適用軟體就是最大的關鍵，另外建置者本身在採用系統前，最好事先規劃所需功能，以所需功能探訪開店商城的軟體，以免想了一堆的功能，而實際用的很少，因為系統越複雜，將來的成本可能也越高，成本的支出，除了每月租賃之費用外，同時要考量人力、時間的使用成本。

不論是實體店面或來自網路的虛擬商店，都面臨最重要的推廣問題，如何讓更多的顧客上門瀏覽、上店購物，如何突出在全球的各網站中，則是一個必須思考的問題，在網路商城裡開店，要突出則必須仰賴商城的行銷活動，而自行架站，使用商城平臺，則面臨客人在哪裡的困擾，登 portal 廣告，是另一筆經費，消費者往往一閃而過，又有可能產生設計成本的支出。

因此如果善用推廣資源是另一項要思考的課題，因此加入網路商城時，一定要想辦法獲得版主的推薦，這是有效與最直接的方式，自行設站或使用商城平臺者，則必須到各 portal 去登記，廣納吸收會員是未來增加購買的動力。

如果有廣告預算，可以考慮如何利用簡訊平臺，手機往往比電子報更具有提醒的效果，更接近使用者本人，更可以確保訊息的被閱讀性，目前電子郵件的廣告泛濫，消費者使用 WEB MAIL 將沒興趣、不認識的郵件剔除，無法達到廣告宣傳的效果；但使用簡訊廣告，在美工上無法達到效果，因此必須在遣詞用字上多

加著墨，目前簡訊廣告每通費用約新臺幣 1.5–2 元左右。

　　網路電子商務的經營，具有一定的難度，第一次計畫從事網路電子商務者，最好進行多方比對，經營者一定最瞭解自己的產品和服務，可是面對網路的消費需求可能是陌生的，因此最好能先上網瞭解同行其規劃與服務銷售方式，以作為自己網站未來的經營參考。中小企業在行銷考量上每每限於人力與經費，在行銷的運用工具中如果是發單張 DM 則需要人力時間與紙張印刷，如果以活動推廣則需要場地與大筆經費，且無法以大手筆廣告方式來獲取客戶對象，因此新的行銷媒體就在這種情況下形成，即目前商務簡訊各類應用的產生，這種方式可以免紙張、免人力、具時效、準對象之特性，故而中小企業從只是概念式的認識，發展到各行業實務上的運用。

五、商務簡訊的內容與類型

　　目前中小企業中以運用單向文字簡訊為多，目的多在告知宣傳或客戶服務，而有一些媒體廣告公司亦運用雙向簡訊達到雙向互動目的，對有企業內部網路族群的公司 Outlook 傳簡訊是較有效率的方式，對選戰宣導資料庫簡訊來鎖定族群是最佳的運用（表 14.5）。

【表 14.5　資料庫簡訊類型】

簡訊類型	說　明
單向文字的簡訊廣告	即簡訊文字內容包含促銷訊息
電話回應型的簡訊廣告	含可供回撥手機號碼的簡訊
雙向簡訊廣告	以按鍵選項方式，直接回覆該簡訊，與目標消費者進行雙向互動溝通
Outlook 傳簡訊服務	可轉寄 Outlook 物件成為手機簡訊，包括：郵件、會議、約會、聯絡人、記事、工作及通知
資料庫簡訊	擁有多家系統業者資料庫，鎖定目標客群以代發簡訊廣告

　　商務簡訊在各行各業運用甚廣，但基本涵蓋的應用層面包括：產品告知、狀況通告、客戶服務、集會通知、民意蒐集、資料核對、資訊公佈、電子優惠券等，在不同的行業別裡有各種的應用方式（表 14.6）。

【表 14.6　不同行業別的應用方式】

行業別	應用方式
百貨業／量販店／美容業	換季拍賣、新品上市、週年慶活動、兌換贈品通知、折價券
補教業／安親班	學生到校或缺曠課時，師長可立即發簡訊通知家長掌握狀況
媒體／廣告公司	利用簡訊打媒體廣告，與報紙電視等傳統媒體搭配
銀行業	信用卡刷卡高額通知、存款餘額不足緊急通知、大筆金額異動通知、信用卡盜刷通知、信用卡申請成功通知、逾期催款通知、定存續存通知
保險業	保險繳款通知、保單到期通知、體檢補檢通知、保單對保、緊急連絡
旅遊業／航空業	熱門旅遊行程促銷、臨時行程變更通知、機位確認通知、登機資訊
傳銷業	對夥伴的關懷及激勵、整合行銷、組織活動通知及提醒
電子商務業	商品服務訂購通知、優惠折扣通知、會員專屬服務
政治、宗教團體	選舉拜票訊息告知、教友連繫禮拜活動告知
企業內部網路	開會通知、重要公告、行程提醒通知
其　他	自動維修通知、物流送貨通知、郵局取貨通知、客服通知系統

比爾蓋茲 (Bill Gates) 曾提到「數位神經網路」的來臨，以往仰賴人類的神經系統來傳遞的人類五大感覺（視覺、聽覺、嗅覺、味覺及觸覺），而在如今資訊數位化及網路通訊的發達，已經成功地將視覺及聽覺透過網際網路來相互傳遞。因應資訊數位化及網路影、音通訊時代的演進，透過 Public Internet 的媒介，通訊距離不再影響成本，因此影、音通信服務將可形成全球化的單一市場；甚而跨足無線，結合 3G Mobile 整合通信服務。

寬頻網路與影、音通訊產業的結合不僅是時勢的潮流，更為傳統電信產業帶來新的通訊概念。在以往所有的通信市場的評估，不外乎是以地區性的人口來評斷市場的規模量；而如今透過 Internet 數位神經系統，通信服務的市場，將打破國界藩籬而擴展到全世界的範圍以服務全球的客戶。在傳統電路交換 (Circuit Switch) 的電信服務裡，已有百年歷史，不管系統設備製造商、服務營運商或是服務使用者都已熟悉且穩定；唯獨建置成本過高，因此每個國家的電信服務都是由政府先期的投資建設並壟斷經營，而後才順應民意而漸進民營。在此環境的發展

下，VoIP **(Voice over Internet Protocol)** 是一全新的且具創造性影、音通訊電信市場，且不管系統設備製造商、服務營運商或是服務使用者都在找尋相互之間最適當的配合方式，唯有建置成本低，進入門檻低，因此熟悉電信領域者，無不競相投入 VoIP 市場，以分食電信大餅。但是由於大部分廠商們對 VoIP Technology 的認知不夠、系統經營服務鏈的不連貫、Internet 環境的不穩定及囿於傳統電信的思維模式無法跳脫，往往終至縮手甚至退出市場。

市場上 VoIP 的連線方式，一般來說分為三種：一種是 PC to PC 方式，為雙方電腦利用 Internet 連線後電話交談，除了雙邊網路連線費用外，不須任何費用；另一種是 PC to Phone 方式，發話者利用電腦與網路，撥打至當地網路轉接服務公司，再轉接至對方一般電話或行動電話；最後一種就是 Phone to Phone 方式，此時雙方都不用電腦及網路，直接找好轉接服務公司即可，如市面上所推出的影像電話開發；因應 IP 網路電信的趨勢，IP 影像電話及相關 VoIP 產品及功能的影像電話，未來將日趨多元化且推出多樣型式的產品，是一個無可避免的趨勢。

自我評量

1. 請簡述直效行銷所使用的媒體有哪些？
2. 以多層次傳銷方式營運事業，請舉出你所知道（不論產業或產品）成功的案例。
3. 國內的傳銷公司以銷售哪些產品居多？近幾年來，是否有成長的趨勢？
4. 傳銷業的行銷組合包括哪些？
5. 網路行銷未來是否會取代傳統行銷方式的功能？請談談你的看法。
6. 目錄購物以及電視購物最近廣受消費者歡迎，你覺得其原因各為何？
7. 直效行銷是否應重視顧客關係管理？其理由為何？

參考文獻

1. 公平交易委員會 (2003)，http://www.ftc.gov.tw。
2. 伊芸 (2003)，〈e marketer 時代行銷王趨勢分析〉，《TECHVANTAGE 雜誌》，第 36 期，12 月號，頁 46。
3. 洪順慶 (2003)，《行銷學》，福懋出版社，頁 442–452。

4. 張國雄 (2004)，《行銷管理》，雙葉書廊，頁 472–478。

5. 黃彥憲譯、Cliff Allen, Deborah Kania, and Beth Yaeckel 著 (1998)，《行銷 Any Time 1 對 1 網際網路行銷》，跨世紀電子商務出版社，頁 5–19。

6. 陳世耀 (2004)，〈網路電話新革命產業趨勢〉，《TECHVANTAGE 雜誌》，第 42 期，6 月號，頁 134–138。

7. 陳得發 (2004)，〈傳銷業整合行銷傳播模式之研究〉，《直銷世紀》，第 137 期，頁 89。

8. Jackson, Rob and Paul Wang (1996), "The Convergence of Database Marketing and Interactive Media Networks," in Forrest, Edward and Richard Mizerski (ed.), *Interactive Marketing*, NTC Business Books.

9. Hoke, Henry R., Jr (1992), "The Scope of Direct Marketing," in Herbert Katzenstein and William S. Sachs (eds), *Direct Marketing*, 2nd ed., Macmillan Publishing.

10. Pickholz, Jerome W. (1992), "Planning for Direct Marketing," in Herbert Katzenstein and William S. Sachs (eds), *Direct Marketing*, 2nd ed., Macmillan Publishing.

11. Roman, Murray (1992), "Telemarketing," in Herbert Katzenstein and William S. Sachs (eds), *Direct Marketing*, 2nd ed., Macmillan Publishing.

索引

管理學　榮泰生／著

　　近年來企業環境的急劇變化，著實令人震撼不已。在這種環境下，企業唯有透過有效的管理才能夠生存及成長。本書的撰寫充分體會到環境對企業的衝擊，以及有效管理對於因應環境的重要性，提供未來的管理者各種必要的管理觀念與知識；不管是哪種行業，任何有效的管理者都必須發揮規劃、組織、領導與控制功能，本書將以這些功能為主軸，說明有關課題。

管理學　張世佳／著

　　本書係依據技職體系之科大、技院及專校學生培育特色所編撰的管理用書，強調管理學術理論與實務應用並重。除了涵蓋各種基本的管理理論外，亦引進目前廣為企業引用的管理新議題如「知識管理」、「平衡計分卡」及「從 A 到 A⁺」等。透過淺顯易懂的用語及圖列式的條理表達方式，來闡述管理理論要義，使學生能更平易的學習管理知識與精髓。此外，本書配合不同章節內容引用國內知名企業的本土管理個案，使學生在所熟識的企業情境下，研討各種卓越的管理經驗，強化學生實務應用能力。

財務管理——觀念與應用　張國平／著

　　本書由經濟學的觀點出發，強調人們合作時的交易成本，藉以分析公司資本結構與控制權的改變對公司市場價值的影響。本書另外的著重點是強調事前的機會成本與個人選擇範圍大小的概念，並以之澄清許多迄今仍似是而非的觀念。書中的內容包括：成本與效益分析（機會成本與資本預算）、風險與報酬（資產定價理論）、衍生性金融商品（期貨與選擇權定價理論）、公司資本結構（雙牛記故事與摩迪格蘭尼－米勒定理的問題）、公司治理與廠商理論（創新能力與控制權）等。書中引用並比較了經濟大家（亞當·斯密、馬歇爾、熊彼得、凱恩斯、科斯等）的看法，每章還附有取材於經典著作的案例研讀，可以幫助讀者們更加瞭解書中的內容。本書適合大學部學生及實務界人士閱讀。

財務管理——原則與應用　郭修仁／著

　　本書內容有別於其他以「財務管理」(Financial Management) 為書名的大專教科書之處，在於跳脫傳統以「公司理財」為主的仿原文書架構，而以更貼近國內學生對「財務管理」知識的真正需求編寫。內容包括基礎觀念及國內金融環境介紹、證券評價及投資、資本預算決策、資本結構及股利決策、證券技術分析、外匯觀念、期貨及選擇權概念、公司合併及國際財務管理等主要課題。

當代人力資源管理　　沈介文、陳銘嘉、徐明儀／著

　　本書描述了當代人力資源管理的理論與實務，在內容方面包含三大主題，首先是任何管理者都需要知道的「策略篇」，接著是人力資源管理執行者應該熟悉的「功能篇」，以及針對進一步學習者的「精英成長篇」；各主題皆獨立成篇，因此讀者或是教師都可以依據個人需求，決定學習與授課的先後順序；每章之後都以「世說新語」為題，針對相關的專業名詞進行說明，輔以「不知不可」，指出與該章有關的重要觀念或趨勢，同時以專業人力資源管理者為對象，透過「行家行話」來討論一些值得深思的議題；並附上本土之當代個案案例，同時提出思考性的問題，讓讀者融入所學，實為一本兼具嚴謹理論與活潑實務的好書。

中國管理哲學　　曾仕強／著

　　本書又名《管理中國化的途徑》，旨在尋求中西管理思想的融合：一方面使我國的道德理想和藝術精神，能充分融入現代管理之中；一方面使西方的管理工具及制度，能在我國走出一條嶄新的道路，表現出真正中國化的特色。作者從事行政管理多年，依據有關哲學理念，評判各種管理理論及實際，條理清晰、深入淺出，即使未習哲學者亦容易領悟。對於當前管理者的共同難題，尤能顧及我國實際情況，提供適切之解決方案。

個體經濟學──理論與應用　　黃金樹／著

　　本書最大之特點在於，將困難的數學式減至最少，就算使用比較複雜的數學計算，也會在附錄中詳細講解，在每個觀念與觀念之間盡量以簡單範例推導，使讀者能夠快速體會觀念所欲表達之情境，同時配上大量圖形輔助說明，在記憶各個觀念時可輔以圖像記憶，當讀者能夠自行邏輯推演出圖形時表示已經將該觀念融會貫通。

貨幣銀行學──理論與實際　　謝德宗／著

　　財務工程與金融創新活動早已躍居金融發展主流，多元化的金融業與琳瑯滿目的金融商品充斥整個經濟體系，促使傳統的金融機構逐漸由金融廠商概念取代，現代貨幣銀行學討論焦點明顯轉向研究經濟成員的資產選擇與風險管理、公司財務結構安排、金融廠商決策模式、金融商品類型與特性、金融產業組織與金融市場運作模式等主題，檢討貨幣政策效果亦由傳統偏向總體層面的思考模式，逐漸蛻變為視同金融產業政策，部分由個體經濟角度評估其對金融廠商決策的衝擊。

　　本書特色係採取產業經濟學觀點，結合經濟、會計、法律及制度等學門，將金融理論與實際運作融為一爐，進行詮釋金融廠商決策行為，讓讀者在品嚐金融機構理論的過程中，直接掌握國內金融業脈動。